U0102198

Cadence 高速电路板设计与实践

（第 2 版）

周润景　张　晨　编著

电子工业出版社·

Publishing House of Electronics Industry

北京 · BEIJING

内 容 简 介

本书以 Cadence Allegro SPB 16.6 软件为基础，从设计实践的角度出发，以具体电路为范例，以 PCB 设计流程为顺序，由浅入深地介绍元器件建库、原理图设计、信号完整性设计、布局、布线、规则设置、后处理等 PCB 设计的全过程。本书主要内容包括原理图输入、元器件数据集成管理环境的使用、PCB 信号完整性设计基础知识、PCB 设计，以及后期电路设计处理需要掌握的各项技能等。无论是前端开发（原理图设计），还是 PCB 设计、PCB 布线实体的架构，本书都有全面详细的讲解，极具参考和学习价值。为便于读者阅读、学习，特提供本书范例的下载资源，请访问 http://yydz.phei.com.cn 网站，到"资源下载"栏目下载。

本书适合从事 PCB 设计工作的工程技术人员阅读使用，也可作为高等学校电子及相关专业的教学用书。

图书在版编目（CIP）数据

Cadence 高速电路板设计与实践/周润景，张晨编著 . —2 版 . —北京：电子工业出版社，2016.9
（电子工程师成长之路）
ISBN 978 - 7 - 121 - 29858 - 5

Ⅰ．①C… Ⅱ．①周… ②张… Ⅲ．①印刷电路 – 计算机辅助设计 Ⅳ．①TN410.2

中国版本图书馆 CIP 数据核字（2016）第 211995 号

责任编辑：张　剑（zhang@phei.com.cn）
印　　刷：三河市良远印务有限公司
装　　订：三河市良远印务有限公司
出版发行：电子工业出版社
　　　　　北京市海淀区万寿路 173 信箱　邮编　100036
开　　本：787×1 092　1/16　印张：22.25　字数：570 千字
版　　次：2013 年 1 月第 1 版
　　　　　2016 年 9 月第 2 版
印　　次：2016 年 9 月第 1 次印刷
印　　数：3 000 册　定价：59.00 元

前　言

在各种电子设计工具中，Cadence 具有集仿真、设计、分析于一体的架构，充分考虑了如今电子设计团队合作的方式，有非常完善的团队组织与分工模块，并且在每个模块、工具的衔接上都做得非常完善、到位。对于有一定电子设计基础的设计师来说，Cadence 可谓是设计工作的最优之选。

Cadence 最新的 PCB 设计解决方案 OrCAD 16.6 提供了许多新的性能，增强了设计定制能力，并进行了重大的性能改善，从而帮助设计师在更短的设计周期内，以更可控的方式完成产品的设计。OrCAD 16.6 实现了一项重大技术突破，即支持设计师从原理图设计阶段开始实现全流程的信号完整性仿真分析。这样的设计流程实现了高度自动化，改善了仿真的易学性和易用性。此外，该设计流程可以有效提高设计分析的效率，尤其对高速数字电路的设计与仿真来说更为突出。

OrCAD 16.6 PCB 设计解决方案增强了用户定制功能，模拟性能提高了 20%，使使用户可以更快、更有预见性地创建产品。同时，新型信号集成流引入了更高层次的自动化水平，使得快速设计所需要的预布线拓扑、约束开发和发展的性能导向数字电路模拟具有了更好的可用性和生产率。

OrCAD 16.6 PSpice 通过改善模拟集合和平均提高 20% 的模拟速度，提高了用户的生产效率；通过引入多核模拟支持系统，包括大型设计、MOSFETs 和 BJTs 等复杂模型支配的设计，使设计性能得到显著提高。

OrCAD 16.6 版本的新型扩展信号集成流提供了 OrCAD Capture 和 OrCAD PCB SI 产品之间的无缝双向界面。这种新型集成实现了简化预布线拓扑、约束开发的自动化和全面的设计方法，提高生产效率约 100%。OrCAD 16.6 同时还扩展了 Tcl 编程功能和 OrCAD Capture 到 PSpice 的应用方法。因此，用户可以在标准的"即取即用"解决方案所能提供的范围外扩展和定制其模拟数据和环境。通过 Tcl 调用模拟数据和环境，用户可以利用自定义等方式和方程式来定制允许任何参数、map 用户参数或 PSpice 程序的模拟。

Cadence 有非常强大的功能，但限于篇幅无法全面介绍，不过本书还是在一个四层板例程的基础上对 PCB 设计的基础流程做了相对比较详细的讲解和介绍。

本书由周润景、张晨编著，其中张晨编写了第 5 章和第 6 章，其余章节由周润景编写。全书由周润景教授统稿。参加本书编写的还有姜攀、托亚、王洪艳、张龙龙、刘晓霞、姜晓黎、何茹、蒋诗俊、贾雯、张红敏、张丽敏、周敬和宋志清。

由于作者水平有限，书中不妥之处敬请广大读者批评指正。

编者著

目　　录

第 1 章　**Cadence Allegro SPB 16.6 简介** ·· 1
 1.1　概述 ··· 1
 1.2　功能特点 ··· 1
 1.3　设计流程 ··· 3
第 2 章　**Capture 原理图设计工作平台** ··· 5
 2.1　Design Entry CIS 软件功能介绍 ··· 5
 2.2　原理图工作环境 ·· 5
 2.3　设置图纸参数 ··· 6
 2.4　设置打印属性 ·· 10
第 3 章　**制作元器件及创建元器件库** ··· 12
 3.1　OrCAD \ Capture 元器件类型与元器件库 ······································ 12
 3.2　创建新工程 ··· 13
 3.3　创建复合封装元器件 ·· 25
 3.4　创建其他元器件 ··· 26
 习题 ··· 27
第 4 章　**创建新设计** ·· 28
 4.1　原理图设计规范 ··· 28
 4.2　Capture 基本名词术语 ·· 28
 4.3　放置元器件 ··· 30
 4.4　创建分级模块 ·· 37
 4.5　修改元器件序号与元器件值 ·· 46
 4.6　连接电路图 ··· 46
 4.7　添加网络组 ··· 50
 4.8　标题栏的处理 ·· 54
 4.9　添加文本和图像 ··· 54
 4.10　CIS 抓取网络元器件 ··· 55
 习题 ··· 57
第 5 章　**PCB 设计预处理** ·· 58
 5.1　编辑元器件的属性 ·· 58
 5.2　Capture 到 Allegro PCB Editor 的信号属性分配 ···························· 67
 5.3　建立差分对 ··· 71
 5.4　Capture 中总线（Bus）的应用 ·· 72
 5.5　元器件的自动对齐与排列 ·· 78
 5.6　原理图绘制后续处理 ··· 81

　　5.6.1　设计规则检查 ·· 81

　　5.6.2　回注（Back Annotation） ······································ 86

　　5.6.3　自动更新元器件或网络的属性 ······························ 87

　　5.6.4　生成网络表 ·· 88

　　5.6.5　生成元器件清单和交互参考表 ······························ 90

　　5.6.6　元器件属性参数的输出与输入 ······························ 92

　习题 ·· 94

第6章　Allegro 的属性设置 ·· 95

6.1　Allegro 的界面介绍 ·· 95

6.2　设置工具栏 ·· 100

6.3　定制 Allegro 环境 ··· 101

6.4　定义和运行脚本 ·· 110

6.5　属性参数的输入与输出 ··· 114

　习题 ··· 115

第7章　焊盘制作 ··· 116

7.1　基本概念 ·· 116

7.2　热风焊盘的制作 ·· 118

7.3　贯通孔焊盘的制作 ··· 121

7.4　贴片焊盘的制作 ·· 126

第8章　元器件封装的制作 ··· 129

8.1　封装符号基本类型 ··· 129

8.2　集成电路封装的制作 ··· 130

8.3　连接器（IO）封装的制作 ··· 139

8.4　分立元器件（DISCRETE）封装的制作 ·························· 145

　　8.4.1　贴片式分立元器件封装的制作 ······························ 145

　　8.4.2　直插式分立元器件封装的制作 ······························ 148

　　8.4.3　自定义焊盘封装制作 ··· 150

　　8.4.4　使用合并 Shape 创建组合几何图形 ······················· 155

　习题 ··· 156

第9章　PCB 的建立 ··· 157

9.1　建立 PCB ·· 157

　　9.1.1　使用 PCB 向导（Board Wizard）建立 4 层 PCB ········ 157

　　9.1.2　建立 PCB 机械符号 ··· 160

9.2　建立 Demo 设计文件 ·· 168

9.3　输入网络表 ·· 175

　习题 ··· 178

第10章　PCB 设计基础 ··· 179

10.1　PCB 相关问题 ··· 179

10.2　地平面与地跳跃 ··· 182

10.3　PCB 的电气特性 ·· 184

10.4　PCB 布局/布线注意事项 ·· 188

10.4.1　元器件的布局 ··· 188

10.4.2　PCB 叠层设置 ··· 191

10.4.3　线宽和线间距 ··· 193

第 11 章　设置设计约束 ··· 195

11.1　间距约束设置 ·· 195

11.2　物理规则设置 ·· 198

11.3　设定设计约束（Design Constraints） ································ 201

11.4　设置元器件/网络属性 ·· 202

习题 ··· 208

第 12 章　布局 ··· 209

12.1　规划 PCB ··· 210

12.2　手工摆放元器件 ·· 213

12.3　按 Room 快速摆放元器件 ··· 217

12.4　原理图与 Allegro 交互摆放 ··· 220

12.5　交换 ··· 223

12.6　排列对齐元器件 ·· 228

12.7　使用 PCB Router 自动布局 ·· 229

习题 ··· 232

第 13 章　敷铜 ··· 233

13.1　基本概念 ·· 233

13.2　为平面层建立形状（Shape） ·· 235

13.3　分割平面 ·· 236

13.4　分割复杂平面 ·· 246

习题 ··· 248

第 14 章　布线 ··· 249

14.1　布线的基本原则 ·· 249

14.2　布线的相关命令 ·· 250

14.3　定义布线的格点 ·· 250

14.4　手工布线 ·· 252

14.5　扇出（Fanout By Pick） ·· 256

14.6　群组布线 ·· 257

14.7　自动布线的准备工作 ·· 260

14.8　自动布线 ·· 263

14.9　控制并编辑线 ·· 269

14.9.1　控制线的长度 ··· 269

14.9.2　差分布线 ··· 274

14.9.3　添加 T 点 ·· 281

14.9.4　45°角布线调整（Miter By Pick） ······························· 284

14.9.5　改善布线的连接 ··· 286

14.10　优化布线（Gloss）……………………………………………………………290

习题……………………………………………………………………………………295

第 15 章　后处理…………………………………………………………………296

15.1　重新命名元器件序号……………………………………………………………296

15.2　回注（Back Annotation）………………………………………………………299

15.3　文字面调整………………………………………………………………………300

15.4　建立丝印层………………………………………………………………………302

15.5　建立孔位图………………………………………………………………………304

15.6　建立钻孔文件……………………………………………………………………305

15.7　建立 Artwork 文件………………………………………………………………307

15.8　输出底片文件……………………………………………………………………317

15.9　浏览 Gerber 文件………………………………………………………………318

习题……………………………………………………………………………………320

第 16 章　Allegro 其他高级功能………………………………………………321

16.1　设置过孔的焊盘…………………………………………………………………321

16.2　更新元器件封装符号……………………………………………………………323

16.3　Net 和 Xnet………………………………………………………………………324

16.4　技术文件的处理…………………………………………………………………325

16.5　设计重用…………………………………………………………………………330

16.6　DFA 检查…………………………………………………………………………336

16.7　修改 env 文件……………………………………………………………………337

习题……………………………………………………………………………………338

附录 A　使用 LP Wizard 自动生成元器件封装………………………………339

A.1　制作 QFN 封装……………………………………………………………………339

A.2　制作 BGA 封装……………………………………………………………………342

第1章　Cadence Allegro SPB 16.6 简介

 ## 1.1　概述

Cadence 新一代的 Allegro SPB 16.6 系统互连设计平台优化并加速了高性能、高密度的互连设计，建立了从 IC 制造、封装和 PCB 设计的一整套完整的设计流程。Cadence Allegro 提供了新一代的协同设计方法，以便建立跨越整个设计链（包括 I/O 缓冲区、IC、封装及 PCB 设计人员）的合作关系。Cadence 公司著名的软件包括 Cadence Allegro、Cadence LDV、Cadence IC 5.0、Cadence OrCAD 和 Cadence PSpice 等。

功能强大的布局/布线设计工具 Allegro PCB 是业界领先的 PCB 设计系统。Allegro PCB 是一个交互的环境，适于建立和编辑复杂的多层 PCB。Allegro PCB 的丰富功能可以满足当今世界 PCB 设计和制造的需求。利用 Cadence Allegro 平台可以协同设计出高性能的集成电路，并实现封装与 PCB 的链接，从而降低成本并加快产品上市时间。

Cadence Allegro 系统互连平台能够实现跨集成电路、封装和 PCB 的协同设计。应用平台协同设计方法，工程师可以迅速优化 I/O 缓冲器之间，或者集成电路、封装和 PCB 之间的系统互连，从而避免硬件设计返工，并降低硬件成本，缩短设计周期。约束驱动的 Allegro 流程可用于设计捕捉、信号完整性和物理实现。由于得到了 Cadence Encounter 与 Virtuoso 平台的支持，Allegro 协同设计方法使高效的设计链协同成为现实。

系统互连指的是一个信号的逻辑、物理和电气连接，也包括相应的回路和功率配送系统。目前，集成电路与系统研发团队在设计高速系统互连时面临着前所未有的挑战。由于集成电路的集成度不断提高，芯片的 I/O 和封装引脚数量也在迅速增加；千兆赫兹速度的数据传输速率也导致极高速的 PCB 与系统的需求增加；由于平均的 PCB 尺寸不断缩小，功率配送要求也随着芯片晶体管数目的窜升不断提高。

 ## 1.2　功能特点

Cadence 公司的 Allegro SPB 16.6 软件针对 PCB 板级的电路系统设计流程（包括原理图输入，数字、模拟及混合电路仿真，FPGA 可编程逻辑器件设计，自动布局、布线，PCB 版图及生产制造数据输出，以及针对高速 PCB 的信号完整性分析与电源完整性分析等）提供了完整的输入、分析、版图编辑和制造的全线 EDA 辅助设计工具。

整个 Allegro SPB 16.6 软件系统主要分以下 25 个功能模块。

【Allegro PCB Planner】这是一款可以为网络和元器件高效地添加约束规则的 PCB 设计工具。设计者可以通过热分析、SI/PI 工具为元器件和网络添加约束规则。当与设计创作工具同时使用时，它可以让设计者在设计数据库中描述约束的设计意图。它还具有布线规划与 PCB 数据的编辑、查看能力，使设计者可以轻松、快速地对不同布局策略的效果做出评估。

【**Cadence Help**】 Cadence 的帮助工具，对 Cadence 的各个部分都有详细的讲解。

【**Design Entry CIS**】 它是世界上领先的在 Windows 操作系统上实现的原理图输入解决方案，直观、简单易用且具有先进的部件搜索机制，是迅速完成设计捕捉的工具。Design Entry CIS 对应于以前版本的 Capture 和 Capture CIS，是 Cadence 公司收购原 OrCAD 公司的产品，它是国际上通用、标准的原理图输入工具，设计快捷方便，图形美观，与 Allegro 实现了无缝链接。

【**Design Entry HDL Rules Checker**】 Design Entry HDL 的规则检查工具。

【**Design Entry HDL**】 Design Entry HDL 提供了一个原理图输入和分析环境，其功能与扩展模拟（数字电路和模拟电路），以及 PCB 版图设计解决方案集成在一起，可作为所有与系统和高速设计流程相关的 CAE 要求的任务中心。原理图设计方法已经通过若干提高生产效率的措施得以简化，而 Design Entry HDL 使得设计的每个阶段实现流水线化。

【**FPGA System Planner**】 这是 FPGA 系统设计平台，它提供了一套完整的、可扩展的 FPGA – PCB 协同式设计解决方案，可用于板级 FPGA 设计，能够自动对引脚配置进行"芯片规则算法"的综合优化。它取代了易出错的手动引脚配置方式，以独特的布局解决方案减少不必要的设计迭代，节省了创建最优化引脚配置方案的时间，从而提高设计效率。

【**Library Explorer**】 这是进行数字设计库管理的软件，可以调用 Design Entry HDL、PCB Librarian、PCB Designer、Allegro System Architect 等工具建立的元器件符号和模型。

【**License Client Configuration Utility**】 Cadence 证书和证书服务的检查工具。

【**OrCAD Capture CIS**】 它集成了强大的原理图设计功能，其主要特点是具有快捷的元器件信息管理系统（CIS），并具有通用 PCB 设计入口。扩展的 CIS 功能可以方便地访问本地元器件优选数据库和元器件信息。通过减少重新搜索元器件信息或重复建库，手动输入元器件信息，维护元器件数据的时间，从而可以提高设计效率。

【**OrCAD Capture**】 OrCAD Capture 是一款多功能的原理图输入工具。OrCAD Capture 提供了完整的、可调整的原理图设计方法，能够有效应用于电子线路的设计创建、管理和重用。将 OrCAD Capture 与 OrCAD PCB Editor 进行无缝数据链接，可以很容易实现物理 PCB 的设计；与 Cadence PSpice A/D 高度集成，可以实现电路的数模混合信号仿真。

【**Package Designer**】 这是一款芯片和封装的设计分析软件。它把芯片级的 I/O 可行性和规划功能与业界领先的集成电路封装设计工具组合到一起，形成了一个强大的协同设计工具。该产品家族包括一个嵌入式、经过验证的 3D 场计算器，允许工程师在电气与物理设计要求之间做出折中选择，以满足成本和性能目标。

【**PCB Editor**】 这是一个完整的高性能 PCB 设计软件。通过顶尖的技术，为创建和编辑复杂、多层、高速、高密度的 PCB 设计提供了一个交互式、约束驱动的设计环境。它允许设计者在设计过程的任意阶段定义、管理和验证关键的高速信号，并能抓住最关键的设计问题。

【**PCB Router**】 CCT 布线器。

【**PCB SI**】 提供了一个集成的高速设计与分析环境。它能流水线化完成高速数字 PCB 系统和高级集成电路封装设计，方便电气工程师在设计周期的所有阶段探究、优化和解决与电气性能相关的问题。约束驱动的设计流程提高了设计的首次成功概率，并降低产品的整体成本。

【**Physical Viewer**】Allegro 浏览器模块。

【**Project Manager**】Cadence 的项目管理器，用于 Cadence 中项目和元器件库的交互和管理，提供树形图的交互方式。

【**Pspice AD**】模拟和模拟/数字混合信号仿真器，为用户提供一整套完整的电路仿真、验证解决方案。

【**PSpice Advanced Analysis**】PSpice 的高级仿真工具。它融合了很多技术，用于改善设计性能，提高成本效益和可靠性。这些技术包含信号灵敏度、多引擎的优化器、应力分析和蒙特卡罗分析。

【**Cadence SiP Digital Architect**】利用互连管理与驱动协同设计方法论，为设计的早期探索、评估与权衡提供一个横跨芯片抽象、封装衬底和 PCB 系统间的 SiP 概念原型环境。SiP Digital Architect 可以为架构工程师提供独特的环境来浏览和定义系统连接关系与功能，同步协同设计可以在 IC、SiP 封装衬底及目标 PCB 系统间进行优化。工程人员可以进行快速的“假设”可行性研究，以确保最大化的器件功能密度性能，同时使功耗最小化。它具有交叉结构工程变更单（ECO）和版图原理图对比确认，完全支持 IC 驱动或封装/PCB 衬底驱动的设计流程。

【**SIP（System - In - Package）**】系统级封装设计工具。

【**System Architect**】复杂、高速 PCB 设计工具，具有传统原理图、HDL 语言和电子数据表三种设计输入方式。

【**AMS Simulator**】工业标准的模拟、数字及模拟/数字混合信号仿真系统，具有仿真速度快、精度高、功能强大等特点。仿真库内所含元器件种类丰富、数量众多。

【**PCB Editor Utilities**】包含 Pad Designer、DB Doctor 和 Batch DRC 等工具。

【**PCB SI Utilities**】PCB 信号完整性分析实用工具。

【**PSpice Accessories**】PSpice 相关附件工具。

1.3　设计流程

整个 PCB 的设计流程可分为如下 3 个主要部分。

1. 前处理

此部分主要是开始 PCB 设计前的准备工作。

1）原理图的设计　设计者根据设计要求用 Capture 软件绘制电路原理图。

2）创建网络表　绘制好的原理图经检查无误后，可以生成送往 Allegro 的网络表。网络表文件包含 3 个部分，即 pstxnet. dat、pstxprt. dat 和 pstchip. dat。

3）建立元器件封装库　在创建网络表前，每个元器件都必须有封装。由于实际元器件的封装是多种多样的，如果元器件的封装库中没有所需的封装，就必须自己动手创建元器件封装，并将其存放在指定目录下。

4）创建机械设计图　设置 PCB 外框及高度限制等相关信息，产生新的机械图文件（Mechanical Drawing），并将其并存储到指定目录下。

2. 中处理

此部分是整个 PCB 设计中最重要的部分。

1）读取原理图的网络表　将创建好的网络表导入 Allegro 软件，取得元器件的相关信息。

2）摆放机械图和元器件　首先摆放创建好的机械图，其次摆放比较重要的或较大的元器件（如 I/O 端口器件、集成电路），最后摆放小型的元器件（如电阻、电容等）。

3）设置 PCB 的层面　对于多层的 PCB，需要添加 PCB 的层面，如添加 VCC 层、GND 层等。

4）进行布线（手工布线和自动布线）　手工布线可以考虑到整个 PCB 的布局，使布线最优化，但其缺点是布线时间较长；自动布线可以使布线速度加快，但会使用较多的过孔。有时自动布线的路径不一定是最佳的，故经常需要将这两种方法结合起来使用。

5）放置测试点　放置测试点的目的是检查该 PCB 能否正常工作。

3. 后处理

此部分是输出 PCB 前的最后的工作。

1）文字面处理　为了使绘制的电路图清晰、易懂，需要对整个电路图的元器件序号进行重新排列，并利用回注（Back Annotation）命令，使修改的元器件序号在原理图中也得到更新。

2）底片处理　设计者必须设定每一张底片是由哪些设计层面组合而成的，再将底片的内容输出至文件，然后再将这些文件送至 PCB 生产车间去制作 PCB。

3）报表处理　产生该 PCB 的相关报表，以提供给后续的工厂工作人员必要的信息。常用的报表有元器件报表（Bill of Material Report）、元器件坐标报表（Component Location Report）、信号线接点报表（Net List Report）、测试点报表（Testpin Report）等。

第2章 Capture 原理图设计工作平台

 ## 2.1 Design Entry CIS 软件功能介绍

Design Entry CIS 软件的功能如图 2-1-1 所示。

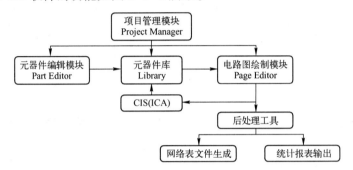

图 2-1-1 Design Entry CIS 软件的功能

1）项目管理模块（Project Manager） Capture CIS 对电路设计实行项目管理。Project Manager 既管理电路图的绘制，也协调处理电路图与其他软件之间的接口和数据交换，并管理各种资源和文件。

2）元器件编辑模块（Part Editor） Capture CIS 软件包提供的元器件库包含数万种元器件符号，供绘制电路图时调用。软件中还包含元器件编辑模块（Part Editor），用于修改库中的元器件或添加新的元器件符号。

3）电路图绘制模块（Page Editor） 在 Page Editor 中可以绘制各种电路的原理图。

4）元器件信息系统（Component Information System，CIS） 该模块不仅可以对元器件和元器件库实施高效管理，还可以通过互联网元器件助理（Internet Component Assistant，ICA），从指定网站提供的元器件数据库中查阅近百万种元器件，并根据需要将其添加到电路设计中或添加到软件包的库里。

> **【注意】** Capture 和 Capture CIS 的区别在于 Capture 软件包中没有 CIS 模块。

5）电路设计的后处理工具（Processing Tools） 对编辑好的电路图，Capture CIS 还提供一些后处理工具，如对元器件进行自动编号，设计规则检查，输出各种统计报告，以及生成网络表文件等。

 ## 2.2 原理图工作环境

在程序文件夹中执行菜单命令"Release 16.6"→"Design Entry CIS"，打开"Cadence

Product Choices"对话框，选择"OrCAD Capture CIS"，如图 2-2-1 所示。单击"OK"按钮，进入"OrCAD Capture CIS"主界面，如图 2-2-2 所示。其中，各个工具栏可通过菜单命令"View"→"Toolbar"来设置。注意，在 Cadence 中每种工具只有在选择了相应的项目或窗口时才会被使能。

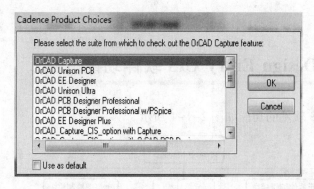

图 2-2-1　"选择"OrCAD Capture"

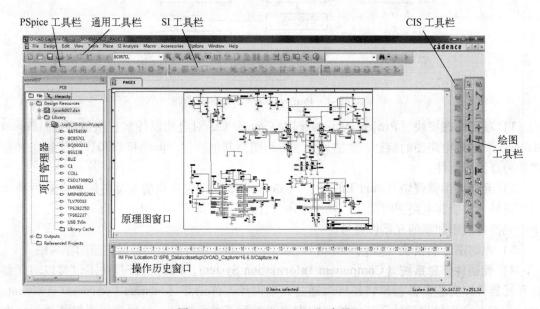

图 2-2-2　"OrCAD Capture"主界面

 ## 2.3　设置图纸参数

执行菜单命令"Options"→"Preferences…"，弹出参数设置对话框，如图 2-3-1 所示。此对话框包括 7 个选项卡，即"Colors/Print""Grid Display""Pan and Zoom""Select""Miscellaneous""Text Editor""Board Simulation"。

1）设置颜色　"Colors/Print"选项卡的功能是设置各种图件的颜色及打印的颜色。用户可以根据自己的习惯设置颜色的类别，也可选用默认值（只需单击"Use Defaults"按钮即可）。

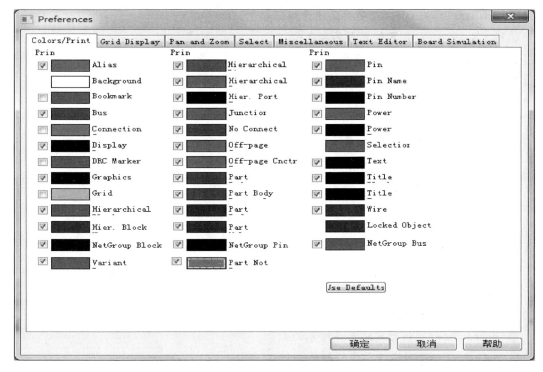

图 2-3-1　参数设置对话框

☺ Alias：网络别名的颜色。

☺ Background：图纸的背景颜色。

☺ Bookmark：书签的颜色。

☺ Bus：总线的颜色。

☺ Connection：连接处方块的颜色。

☺ Display：显示属性的颜色。

☺ DRC Marker：DRC 标志的颜色。

☺ Graphics：注释图案的颜色。

☺ Grid：格点的颜色。

☺ Hierarchical Block：层次块的颜色。

☺ Hier．Block Name：层次名的颜色。

☺ NetGroup Block：网络块的颜色。

☺ Variant Part：变换体元件的颜色。

☺ Hierarchical Black Port：层次块端口的颜色。

☺ Hierarchical Port：层次端口的颜色。

☺ Hier. Port Text：层次块端口文本的颜色。

☺ Junction：节点的颜色。

☺ No Connect：不连接指示符号的颜色。

☺ Off－page：端点连接器的颜色。

☺ Off－page Cnctr：端点连接器文字的颜色。

☺ Part Body：元器件的颜色。

☺ Part Body Rectangle：元器件简图方框的颜色。

☺ Part Reference：元器件标号的颜色。

☺ Part Value：元器件值的颜色。

☺ NetGroup Pin：网络组引脚的颜色。

☺ Part Not：DIN 元件的颜色。

☺ Pin：引脚的颜色。

☺ Pin Name：引脚名称的颜色。

☺ Pin Number：引脚号码的颜色。

☺ Power：电源符号的颜色。

☺ Power Text：电源符号文字的颜色。

☺ Selection：选取图件的颜色。

☺ Text：说明文字的颜色。

☺ Title Block：标题块的颜色。

☺ Title Test：标题文本的颜色。

☺ Wire：导线的颜色。

☺ Locked Object：被锁定元器件对象的颜色。

☺ NetGroup Bus：网络组总线的颜色。

当要改变某项的颜色属性时，只需单击颜色块，即可打开如图 2-3-2 所示的"Alias Color"（颜色设置）对话框→选择所需要的颜色→单击"确定"按钮即可选中该颜色。在此采用默认颜色。图 2-3-1 中，每个设置选项前的复选框是用于设置是否打印的。

2）设置格点属性　如图 2-3-3 所示，"Grid Display"选项卡的功能是设置格点属性，它由两部分组成，左侧的区域是针对原理图的设置，右侧的区域是针对编辑元器件的设置。

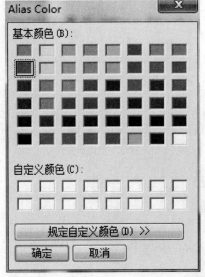

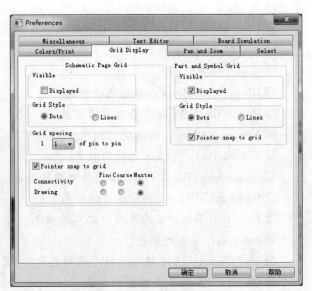

图 2-3-2　"Alias Color"（颜色设置）对话框　　　　图 2-3-3　设置格点属性

☺ Displayed：格点的可视性。

☺ Dots：点状格点。

☺ Lines：线状格点。

☺ Pointer snap to grid：光标随着格点的移动而移动。

也可以在"View"选项卡中选中"Grid"选项来设置格点的可视性，如图 2-3-4 所示。当选中"Grid"选项时，显示格点；当不选中"Grid"选项时，不显示格点。在此取默认设置。"Grid References"选项用于设置原理图图纸外围的格点标注的可视性。

3）杂项的设置　"Miscellaneous"选项卡有 6 个区域，包括填充、自动存盘等设置，如图 2-3-5 所示。

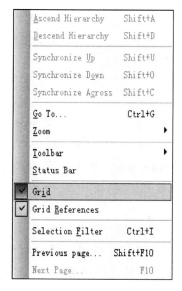

图 2-3-4　设置格点的可视性　　　　　　　　图 2-3-5　杂项的设置

☺ Schematic Page Editor：设置原理图编辑环境中填充图件的属性。

☺ Part and Symbol Editor：设置元器件编辑环境中填充图件的属性。

☺ Session Log：设置项目管理器及记录器使用的字体。

☺ Text Rendering：设置以加框方式显示 TrueType 文字及是否将其填充。

☺ Auto Recovery：设置自动存盘功能。只要选中"Enable Auto Recovery"选项即可自动存盘，而自动存盘的时间间隔可在其下栏中指定。

【注意】 设置自动存盘并不表示资料一定会被保存，在结束 Capture 前，一定要进行存盘操作，否则连自动存盘的文件也会随程序的结束而消失。

☺ Auto Reference：自动序号。

　　♫ Automatically reference placed：设置元器件序号自动给予累加。

　　♫ Preserve reference on copy：若选中该选项，复制元器件时保留元器件序号；若不选中该选项，则复制后的元器件序号会有"？"，如"U？"。

☺ Intertool Communication：设置 Capture 与其他 Cad 软件的接口。Capture 与 Allegro 进行交互参考时，必须选中此选项。在此去掉"Auto Recovery"区域的复选框，其他取为默认值。

☺ Wire Drag：设置元器件是否随连接线改变而移动。

☺ IREF Display Property：设置参考输入电流 IREF 的显示属性。

4）设置其他参数　其他参数的设置包括设置缩放窗口的比例及卷页的量（Pan and Zoom）、选取图件的模式（Select）、文字编辑（Text Editor）和 PCB 仿真（Board Simulation）等，具体设置方法可参考 Cadence 帮助。此处不更改默认参数。

2.4　设置打印属性

要想打印绘制好的电路图，最简单的方法就是切换到项目管理器，选择要打印的某个绘图页文件夹或绘图页文件，执行菜单命令"File"→"Print…"或单击工具栏中的 按钮，弹出如图 2-4-1 所示的"Print"对话框。

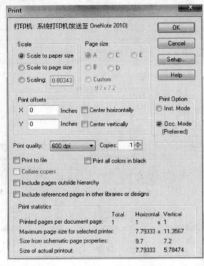

图 2-4-1　"Print"对话框

☺ Scale：设置打印比例。

☞ Scale to paper size：将电路图依照"Schematic Page Properties"对话框（可以使用菜单命令"Options"→"Schematic Page Properties"将其调出）中的"Page Size"栏中设置的尺寸打印，将整页电路图打印输出到一页打印纸上。

☞ Scale to page size：将电路图依照"Print"对话框中的"Page Size"区域中设置的尺寸打印。若"Page Size"区域中选用的幅面尺寸大于设置的打印尺寸，则需要采用多张打印纸输出一幅电路图。

☞ Scaling：设置打印图的缩放比例。

☺ Print offsets：设置打印纸的偏移量（包括 X 轴偏移量和 Y 轴偏移量），即打印出的电路图左上角与打印纸左上角之间的距离。若一幅电路图需要采用多张打印纸，则指电路图与第一张打印纸左上角之间的距离。

☺ Print quality：以每英寸打印的点数（dpi：Dots per Inch）表征，数值越高，对应的打印质量越好。

☺ Copies：设置打印份数。

☺ Print to file：将打印图送至 .prn 文件中存储起来。

☺ Print all colors in black：强制采用黑白两色。

☺ Collate Copies：设置依照页码顺序打印。

在打印前，最好先确认一下打印机的相关设置是否适当。可以执行菜单命令"File"→"Print Setup…"（如图 2-4-2 所示），也可以单击"Print"对话框中的 Setup… 按钮设置打印机属性，可以选择打印机、纸张的尺寸、纸张的方向等，如图 2-4-3 所示。

为了保证打印效果，应先预览输出效果。执行菜单命令"File"→"Print Preview"，弹出打印预览对话框→单击"OK"按钮，进行打印预览，单击鼠标左键进行电路图放大显示

→单击"Print"按钮进行打印。

图 2-4-2　菜单项　　　　　　　　图 2-4-3　打印机设置

第3章 制作元器件及创建元器件库

元器件库中有数万个元器件，按功能和生产厂家的不同，存放在 300 多个以 OLB 为扩展名的元器件库文件中。\Cadence\SPB_16.6\tools\capture\library 路径是存放这些库文件的子目录。用户可以查阅每个目录下的库文件名称。元器件库中的元器件毕竟是有限的，有时在元器件库中找不到所需的元器件，这就需要创建新元器件，并将新的元器件保存在一个新的元器件库中，以备日后调用。

3.1 OrCAD\Capture 元器件类型与元器件库

用 Capture 绘制的电路图可用于 PSpice 仿真、印制电路板（PCB）设计等不同用途，因此元器件库中包含多种类型的元器件。

☺ AMPLIFIER. OLB：存放模拟放大器 IC，如 CA3280、TL027C、EL4093 等。

☺ ARITHMETIC. OLB：存放逻辑运算 IC，如 TC4032B、74LS85 等。

☺ ATOD. OLB：存放 A/D 转换 IC，如 ADC0804、TC7109 等。

☺ BUS DRIVERTRANSCEIVER. OLB：存放汇流排驱动 IC，如 74LS244、74LS373 等。

☺ CAPSYM. OLB：存放电源、地、I/O 口、标题栏等。

☺ CONNECTOR. OLB：存放连接器，如 4 HEADER、CON AT62、RCA JACK 等。

☺ COUNTER. OLB：存放计数器 IC，如 74LS90、CD4040B 等。

☺ DISCRETE. OLB：存放分立元件，如电阻、电容、电感、开关、变压器等。

☺ DRAM. OLB：存放动态存储器，如 TMS44C256，MN41100 – 10 等。

☺ ELECTRO MECHANICAL. OLB：存放电动机、断路器等电机类元件。

☺ FIFO. OLB：存放 FIFO 暂存器，如 40105、SN74LS232 等。

☺ FILTRE. OLB：存放滤波器类元件，如 MAX270、LTC1065 等。

☺ FPGA. OLB：存放可编程逻辑器件，如 XC6216/LCC。

☺ GATE. OLB：存放逻辑门（含 CMOS 和 TLL）。

☺ LATCH. OLB：存放锁存器，如 4013、74LS73、74LS76 等。

☺ LINE DRIVER RECEIVER. OLB：存放线控驱动与接收器，如 SN75125、DS275 等。

☺ MECHANICAL. OLB：存放机构图件，如 M HOLE 2、PGASOC – 15 – F 等。

☺ MICROCONTROLLER. OLB：存放单晶片微处理器，如 68HC11、AT89C51 等。

☺ MICRO PROCESSOR. OLB：存放微处理器，如 80386、Z80180 等。

☺ MISC. OLB：存放杂项图件，如电表（METER MA）、微处理器周边（Z80 – DMA）等未分类的零件。

☺ MISC2. OLB：存放杂项图件，如 TP3071、ZSD100 等未分类零件。

☺ MISCLINEAR. OLB：存放线性杂项图件（未分类），如 14573、4127、VFC32 等。

☺ MISCMEMORY. OLB：存放存储器杂项图件（未分类），如 28F020、X76F041 等。

☺ MISCPOWER. OLB：存放高功率杂项图件（未分类），如 REF－01、PWR505、TPS67341 等。

☺ MUXDECODER. OLB：存放解码器，如 4511、4555、74AC157 等。

☺ OPAMP. OLB：存放运算放大器，如 101、1458、UA741 等。

☺ PASSIVEFILTER. OLB：存放被动式滤波器，如 DIGNSFILTER、RS1517T、LINE FILTER 等。

☺ PLD. OLB：存放可编程逻辑器件，如 22V10、10H8 等。

☺ PROM. OLB：存放只读存储器，如 18SA46、XL93C46 等。

☺ REGULATOR. OLB：存放稳压 IC，如 78xxx、79xxx 等。

☺ SHIFTREGISTER. OLB：存放移位寄存器，如 4006、SNLS91 等。

☺ SRAM. OLB：存放静态存储器，如 MCM6164、P4C116 等。

☺ TRANSISTOR. OLB：存放晶体管（含 FET、UJT、PUT 等），如 2N2222A、2N2905 等。

1）商品化的元器件符号　包括各种型号的晶体管、集成电路、A/D 转换器和 D/A 转换器等元器件。同时还提供有配套信息，包括描述这些元器件功能和特性的模型参数（供仿真用），以及封装、引线等信息（供 PCB 设计用）。

2）非商品化的通用元器件符号　如通常的电阻、电容、晶体管和电源等元器件，以及与电路图有关的一些特殊符号。

3）常用的子电路可以作为图形符号存入库文件中　可以用移动和复制的方法，将选中的子电路添加到库文件中，然后对库文件中的子电路进行编辑、修改。

> 【说明】对于每个电路设计，系统自动生成一个 Design Cache 元器件库，用于存放绘制电路图过程中使用的每个元器件。绘制电路图时，可以直接调用 Design Cache 中的元器件，Design Cache 中的内容将和电路设计文件保存到一起。在 Design Cache 中，可以单击鼠标右键，从弹出的菜单中选择 "Cleanup Cache"，清除里面的内容。当需要更新一个元器件时，可以选择该元器件，单击鼠标右键，从弹出的菜单中选择 "Update Cache" 进行更新；当要进行替换操作时，可以从弹出的鼠标右键菜单中选择 "Replace Cache" 命令。

3.2　创建新工程

首先单击 OrCAD Capture CIS 图标，打开 Capture 软件，弹出如图 3-2-1 所示产品选择对话框，选择 "OrCAD Capture CIS"，单击 "OK" 按钮。执行菜单命令 "File" → "New" → "Project…" 或单击按钮，建立新的项目，弹出 "New Project" 对话框，如图 3-2-2 所示。在 "Name" 栏中输入项目名称 "STM32"，在 "Create a New Project Using" 区域中选择项目的类别。其选项及相应说明如下所述。

☺ Analog or Mixed A/D：模/数混合仿真（需安装 PSpice A/D）。

☺ PC Board Wizard：PCB 设计（需安装 Layout）。

☺ Programmable Logic Wizard：CPLD/FPGA 数字逻辑器件设计（需要安装 Express）。

☺ Schematic：原理图设计。

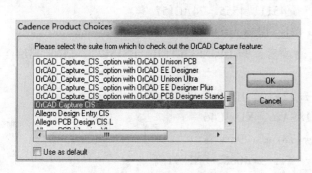

图 3-2-1　产品选择对话框

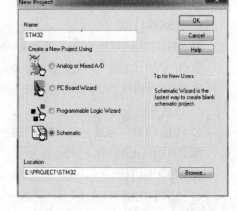

图 3-2-2　"New Project" 对话框

在此设计中，选中"Schematic"选项，在"Location"栏中选择所存储的位置"E：\ PROJECT\ OrCAD"，单击"OK"按钮，一个新的项目就建立好了，同时也打开了项目管理器，系统默认建立了一个新页 PAGE1，如图 3-2-3 所示。也可以直接建立新的设计，只需执行菜单命令"File"→"New"→"Design"，即可创建新的页 PAGE1，此时程序会自动创建新的项目（默认名为"Design1"）。若要创建多个页，只需在 SCHEMATIC1 中单击鼠标右键，从弹出的菜单中选择"New Page"。建立好的多页面如图 3-2-4 所示。为了记忆方便，可以用鼠标右键菜单命令"Rename"修改页的名称。

执行菜单命令"File"→"New"→"Library"，创建新的元器件库，项目管理器"Library"文件下出现新建的元器件库，如图 3-2-5 所示。选中"library1. olb"并单击鼠标右键，从弹出菜单选择"Save As..."，如图 3-2-6 所示。将 library. olb 保存到 E：\ Project\ OrCAD 目录下（建议保存到所建立的项目的目录下），如图 3-2-7 所示。

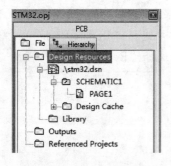

图 3-2-3　建立好的新项目

图 3-2-4　建立新的页

图 3-2-5　新建元器件库

图 3-2-6　右键菜单

图 3-2-7　保存元器件库

1. 直接新建元器件

1）新建元器件 选中"library1. olb"，执行菜单命令"Design"→"New Part…"，或者单击鼠标右键，从弹出的菜单中选择"New Part…"，弹出"New Part Properties"对话框，如图 3-2-8 所示。

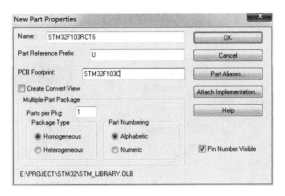

图 3-2-8 新建元器件

【**Name**】元器件的名称。将该元器件符号放置到电路中时，该名称也是元器件的 Part Value 属性的默认值。

【**Part Preference Prefix**】指定元器件编号的关键字母，如集成电路用"U"，电容用"C"。

【**PCB FootPrint**】指定元器件的封装类型名称。

【**Create Convert View**】有些元器件除具有基本表示形式外，还可以采用 De Morgan 等其他形式。在电路中放置元器件时，既可以采用基本形式，也可以采用等效形式，如与非门和非或门等效。

【**Part per Pkg**】若新建的是一种 Mutiple Part Package 元器件，指定一个封装中包含多少个元器件。

【**Package Type**】如果新建元器件是 Mutiple Part Package 元器件，还需要确定同一个封装中各个元器件符号是完全相同（Homogeneous）的，还是不完全相同（Heterogeneous）的。

【**Part Numbering**】选择如何区分同一个封装中的不同元器件。若选中"Alphabetic"选项，则采用"U?A"、"U?B"等形式，以字母区分同一个封装中的不同元器件；若选中"Numeric"选项，则采用"U?1"、"U?2"等形式，以数字区分同一个封装中的不同元器件。

【**Pin Number Visible**】若选中此选项，则在电路图上放置元器件符号时显示引线编号。

【**Part Aliases**】对新建的元器件符号可以赋予一个或多个别名。单击此按钮，弹出"Part Aliases"对话框，如图 3-2-9 所示。在"Alias Names"文本框中显示出已有的元件符号别名。若单击"New…"按钮，弹出"New Alias"对话框，在此设置元件别名，单击"OK"按钮，新指定的别名将出现在"Alias

图 3-2-9 "Part Aliases"对话框

Names" 文本框中。新建的元器件名及其别名均出现在符号库文件中，它们除名称（对应于电路图中元器件的 Part Value 值）不同外，其他方面均相同。

【**Attach Implementation**】为了表示新建元器件的功能特点，有时还需要给新建的元器件符号附加 Implementation 参数。单击 "Attach Implementation" 按钮，弹出如图 3-2-10 所示的对话框。

☺ Implementation Type：指定附加的 Implementation 参数类型。单击该栏右侧的下拉按钮，弹出的下拉列表中包括 8 种 Implementation 参数，如图 3-2-11 所示。

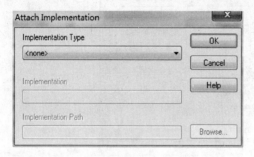

图 3-2-10 "Attach Implementation" 对话框

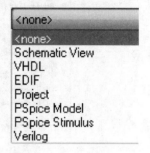

图 3-2-11 参数选项

☞ none：不附加任何 Implementation 参数。

☞ Schematic View：附加一个电路图。

☞ VHDL：附加一个 VHDL 文件。

☞ EDIF：附加一个 EDIF 格式网络表文件。

☞ Project：附加一个可编程逻辑设计项目。

☞ PSpice Model：附加一个描述该元器件特性参数的模型描述，供 PSpice 仿真程序调用。

☞ PSpice Stimulus：附加一个 PSpice 激励信号描述文件。

☞ Verilog：附加一个 Verilog 文件。

☺ Implementation：指定 Implementation 参数名称。例如，设置为 "EPF8282A/LCC"，表示该元器件 PSpice 模型名称为 "EPF8282A/LCC"。

☺ Implementation Path：指定 Implementation 参数文件的路径。若路径与元器件符号库文件相同，则该栏可不输入。

在 "Name" 栏中输入要创建的元器件名称 "STM32F103RCT6"，在 "PCB Footprint" 栏中输入引脚封装 "STM32F103C"，其他项使用默认值，单击 "OK" 按钮，进入元器件编辑窗口，如图 3-2-12 所示。在编辑窗口显示元器件的编辑轮廓，即在虚框内编辑所需的元器件。可根据元器件的大小来调整虚框的大小。

2）绘制元器件符号

（1）添加 IEEE 符号：在 "Part Editor" 对话框执行菜单命令 "Place" → "IEEE symbol"，或者在工具栏单击 ◆ 按钮，弹出 "Place IEEE Symbol"（摆放 IEEE 符号）对话框，如图 3-2-13 所示。

在图 3-2-13 中，"Symbols" 栏列出了 27 种 IEEE 符号，从中选择一种符号名称后，在右下方预览区中会显示相应的图形符号。选中需要的 IEEE 图形符号，单击 "OK" 按钮，返回 "Part Editor" 对话框，选中的 IEEE 符号随光标移动。将光标移至合适位置，单击鼠标左键放置 IEEE 符号。继续移动光标，可以连续放置 IEEE 符号。

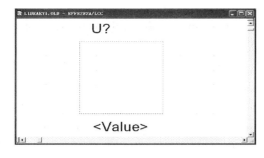

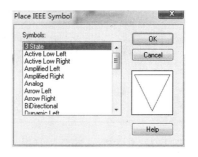

图 3-2-12　元器件编辑窗口　　　　　　　　图 3-2-13　"Place IEEE Symbol" 对话框

单击鼠标右键，从弹出菜单中选择 "End Mode" 或使用 "Esc" 键，结束放置。

当 IEEE 符号处于选中状态时，单击鼠标右键，从弹出的菜单中选择相关命令，可对符号进行水平翻转、垂直翻转、旋转等操作。

（2）所有的 IEEE 符号：

▽ 3State（三态动作输出逻辑门符号）

⊂ Active Low Left（低电平动作输入符号（信号引脚在左侧））

⊃ Active Low Right（低电平动作输入符号（信号引脚在右侧））

▷ Amplified Left（放大器符号（信号引脚在左侧））

◁ Amplified Right（放大器符号（信号引脚在右侧））

⌒ Analog（模拟信号输入符号）

≫ Arrow Left（信号方向为由左到右的箭头符号）

≪ Arrow Right（信号方向为由右到左的箭头符号）

⬌ BiDirectional（双向箭头符号）

＞ Dynamic Left（动态信号符号（信号引脚在左侧））

＜ Dynamic Right（动态信号符号（信号引脚在右侧））

≥ GE（大于等于符号）

⊓ Generator（信号产生的符号）

⊓ Hysteresis（施密特触发符号）

≤ LE（小于等于符号）

≠ NE（不等于符号）

✕ Non Logic（非逻辑符号）

◇ Open Circuit H – type（开路输出高电平符号）

◇ Open Circuit L – type（开路输出低电平符号）

◇ Open Circuit Open（开路输出空接状态符号）

◇ Passive Pull Down（被动式输出低电平符号）

◇ Passive Pull Up（被动式输出高电平符号）

∏ PI（"π" 形符号）

⊓ Postponed（暂缓输出符号。以下降沿触发的主从式触发器为例，当输入信号由低电平变为高电平，再由高电平变回低电平时，其输出信号才会变化）

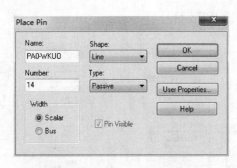

图 3-2-14　"Place Pin" 对话框

☺ Name：引脚名称。

☺ Number：引脚编号。

☺ Width：选择一般信号引脚（Scalar）或总线引脚（Bus）。若选择"Bus"，则总线可以直接与引脚连接。

☺ Shape：引脚形状。

☺ Type：引脚类型。

☺ Pin Visible：只有当引脚类型设置为"Power"时，才能选中该复选框。

☺ User Properties...：单击该按钮，弹出"User Properties"对话框，如图 3-2-15 所示。该对话框用于修改已设置的参数，或者新增与该引脚有关的参数。引脚示例如图 3-2-16 所示。

→ Shift Left（数据右移的符号（信号引脚在左侧））

← Shift Right（数据左移的符号（信号引脚在右侧））

∑ Sigma（加法器符号）

3）为元器件添加引脚

（1）添加单个引脚：执行菜单命令"Place"→"Pin"，或者单击按钮 ，弹出"Place Pin"对话框，如图 3-2-14 所示。

图 3-2-15　"User Properties" 对话框

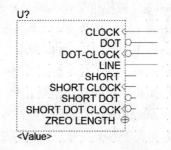

图 3-2-16　引脚示例

引脚形状见表 3-1。引脚类型见表 3-2。

表 3-1　引脚形状

形　状	含　义
Clock	表示该引脚输入为时钟信号
Dot	表示"非"，即输入信号取反
Dot - Clock	表示对输入时钟求非，即反向时钟输入
Line	一般引脚引线，其长度为 3 个格点间距
Short	短引脚引线，其长度为 1 个格点间距
Short Clock	表示短引脚引线的时钟输入端
Short Dot	短引脚引线，表示"非"，输入信号取反
Short Dot Clock	短引脚引线，对输入时钟求非，即反向时钟输入
Zero Length	表示零长度的引脚引线，一般用于表示"电源"或"地"

表 3 – 2   引脚类型

类 型	含 义
3 – State	三态引脚，可能为高电平、低电平和高阻 3 种状态
Bidirectional	双向信号引脚，既可作为输入又可作为输出
Input	输入引脚
Open Collector	开集电极输出引脚
Open Emitter	开发射极输出引脚
Output	输出引脚
Passive	无源器件引脚，如电阻引脚
Power	电源或地引脚

【注意】设置引脚名时，若引线名称带有横线（如$\overline{RESET}$），则设置时应在每个字母后面加"\"，表示为"R\E\S\E\T\"。

完成上述设置后，单击"OK"按钮关闭对话框，返回"Part Editor"对话框。移动光标到元器件符号边界框上合适的位置，单击鼠标左键放置引脚。然后，移动光标可继续放置其他引脚，同时引脚编号自动加 1。在添加引脚后，若需修改，可以直接双击引脚或选择引脚后单击鼠标右键，从弹出的菜单中选择"Edit Properties"，弹出如图 3-2-14 所示的对话框，继续添加其他引脚。

（2）同时添加多个引脚引线：在"Part Editor"对话框，执行菜单命令"Place"→"Pin Array"，或者单击按钮，弹出"Place Pin Array"对话框，如图 3-2-17 所示。

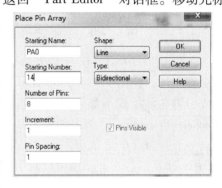

图 3-2-17   摆放多个引脚

☺ Starting Name：指定该组引脚的第 1 个引脚名称。如果绘制的第 1 个引脚名称的最后一个字符为数字，则同时绘制的其他引脚后面的数字将按"Increment"栏中的设置自动增加。若绘制的第 1 个引脚名称的最后一个字符不是数字，则同时绘制引脚将采用同一个名称。

☺ Starting Number：设置同时绘制的多个引脚中第 1 个引脚的编号，其他引脚也按"Increment"栏的设置自动增加。

☺ Number of Pins：指定同时绘制多根引线。

☺ Increment：指定引脚名和引脚编号的增加量。若为空白，则默认为 1。

☺ Pin Spacing：指定相邻两个引脚引线之间的间隔为多少个格点间距。

☺ Shape、Type、Pin Visible：与添加单个引脚设置相同。

单击"OK"按钮，返回"Part Editor"对话框，移动光标至元器件符号边界框上的合适位置，单击鼠标左键同时放置 8 个引脚引线，其中第 1 个引脚引线在光标所在位置。移动光标，单击鼠标左键，可以在框的其他位置放置多根引脚引线，引线名和编号在刚刚放置的一组引线中最后一根引线的名称和编号基础上自动增加对话框中"Increment"栏中设置的大小。如果引线超过框线边界，则边界框线将自动扩展，以放置这一组引线。因为引脚编号为升序排列，所以更改编号后的元器件符号如图 3-2-18 所示。添加完所有引脚的元器件符号如图 3-2-19 所示。

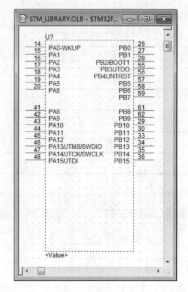

图 3-2-18　添加部分引脚后

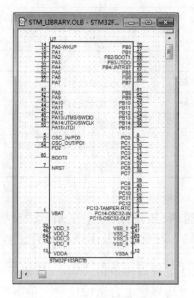

图 3-2-19　添加完引脚

在图 3-2-19 中，执行菜单命令"Options"→"Part Properties"，也可以双击引脚名或引脚序号，弹出"User Properties"对话框，如图 3-2-20 所示。可以根据需要使引脚序号或引脚名显示或不显示。如果需要改变元器件封装，可以执行菜单命令"Options"→"Package Properties"，弹出如图 3-2-8 所示的对话框。同时，元器件引脚支持群编辑，可以复选多个引脚后单击鼠标右键"Edit Properties"，弹出"Browes Spreadsheet"对话框，如图 3-2-21 所示。在此不仅可以对引脚的标号、名称、类型等进行编辑，还可以通过编辑"Order"属性对引脚进行重排序。

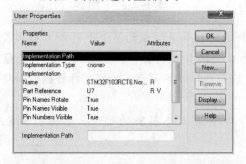

图 3-2-20　"User Properties"对话框

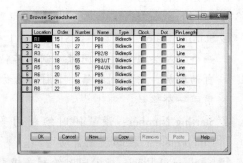

图 3-2-21　"Browes Spreadsheet"对话框

3）绘制元器件外形

【绘制一般线条】执行菜单命令"Place"→"Line"，或者单击按钮，光标变成细十字状，进入绘制一般线条状态。将光标移至起点，单击鼠标左键，再移至其他位置，单击鼠标左键，即可绘制一条线（这条线处于选取状态）。结束绘制线条时，可以按"Esc"键，或者单击鼠标右键，在弹出菜单中选择"End Mode"。

【绘制折线】执行菜单命令"Place"→"Polyline"，或者单击按钮，光标变成细十字状，进入绘制折线状态。将光标移至起点，单击鼠标左键，再移至其他位置，单击鼠标左键，即可完成一段线的绘制（如果要绘制斜线，先按住"Shift"键再移动鼠标）；再移至其他位置，单击鼠标左键，又可绘制一段线。重复同样动作，即可得到一条折线。同样，若结束绘制折线，可按"Esc"键，或者单击鼠标右键，在弹出菜单中选择"End Mode"。

【绘制矩形】执行菜单命令"Place"→"Rectangle"，或者单击按钮，光标将变成细十字状，进入绘制矩形状态，将光标移至所要绘制矩形的位置的一角，单击鼠标左键，再移至对角位置，即可展开一个矩形（若要绘制正方形，可先按住"Shift"键再移动鼠标），单击鼠标左键，即可绘制一个矩形（或正方形）。绘制好一个矩形（或正方形）后，仍处于绘制矩形状态，可以继续绘制其他矩形。结束时，可按"Esc"键，或者单击鼠标右键，在弹出菜单中选择"End Mode"。如果需要对矩形进行填充，可单击鼠标左键选中矩形，单击鼠标右键从弹出的菜单中选择"Edit Properties"，在弹出对话框中可分别设置矩形的填充模式、边线宽度、边线样式，其他图形也可以按照此方法进行设置。

【绘制圆或椭圆】执行菜单命令"Place"→"Ellipse"，或者单击按钮，光标将变成细十字状，进入绘制圆形状态。将光标移至所要绘制椭圆形的位置的一角，单击鼠标左键，再移至其对角位置，即可展开一个椭圆形（若要绘制正圆形，可先按住"Shift"键再移动鼠标），单击鼠标左键，即可绘制一个椭圆形（或正圆形）。绘制好一个椭圆形（或正圆形）后，仍处于绘制椭圆形状态，可以继续绘制其他椭圆形。结束时，可按"Esc"键，或者单击鼠标右键，在弹出菜单中选择"End Mode"。

【绘制圆弧线】执行菜单命令"Place"→"Elliptical Arc"，或者单击按钮，光标将变成细十字状，进入绘制圆弧线状态。将光标移至圆弧中心处，单击鼠标左键，移动鼠标会出现圆形预拉线，调整好半径后，单击鼠标左键，确定圆弧缺口的一端，光标自动移到圆弧缺口的另外一端，调整好位置后单击鼠标左键，就结束了圆弧的绘制。直接在绘制好的圆弧上单击鼠标左键，使其进入选取状态，在其缺口处出现控制点，可以通过拖曳这些控制点来调整这个圆弧线的形状。

【绘制曲线】曲线的绘制由4个点组成，即一个起始点、一个终止点和两个控制点。其中，两个控制点决定曲线的形状。执行菜单命令"Place"→"Bezier Curve"，或者单击按钮，光标将变成细十字状，进入绘制曲线状态。将光标移至所要绘制曲线的起点位置，单击鼠标左键确定第一控制点，再次单击左键确定第二控制点，最后确定曲线终点，即可完成一段曲线的绘制；之后重复以上步骤即可连续进行下一段曲线的绘制。结束时，可按"Esc"键，或者单击鼠标右键，在弹出菜单中选择"End Mode"。选中曲线即可出现相应的组成点，通过调整相应点的位置可调整曲线的形状。在绘制好的图形上双击鼠标左键，打开属性编辑对话框，在此可以修改线的类型、宽度和颜色。

STM32F103RCT6 外形为矩形，所以绘制矩形外框，如图 3-2-19 所示。

4）添加文本　单击按钮，弹出如图 3-2-22所示的对话框，在空白区域中输入所要放置的文字，也可以设置字体的颜色。如果要改变字体的方向，可直接在"Rotation"区域中选择文字的角度。"Text Justification"区域用于设置文字的对齐方式。如果要编辑文字字体，可单击"Change…"按钮，弹出"字体"对话框，如图 3-2-23 所示。如果文

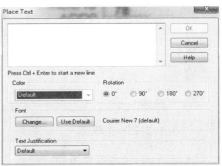

图 3-2-22　添加文字对话框

本需要分行，则按"Ctrl"+"Enter"键，其操作方法与 Word 中的相同，这里就不再赘述。

5）添加图片 在 Cadence 中，可以添加图片来对自己的原理图或原件进行讲解和注释。执行菜单命令"Place"→"Picture"，弹出"打开"对话框，选择需要的图片后，即可利用鼠标左键放置图片；放置图片后，可调整图片的大小和位置。

6）保存元器件 检查元器件，确认无误后保存（注意保存的位置，以便在添加元器件库时容易找到）。本例中，保存后的元器件在 library1.olb 库中，如图 3-2-24 所示。在绘制元器件页面双击"＜Value＞"或选择后单击鼠标右键，弹出"Display Properties"对话框，将其修改为"STM32F103RCT6"，编辑好的元器件如图 3-2-19 所示。

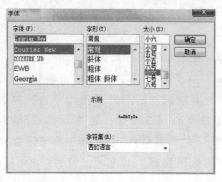

图 3-2-23 "字体"对话框

图 3-2-24 保存元器件

2. 用电子表格新建元器件

使用"New Part"选项不适合创建包含大量引脚的元器件。对于引脚数目较多的元器件，手动添加引脚和设置属性不仅费时且效率低。Capture 简化了在当前库中创建新元器件的过程（单个部分或多个部分）。

（1）选择元器件库 library1.olb，单击鼠标右键，从弹出菜单中选择"New Part From Spreadsheet"，如图 3-2-25 所示。

（2）打开"New Part Creation Spreadsheet"对话框，如图 3-2-26 所示。

图 3-2-25 菜单项

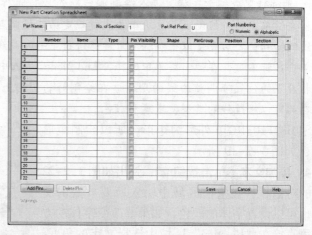

图 3-2-26 电子表格创建元器件

☺ Part Name：元器件名称。将该元器件符号放置到电路中时，该名称也是元器件的 Part Value 的默认值。

☺ No. of Sections：表示分割元器件的数量。

☺ Part Ref Prefix：元器件名称的前缀。

☺ Part Numbering：表示 Section 部分以数字（Numeric）还是字母（Alphabetic）区分。

☺ Number：元器件引脚编号。

☺ Name：元器件引脚名称。

☺ Type：引脚类型，有 3 - State、Bidirectional、Input、Open Collector、Open Emitter、Output、Passive、Power 八项可选。

☺ Pin Visibility：引脚可见性。

☺ Shape：引脚形状，有 Clock、Dot、Dot - Clock、Line、Short、Zero Length 六项可选。

☺ PinGroup：引脚分组。

☺ Position：引脚在元器件外框的位置，有 Top、Bottom、Left、Right 四项可选。

☺ Add Pins...：当表格显示的引脚数目不够时，单击该按钮弹出对话框，在弹出对话框中输入数字，即可添加多少个引脚。

☺ Delete Pins：删除引脚。选中表格前的标号，该按钮高亮，单击按钮即可删除一行（一次只能删除一行）。

（3）“Number”“Name”“PinGroup”栏需要直接输入内容，而“Type”“Shape”“Position”“Section”栏均有下拉菜单，在下拉菜单中选择相应的内容，如图 3-2-27 所示。该表格支持粘贴、复制功能。

（4）按照图 3-2-28 所示填入新建元器件的信息。单击“Save”按钮，保存创建好的元器件。若有错误，会弹出警告信息对话框，如图 3-2-29 所示。

图 3-2-27　下拉菜单

Part Name: TM32F103RCT6_SPT　No. of Sections: 1　Part Ref Prefix: U　Part Numbering: Numeric / Alphabetic

	Number	Name	Type	Pin Visibility	Shape	PinGroup	Position	Section
1	14	PA0-WKUP	Bidirectional	✓	Line		Left	
2	15	PA1	Bidirectional	✓	Line		Left	
3	16	PA2	Bidirectional	✓	Line		Left	
4	17	PA3	Bidirectional	✓	Line		Left	
5	20	PA4	Bidirectional	✓	Line		Left	
6	21	PA5	Bidirectional	✓	Line		Left	
7	22	PA6	Bidirectional	✓	Line		Left	
8	23	PA7	Bidirectional	✓	Line		Left	
9	41	PA8	Bidirectional	✓	Line		Left	
10	42	PA9	Bidirectional	✓	Line		Left	
11	42	PA10	Bidirectional	✓	Line		Left	
12	44	PA11	Bidirectional	✓	Line		Left	
13	45	PA12	Bidirectional	✓	Line		Left	
14	46	PA13/JTMS/S	Bidirectional	✓	Line		Left	
15	49	PA14/JTCK/SW	Bidirectional	✓	Line		Left	
16	50	PA15/JTDI	Bidirectional	✓	Line		Left	
17	5	OSC_IN/PD0	Input	✓	Line		Left	
18	6	OSC_OUT/PD1	Output	✓	Line		Left	
19	54	PD2	Bidirectional	✓	Line		Left	
20	60	BOOT0	Output	✓	Line		Left	
21	7	NRST	Bidirectional	✓	Line		Left	
22	1	VBAT	Passive	✓	Line		Left	

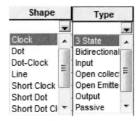

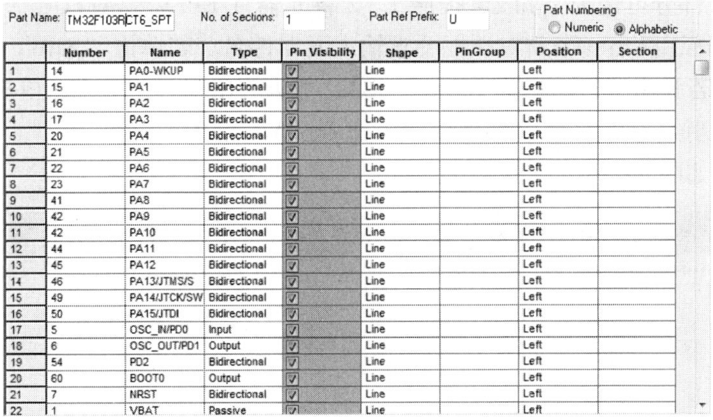

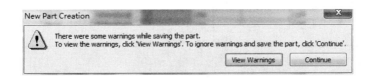

图 3-2-28　填入内容的表格

图 3-2-29　警告对话框

（5）单击"View Warnings"按钮，浏览警告内容，如图 3-2-30 所示。警告信息显示 VCC 和 GND 引脚名显示多于 1 次。单击"Continue"按钮，忽略警告，保存元器件。生成的元器件如图 3-2-31 所示。

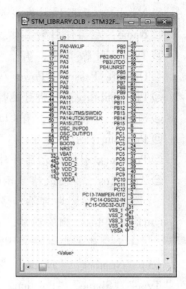

图 3-2-30　显示警告信息　　　　　　　图 3-2-31　保存元器件

在复杂的设计中，可能会有数以千计引脚的元器件。这样的元器件不适合在单一原理图页中绘制。也许按照功能分割这一元器件，会使电路图设计更加方便。在项目管理器中选择"STM32F103RCT6_SPT"，执行菜单命令"Tools"→"Split Part"，或者单击鼠标右键，从弹出菜单中选择"Split Part"，弹出如图 3-2-28 所示对话框。在"No. of Sections"栏中输入 2，"Section"部分可选为 1 和 2，按照 1、2 将元器件 EPF8282A/LCC 分为两部分。单击"Save As…"按钮，弹出一个新对话框要求输入元器件名。若单击"Save"按钮，将直接覆盖原来的器件。若弹出警告窗口提示 VCC、GND 引脚名出现多于 1 次，单击"Continue"按钮忽略警告。分割元器件后，通过执行菜单命令"View"→"Package"，可以看到整个封装中的元器件，如图 3-2-32 所示。

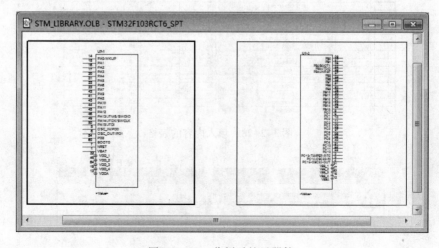

图 3-2-32　分割后的元器件

3.3　创建复合封装元器件

有时一个集成电路会包含多个门电路。以 7400 为例，看一看如何创建该元器件。单击
"library1. olb"，执行菜单命令"Design"→"New Part…"，或者单击鼠标右键，在弹出的菜单
中选择"New Part…"，创建新的元器件，此时在屏幕上弹出如图 3-3-1 所示的对话框。

在"Name"栏中输入"7400"，在"PCB Footprint"栏输入"DIP14"，在"Parts per
Pkg"栏中输入 4（表示 7400 是由 4 个门电路组成的）。如果 4 个元件原理图相同则选中
"Homogeneous"选项，若不同则选择"Heterogeneous"选项；本例选中"Homogeneous"
选项。

1.　创建 U?A

1）新建元器件

（1）在图 3-3-1 所示对话框中单击"OK"按钮，弹出如图 3-3-2 所示的窗口。

（2）执行菜单命令"Options"→"Part Properties"，打开"User Properties"对话框，将
"Pin Names Visible"设置为"False"，即不显示引脚名，如图 3-3-3 所示。

（3）按照前述的绘制元器件外形的方法绘制圆弧线和线段，如图 3-3-4 所示。

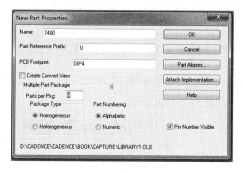

图 3-3-1　"New Part Properties"对话框

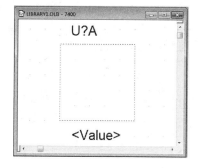

图 3-3-2　新建元器件

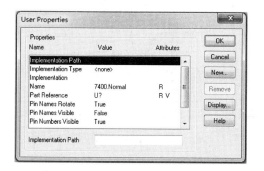

图 3-3-3　修改属性

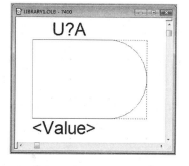

图 3-3-4　添加元器件外形

2）添加引脚　引脚①和引脚②的引脚类型为"Input"，引脚形状为"Line"；引脚⑭和
引脚⑦分别为电源、地，引脚类型为"Power"，引脚形状为"Zero Length"；引脚③的引脚
类型为"Output"，引脚形状为"Dot"，如图 3-3-5 所示。

2. 创建 U?B、U?C 和 U?D

（1）执行菜单命令"View"→"Next Part"，或者按"Ctrl + N/B"键（N 为前进，B 为后退），创建 U?B 元器件，修改引脚编号和引脚名，如图 3-3-6 所示。

（2）同理创建其他两部分的元器件，如图 3-3-7 和图 3-3-8 所示。

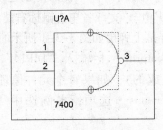

图 3-3-5   U?A 元器件的创建

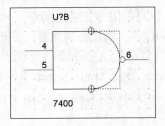

图 3-3-6   U?B 元器件的创建

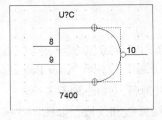

图 3-3-7   U?C 元器件的创建

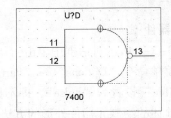

图 3-3-8   U?D 元器件的创建

【注意】7400 元器件的 A、B、C、D 四个部分的电源和地共用引脚⑭和引脚⑦。

（3）执行菜单命令"View"→"Package"，浏览元器件的整体外形，如图 3-3-9 所示。

（4）单击按钮 🔲，保存所创建的元器件，如图 3-3-10 所示。

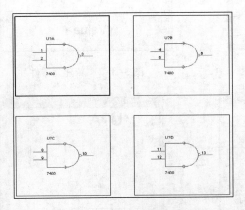

图 3-3-9   元器件的整体外形

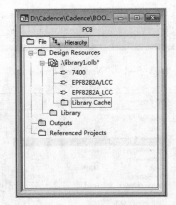

图 3-3-10   制作好的元器件

3.4   创建其他元器件

继续创建其他元器件（24C02、AMS117 3.3、USB、W25X16、LCD、SWD），如图 3-4-1 所示。项目管理器中的其他元器件主要是起演示作用的。创建好的元器件如图 3-4-2 所示。

图 3-4-1　创建其他元器件

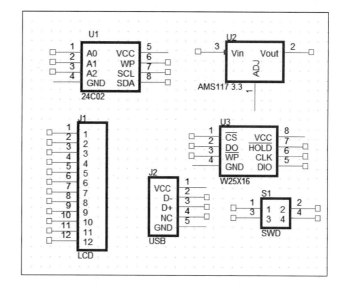

图 3-4-2　创建好的元器件

 习题

（1）创建新元器件有几种方法？

（2）复合封装的元器件与大元器件分割后的元器件有何区别？

（3）在 OrCAD 中，元器件引脚的类型有哪些？

（4）如何隐藏引脚（电源和地引脚）？

第4章 创建新设计

4.1 原理图设计规范

1. 一般规则和要求

☺ 按统一的要求选择图纸幅面、图框格式、电路图中的图形符号和文字符号。

☺ 根据该产品的工作原理，将各元器件自右到左、自上而下地排成一列或数列。

☺ 安排图面时，电源部分一般安排在左下方，输入端在右侧，输出端在左侧。

☺ 图中可动元器件（如继电器）的工作状态，原则上处于开断、不加电的工作位置。

☺ 将所有芯片的电源和地引脚全部利用上。

2. 信号完整性及电磁兼容性考虑

☺ 对 I/O 信号要加相应的滤波/吸收器件，必要时加瞬变电压吸收二极管或压敏电阻。

☺ 在高频信号输入端串电阻。

☺ 高频区的去耦电容要选低 ESR（等效串联电阻）的电解电容或钽电容。

☺ 去耦电容应在满足纹波要求的条件下选择较小电容值的电容，以提高其谐振频率。

☺ 各芯片的电源都要加去耦电容；同一芯片中各模块的电源要分别加去耦电容；若为高频，则需在靠近电源端加磁珠或电感。

3. PCB 完成后原理图与 PCB 的对应

☺ 对 PCB 分布参数敏感的元器件（如滤波电容、时钟阻尼电阻、高频滤波的磁珠/电感等）的标称值进行核对、优化；若有变更，应及时更新原理图和 BOM。

☺ 在 PCB Layout 重排标号信息后，应及时更新原理图和 BOM。

☺ 在生成的 BOM 文件中，元器件明细表中不允许出现无型号的元器件。相同型号的元器件不允许采用不同的表示方法，如 4.7kΩ 的电阻只能用 4.7K 表示，不允许采用 4K7、4.7k 等表示方法。

☺ 只有严格遵守设计规范，才能设计出清晰、易懂的图纸。

4.2 Capture 基本名词术语

绘制电路图时，会涉及许多英文名词术语，如果不明确这些术语的确切含义，将很难顺利完成电路图的绘制。在这些名词中，有些含义很清楚，如 Wire（互连线）、Bus（总线）、

Power（电源、信号源）、Part（元器件）、Part Pin（元器件引线）等，无须解释说明。但也有相当一部分名词术语，其含义不明确，其中有些英文术语尚无公认的中文解释。为了叙述方便，本书根据这些术语的基本含义给予了相应的中文解释。下面简要介绍部分常用的名词术语。

1. 与电路设计项目有关的名词术语

【Project（设计项目）】 与电路设计有关的所有内容组成一个独立的设计项目。设计项目中包括电路图设计、配置的元器件库、相关设计资源、生成的各种结果文件等，存放设计项目的文件以 OPJ 为扩展名。

【Schematic Page（电路图页）】 绘制在一页电路图纸上的电路图。

【Schematic Folder（层次电路图）】 指层次电路图结构中同一个层次上的所有电路图。一个层次电路图可以包括一幅或多幅电路图页。

【Schematic Design（电路图设计）】 指设计项目中的电路图部分。一个完整的电路设计包括一个或多个层次电路图。电路图设计存放在以 DSN 为扩展名的文件中。

【Design Structure（设计结构）】 电路设计中采用 3 种不同的结构，即单页式电路图、平坦式电路图和层次式电路图。

☺ One – Page Design（单页式电路设计）：整个电路设计中只包括一页电路图。

☺ Flat Design（平坦式电路设计）：只包括一个层次的电路设计。该层次中可以包含多页电路图，但不包括子电路框图。

☺ Hierarchical Design（层次式电路设计）：通常在设计比较复杂的电路和系统时，采用的一种自上而下的电路设计方法，即首先在一张图纸上（称为根层次——Root）设计电路总体框图，然后再在其他层次图纸上设计每个框图代表的子电路结构，下一层次中还可以包括框图，按层次关系将子电路框图逐级细分，直到最低层次上为具体电路图，不再包括子电路框图。

2. 关于电路图组成元素的名词术语

【Object（对象，电路图基本组成元素）】 指绘制电路图过程中通过绘图命令绘制的电路图中最基本的组成部分，如元器件符号、互连线、结点等。

【Junction（结点）】 在电路图中，如果要求相互交叉的两条互连线在交叉点处电学上连通，应在交叉位置绘一个粗圆点，该点称为结点。

【Part Reference（元器件序号）】 为了区分电路图上同一类元器件中的不同个体而分别给其编的序号，如不同的电阻编号为 R1、R2 等。

【Part Value（元器件值）】 表征元器件特性的具体数值（如 $0.1\mu F$）或器件型号（如 7400、TLC5602A）。每个元器件型号都有一个模型描述其功能和电特性。

【Bus Entry（总线支线）】 互连线与总线中某一位信号互连时，在汇接处的那一段斜线。

【Off – page Connector（分页端口连接器）】 一种表示连接关系的符号。在同一层次电路图的不同页面电路图之间及同一页电路图内部，名称相同的端口连接符号是相连的。

【Net Alias（网络别名）】 电路中电学上相连的互连线、总线、元器件引出端等构成的节点，用户为节点确定的名称成为该节点的 Net Alias。

【Property（电路元素的属性参数）】 表示电路元素各种信息的参数。直接由 OrCAD 软件赋予的属性参数称为固有参数（Inherent Property），如元器件值、封装类型等；由用户设置的属性参数称为用户定义参数（User–defined Property），如元器件价格、生产厂家等。

【Room（房间）】在绘制原理图为一个元器件或多个元器件定义 Room 属性后，在 Allegro 中摆放元器件时，可以直接将元器件摆放到定义的 Room 中。

【Design Rules Check（设计规则检查）】检查一个电路图中是否有不符合电气规定的成分，如输出引脚与电源引脚连接等情况。设计好的电路必须经过 DRC 检查，若有错误，应及时修改。

【Netlist（网络表）】原理图与各种制板软件的接口，制板软件需要导入正确的网络表才能设计 PCB。

 ## 4.3 放置元器件

首先打开之前新建的工程文件"STM32"，然后进行原理图的绘制。绘制电路图的流程通常由以下 3 部分组成。

【放置元器件】这是绘制电路中最主要的部分。必须先构图，全盘认识所要绘制的电路的结构与组成元素间的关系，必要时使用拼接式电路图或层次式电路图。元器件布局的好坏将直接影响绘图的效率。

【连接线路】有些线路很容易连接，此时可以直接用导线进行连接。有些则需要用到网络标号。

【放置元器件说明】这样可以增加电路图的可读性。

本例是在已建立好的项目的基础上，双击原理图页 PAGE1，打开原理图设计页，如图 4-3-1 所示。

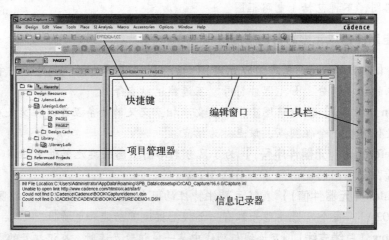

图 4-3-1 原理图编辑窗口

窗口右边出现的工具栏如图 4-3-2 所示。

1. 放置基本元器件

1）添加元器件库

（1）元器件的放置方式有多种，可以单击最右侧的按钮，或者按"P"键，或者执行

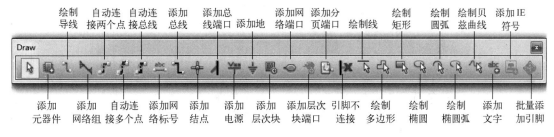

图 4-3-2　工具栏

菜单命令"Place"→"Part",弹出如图 4-3-3 所示的对话框。

【注意】此时元器件库(Libraries)为空,需要添加元器件库。Design Cache 并不是已加载的元器件库,而是用于记录所取用过的元器件,以便以后再次取用。基本的元器件来自 Discrete. olb、MicroController. olb、Conector. olb 及 Gate. olb 元器件库,需要添加这些元器件库。在"Place Part"对话框"Libraries"区域单击按钮 ⬚,弹出如图 4-3-4 所示的对话框。

图 4-3-3　元器件的选择

图 4-3-4　添加元器件库

(2)选择需要的元器件库,单击"打开"按钮,元器件库显示在"Libraries"列表框中。在"Part"栏中显示该元器件库所对应的元器件,在"Libraries"列表框中显示所添加的元器件库,在左下角会显示与元器件相对应的图形符号,如图 4-3-5 所示。

用同样的方法可以添加更多的元器件库,添加好的元器件库如图 4-3-6 所示。

【注意】在添加元器件库时,不要把所有的库同时添加到"Libraries"列表框中,因为库文件相当大,会使计算机运行速度降低。如果知道元器件属于哪个元器件库,可以按照上述方法添加元器件库;如果不知道元器件在哪个元器件库,可以利用"Search for Part"按钮查找元器件。

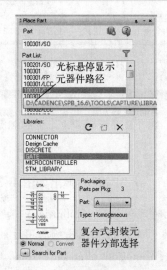

图 4-3-5　已加载的元器件库　　　　图 4-3-6　已添加好的元器件库

2）放置基本元器件

【元器件的放置】当知道元器件属于哪个元器件库时，添加元器件库后，在"Part"栏中输入元器件名，这样就可以找到所需的元器件。选择"Part List"列表框中的元器件名，所选的元器件显示在预览栏中，如图 4-3-6 所示。单击按钮即可取用这个元器件，而这个元器件会随着光标移动而移动，单击鼠标左键放置该元器件。也可以同时放置多个同样的元器件，如图 4-3-7 所示。

【元器件的查找】在 Capture 中，调用元器件非常方便。即使不清楚元器件在库中的名称，也可以很容易查找并调出使用。使用 Capture CIS 时，还可以通过互联网到 Cadence 的数据库（包含数万个元器件信息）中查找元器件。

（1）若已知元器件名，如 74ACT574，在"Place Part"对话框中单击"Search for Part"按钮，展开"Search for Part"部分，如图 4-3-8 所示。

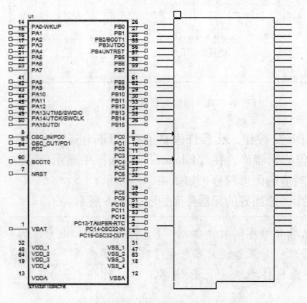

图 4-3-7　同时放置多个同样的元器件　　　　图 4-3-8　"Part Search"展开部分

【注意】在"Search for Part"展开部分"Path"栏中的内容为当前库所在的目录，默认为 D：\Cadence\SPB_16.6\tools\capture\library，可以单击"Browse…"按钮指定其他目录。在"Search for"栏中输入要查找的元器件名"74ACT574"，按"Enter"键，包含"74ACT574"元器件的库名和路径的搜索结果显示在最下边的"Libraries"列表框中，如图 4-3-9 所示。选中该库，单击"Add"按钮，元器件出现在"Place Part"对话框中，如图 4-3-10 所示。选择元器件，单击"OK"按钮，即可摆放元器件于电路图中。

若未找到元器件，将弹出如图 4-3-11 所示提示信息。

（2）Capture 支持用通配符"＊"模糊查找元器件，可以在不确定元器件具体名称时使用本方法。如查找 74LS138，可以输入"＊LS138"，"74LS＊"或"＊LS＊"等方式进行查找，然后在查到的元器件库列表选择想要找的元器件，如图 4-3-12 所示。

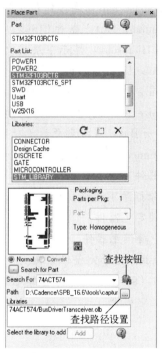

图 4-3-9　搜索到元器件

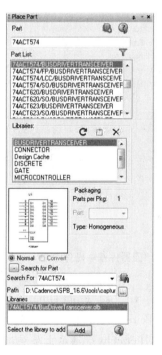

图 4-3-10　元器件预览

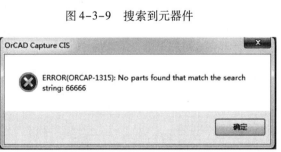

图 4-3-11　提示信息

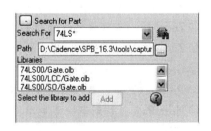

图 4-3-12　模糊查找元器件

2. 对元器件的基本操作

选中元器件，单击鼠标右键，弹出元器件基本操作菜单，如图 4-3-13 所示。

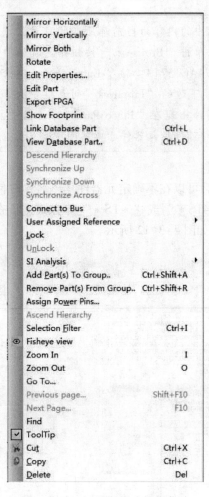

图 4-3-13　元器件基本操作菜单

☺ Mirror Horizontally：将该元器件左右翻转（快捷键为 "H"）。

☺ Mirror Vertically：将该元器件上下翻转（快捷键为 "V"）。

☺ Mirror Both：将该元器件双向整体翻转。

☺ Rotate：将该元器件逆时针旋转 90°（快捷键为 "R"）。

☺ Edit Properties：编辑元器件属性。

☺ Edit Part：编辑元器件引脚。

☺ Export FPGA：输出可编程门阵列。

☺ Show Footprint：显示元器件封装。

☺ Link Database Part：连接到 CIS 数据库。

☺ View Database Part：查看 CIS 数据库信息。

☺ Descend Hierarchy：显示下层层次电路图。

☺ Synchronize Up：显示同步向上层次电路图。

☺ Synchronize Down：显示同步向下层次电路图。

☺ Synchronize Across：显示下层跨越层次电路图。

☺ Connect to Bus：连接到总线。

☺ User Assigned Reference：指定序号（此项设置可使元器件序号在自动编号时不变，设置后元器件序号标注下划线）。

☺ Lock：锁定元器件。

☺ Unlock：解锁元器件。

☺ SI Analysis：信号完整性分析。

☺ Add Part（s）To Group：添加元器件到群组。

☺ Remove Part（s）From Group：将元器件从群组中移除。

☺ Assign Power Pins：分配电源端口。

☺ Ascend Hierarchy：显示上层层次电路图。

☺ Selection Filter：原理图页面的过滤选择。

☺ Fisheye view：变换鱼眼镜头视角范围查看。

☺ Zoom In：窗口放大（快捷键为 "I"）。

☺ Zoom Out：窗口缩小（快捷键为 "O"）。

☺ Go To：指向指定位置。

☺ Previous Page：返回上一页电路图。

☺ Next Page：转到下一页电路图。

☺ Find：查找。

☺ ToolTip：工具提示。

☺ Cut：剪切当前图。

☺ Copy：复制当前图。

☺ Delete：删除当前图。

1）元器件的复制与粘贴　若在同一个电路图中需要使用同样的元器件，可以利用元器件的复制功能来完成此操作。复制元器件的方法有如下两种。

（1）通过剪贴板来复制：这是一种比较常用的方法。选择要复制的元器件，按"Ctrl"＋"C"键（若要复制多个元器件，可以用鼠标框住所要复制的元器件或按"Ctrl"键选取多个元器件），再按"Ctrl"＋"V"键进行粘贴。

（2）通过拖曳来复制：即按住"Ctrl"键拖曳所要复制的元器件，可直接复制该元器件。

2）元器件的分配　在有些电路图中，一个集成电路由多个功能相同的部分组成，如7400是由 4 个相同的部分组成的。当选用此类元器件时，就需要选择同一个集成电路（在"Packaging"栏中选择集成电路的不同部分），如图 4-3-14 所示；否则，在做 PCB 时，一个元器件对应一个 7400。放置好的元器件如图 4-3-15 所示。

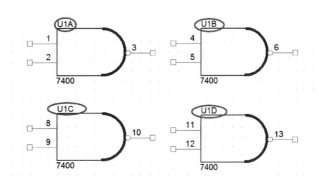

图 4-3-14　选择元器件分配　　　　　　　图 4-3-15　放置好的元器件

3. 放置电源和接地符号

1）电源符号和接地符号的特点

【两种类型的电源符号】Capture 符号库中有两类电源符号。一类是 CAPSYM 库中提供的 4 种电源符号，它们仅是一种符号，在电路图中只表示连接的是一种电源，本身不具备电压值，但这类电源符号具有全局（Global）相连的特点，即电路中具有相同名称的多个电源符号在电学上是相连的；另一类电源是 SOURCE 库中提供的，这类符号真正提供激励电源，通过设置可以给它们赋予一定的电压值。

【接地符号】接地符号也具有全局相连的特点。接地符号的选择不是任意的，有模拟地、数字地、大地等之分，使用者在选择时一定要加以区分。

2）电源和接地符号的放置步骤

【放置电源】单击按钮 、按快捷键"F"或执行菜单命令"Place"→"Power…"，弹出"Place Power"对话框，如图 4-3-16 所示。在此对话框中可以选择任意的电源符号。"Symbol"栏中为电源符号的名称，"Name"栏中是用户为该符号起的名称。

【放置地】放置地与放置电源的方法基本相同。单击按钮 或执行菜单命令"Place"→"Ground"，弹出"Place Ground"对话框，如图 4-3-17 所示。在此对话框中可以选择合适的接地符号。

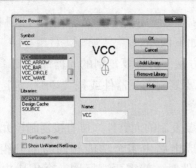

图 4-3-16 "Place Power" 对话框   图 4-3-17 "Place Ground" 对话框

CAPSYM 库中的电源符号如图 4-3-18 所示。

（a）普通符号　　（b）箭头状　　（c）棒状　　（d）圆头状　　（e）波浪状

图 4-3-18   CAPSYM 库中的电源符号

SOURCE 库中的电源符号如图 4-3-19 所示。

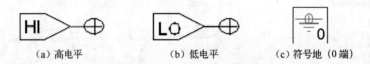

（a）高电平　　　　（b）低电平　　　　（c）符号地（0 端）

图 4-3-19   SOURCE 库中的电源符号

各种接地符号如图 4-3-20 所示。

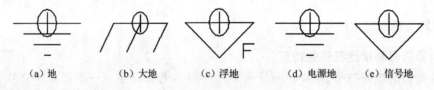

（a）地　　　（b）大地　　　（c）浮地　　　（d）电源地　　　（e）信号地

图 4-3-20   接地符号

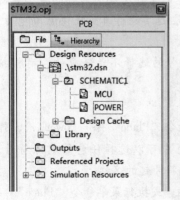

图 4-3-21   项目管理器

4. 完成元器件放置

（1）在项目管理器中将 "Schematic1" 更改为 "MCU"，并在该层次下新建一个原理图页 "POWER"，如图 4-3-21 所示。

（2）在 "MCU" 原理图中摆放元器件和电源、接地符号，如图 4-3-22 所示。在 "POWER" 原理图中摆放元器件和电源、接地符号，如图 4-3-23 所示。然后更改元器件值，其中晶振、开关、变阻器等元器件在 "Discrete" 库中都可以找到。

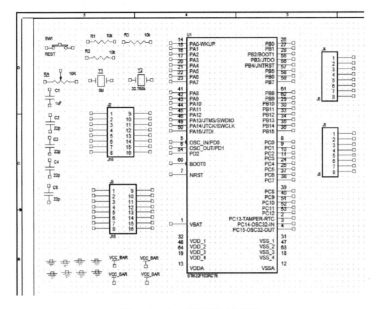

图 4-3-22 "MCU" 原理图

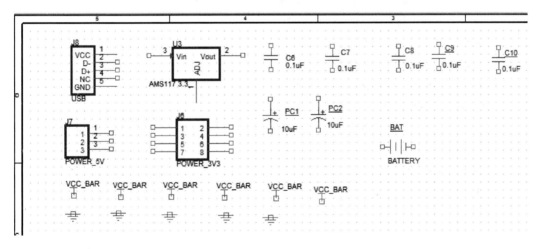

图 4-3-23 "POWER" 原理图

 4.4 创建分级模块

1. 创建简单层次式电路

（1）单击按钮▓，或者执行菜单命令"Place"→"Hierarchical Block"，弹出"Place Hierarchical Block"对话框，如图 4-4-1 所示。

（2）在"Reference"栏中输入"I/O Component"，在"Implementation Type"栏中选择 "Schematic View"，在"Implementation name"栏中输入"I/O"，如图 4-4-2 所示。

"Implementation Type"栏中的选项如图 4-4-3 所示。

图 4-4-1   "Place Hierarchical Block" 对话框

图 4-4-2   修改参数

☺ < none >：不附加任何 Implementation 参数。

☺ Schematic View：与电路图链接。

☺ VHDL：与 VHDL 硬件描述语言文件链接。

☺ EDIF：与 EDIF 格式的网络表链接。

☺ Project：与可编程逻辑设计项目链接。

☺ PSpice Model：与 PSpice 模型链接。

☺ PSpice Stimulus：与 PSpice 仿真链接。

☺ Verilog：与 Verilog 硬件描述语言文件链接。

如果是层次电路图，则指定为 "Schematic View" 即可。"Place Hierarchical Block" 对话框其他项含义如下所述。

☺ Implementation name：指定该电路图所链接的内层电路图名。

☺ Path and filename：指定该电路图的存盘路径，不指定也可。

☺ User Properties…：单击此按钮，弹出如图 4-4-4 所示的 "User Properties" 对话框，在此可以增加和修改相关参数。

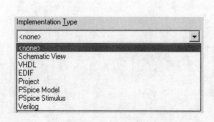

图 4-4-3   "Implementation Type" 下拉菜单

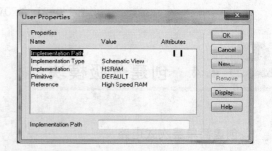

图 4-4-4   "User Properties" 对话框

（3）单击 "OK" 按钮。在 "MCU" 页面上绘制一个矩形框，添加后的图如图 4-4-5 所示。

（4）选中层次块 "I/O"，单击按钮 或执行菜单命令 "Place"（只有在层次块被选中时该选项才被使能）→ "Hierarchical PIN"，添加层次端口，弹出如图 4-4-6 所示对话框。

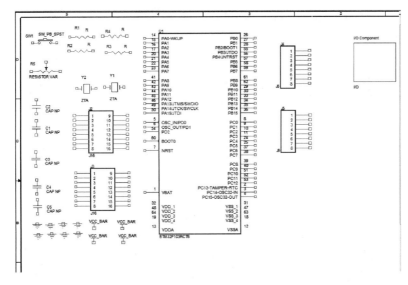

图 4-4-5　添加层次块

在"Name"栏中输入端口名字"LED［7..0］"（总线命名格式），在"Width"区域中选择
总线（Bus），"Type"栏中为引脚的类型（选择"Input"）；继续添加其他端口，添加层次
端口后的原理图如图 4-4-7 所示。

图 4-4-6　添加层次端口

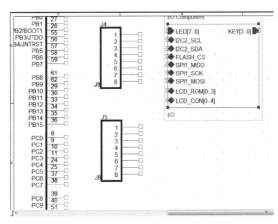

图 4-4-7　添加层次端口后的原理图

（5）选中"I/O Component"层次块，单击鼠标右键，在弹
出的菜单中选择"Descend Hierarchy"，弹出"New Page in
Schematic：'ssss'"对话框，系统自动创建新的电路图页文件夹，
如图 4-4-8 所示。在"Name"栏中输入"I/O Component"，单
击"OK"按钮，可以看到与层次图对应的端口连接器，如
图 4-4-9 所示。在编辑好的原理图页单击鼠标右键，在弹出的
菜单中选择"Ascend Hierarchy"，弹出上层电路。

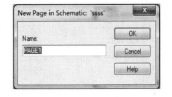

图 4-4-8　添加下层电路图页

同时，项目管理器中产生了新的电路图 I/O Component，如图 4-4-10 所示。

（6）在"MCU"和"POWER"原理图中添加电路图 I/O 端口和分页端口连接器。单击按
钮　或执行菜单命令"Place"→"Off - page Connector"，弹出"Place Off - Page Connector"
对话框，如图 4-4-11 所示。添加分页端口连接器，用于"MCU"和"POWER"的连接。

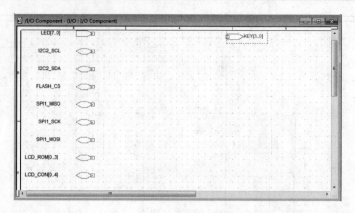

图 4-4-9 I/O Component 下层电路中的层次端口

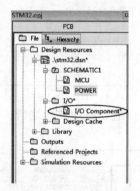

图 4-4-10 项目管理器

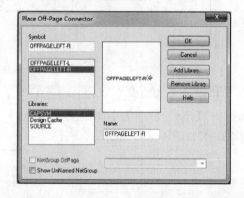

图 4-4-11 "Place Off – Page Connector"对话框

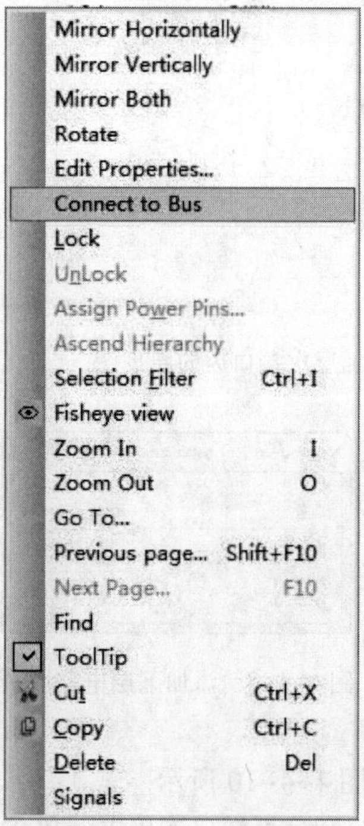

Capture 提供如下两种分页端口连接器。

☺ OFFPAGELEFT – L：设置采用双向箭头、结点在左的电路端口连接器。

☺ OFFPAGELEFT – R：设置采用双向箭头、结点在右的电路端口连接器。

（7）在"Name"栏中输入分页端口连接器的名字"VBAT"，单击"OK"按钮进行摆放，然后选中分页端口连接器，单击鼠标右键可对其进行操作，如旋转、左右翻转、上下翻转、复制、粘贴等，如图 4-4-12 所示。

☺ Mirror Horizontally：将电路端口连接器左右翻转。

☺ Mirror Vertically：将电路端口连接器上下翻转。

☺ Mirror Both：将电路端口连接器双向整体翻转。

☺ Rotate：将电路端口连接器逆时针旋转 90°。

☺ Edit Properties…：编辑电路端口连接器的属性。

☺ Connect To Bus：连接到总线。

☺ Fisheye view：开启鱼眼模式（一种跟随鼠标的局部放大模式，开启后可通过鼠标右键进行 Fisheye 相关选项的设置，或者通过菜单命令"View"→"Fisheye"进行设置）。

图 4-4-12 鼠标右键菜单

☺ Zoom In：放大窗口。

☺ Zoom Out：缩小窗口。

☺ Go To...：跳转到指定位置。

☺ Previous Page：返回到前一页。

☺ Find：查找。

☺ ToolTip：辅助标注（当光标指到导线或元器件时显示相关信息）的开关。

☺ Signals：信号分析，选择后弹出"Navigation Window"窗口，如图4-4-13所示。该窗口显示端口的连接信息，选择相应的端口可转到相应的位置。

【注意】在使用分页端口连接器时，这些电路图页必须在同一个电路文件夹下，并且分页端口连接器要有相同的名字，才能保证电路图页的电路连接。在不同的文件夹下，即使是相同的名字，也不会在电路上进行连接。当进行规则检查时，就会出现警告信息："No matching off-page connector"。

（8）单击按钮⬭或执行菜单命令"Place"→"Hierarchical Port"，弹出如图4-4-14所示对话框，在此添加电路图I/O端口。

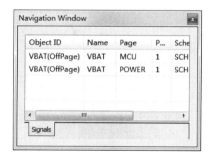

图4-4-13 "Navigation Window"窗口

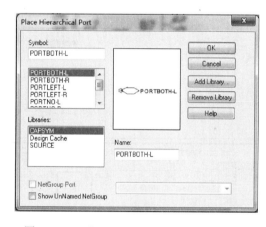

图4-4-14 "Place Hierarchical Port"对话框

电路I/O端口类型如下所述。

☺ PORTHBOTH-L/CPSYM：设置采用双向箭头、结点在左的I/O端口符号（ PORTBOTH-L）。

☺ PORTHBOTH-R/CPSYM：设置采用双向箭头、结点在右的I/O端口符号（ PORTBOTH-R ）。

☺ PORTHLEFT-L/CPSYM：设置采用左向箭头、结点在左的I/O端口符号（ PORTLEFT-L）。

☺ PORTHLEFT-R/CPSYM：设置采用左向箭头、结点在右的I/O端口符号（ PORTLEFT-R ）。

☺ PORTNO-L/CAPSYM：设置采用无向箭头、结点在左的I/O端口符号（ PORTNO-L）。

☺ PORTNO-R/CAPSYM：设置采用无向箭头、结点在右的I/O端口符号（ PORTNO-R ）。

☺ PORTHRIGHT-L/CPSYM：设置采用右向箭头、结点在左的I/O端口符号（ PORTHRIGHT-L）。

☺ PORTHRIGHT-R/CPSYM：设置采用右向箭头、结点在右的I/O端口符号（ PORTRIGHT-R ）。

添加完端口后，可以双击端口弹出"Edit Properties"窗口，如图4-4-15所示。在"Type"栏中可以选择端口的类型（同一网络端口必须有相同的类型）。添加完端口的电路图如图4-4-16和图4-4-17所示。

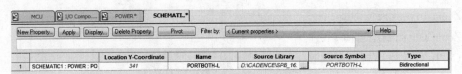

图 4-4-15　"Edit Properties" 窗口

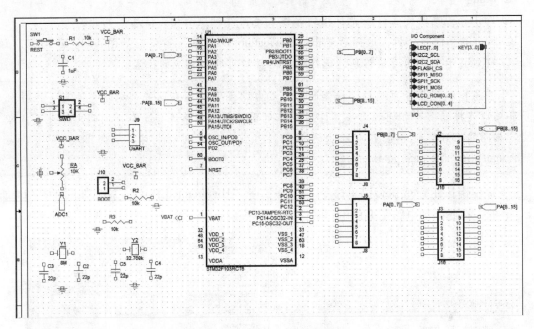

图 4-4-16　"MCU" 原理图页

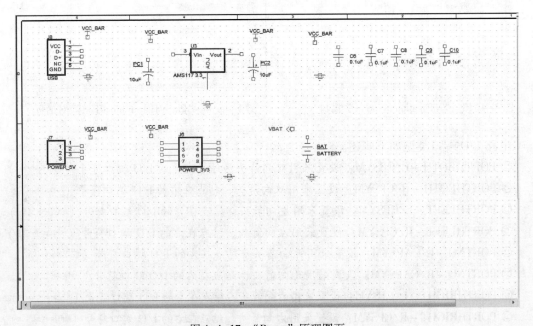

图 4-4-17　"Power" 原理图页

（9）摆放元器件于 "MCU" 的下层电路 "I/O Component" 中。摆放后调整端口的位置，以便于连线，如图 4-4-18 所示。

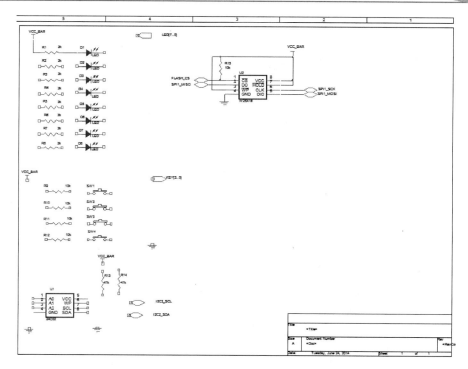

图 4-4-18　I/O Component 原理图页

2. 创建复合层次式电路

创建复合层次式电路与创建简单层次式电路的操作基本相同。由于本例电路较小，所以创建复合式层次图只作为练习讲解用，在本书的电路中并无实际意义。在设计电路时，有时会遇到拥有相同结构和功能的两部分电路，如放大电路、数/模转换电路，这时 Cadence 提供了非常方便的选择——复合式层次电路，这样可以只绘制其中一个原理图，通过修改元器件编号来完成所有相同功能电路的原理图的绘制。下面就以一个数/模转换放大电路为例，进行复合式层次电路创建的讲解。

（1）按照前述步骤在"POWER"页上添加层次块"D/A AMP1"和"D/A AMP2"。复合式层次图参数见表 4-1。添加层次块后的原理图页如图 4-4-19 所示。

表 4-1　复合式层次图参数

参　数　名	子电路框图 1	子电路框图 2
Reference	D/A AMP1	D/A AMP2
Primitive	No	
Implementation Type	Schematic View	
Implementation name	D/A AMP Circuit	

（2）选择层次块 D/A AMP1，单击鼠标右键，在弹出的菜单中选择"Descend Hierarchy"，然后在弹出的对话框中输入"D/A AMP"，单击"OK"按钮，新建原理图页。在该页中摆放元器件，如图 4-4-20 所示。

（3）选中 D/A AMP1 中的所有元器件，单击鼠标右键，在弹出的菜单中选择"Edit Properties"，弹出"Property Editor"对话框，如图 4-4-21 所示。

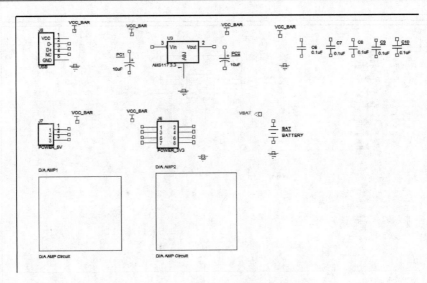

图 4-4-19　添加层次块后的原理图页

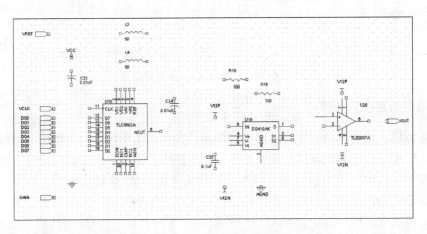

图 4-4-20　D/A AMP1 原理图页

图 4-4-21　"Property Editor" 对话框

（4）移动下面的滚动条，显示 "Reference" 栏属性，并单击左侧 " + "，如图 4-4-22 所示。每个元器件下面有两个黄色区域，对应于 D/A AMP1 和 D/A AMP2 两个事件。

（5）修改 D/A AMP2 对应的元器件序号，如图 4-4-23 所示。关闭该属性编辑对话框。

		REFERENCE	REUSE_INSTANCE	REUSE_MODULE	ROOM	SIGNAL_MODEL
1	D/A AMP Circuit : D/A AMP : C23	C23				D:\CADENCE\SF
2	/Data Schematic\D/A AMP1\C23	C23				D:\CADENCE\SF
3	/Data Schematic\D/A AMP2\C23	C23				D:\CADENCE\SF
4	D/A AMP Circuit : D/A AMP : C24	C24				D:\CADENCE\SF
5	/Data Schematic\D/A AMP1\C24	C24				D:\CADENCE\SF
6	/Data Schematic\D/A AMP2\C24	C24				D:\CADENCE\SF
7	D/A AMP Circuit : D/A AMP : C25	C25				D:\CADENCE\SF
8	/Data Schematic\D/A AMP1\C25	C25				D:\CADENCE\SF
9	/Data Schematic\D/A AMP2\C25	C25				D:\CADENCE\SF
10	D/A AMP Circuit : D/A AMP : L3	L3				D:\CADENCE\SF
11	/Data Schematic\D/A AMP1\L3	L3				D:\CADENCE\SF
12	/Data Schematic\D/A AMP2\L3	L3				D:\CADENCE\SF
13	D/A AMP Circuit : D/A AMP : L4	L4				D:\CADENCE\SF
14	/Data Schematic\D/A AMP1\L4	L4				D:\CADENCE\SF
15	/Data Schematic\D/A AMP2\L4	L4				D:\CADENCE\SF
16	D/A AMP Circuit : D/A AMP : R15	R15				D:\CADENCE\SF
17	/Data Schematic\D/A AMP1\R15	R15				D:\CADENCE\SF
18	/Data Schematic\D/A AMP2\R15	R15				D:\CADENCE\SF
19	D/A AMP Circuit : D/A AMP : R16	R16				D:\CADENCE\SF
20	/Data Schematic\D/A AMP1\R16	R16				D:\CADENCE\SF
21	/Data Schematic\D/A AMP2\R16	R16				D:\CADENCE\SF
22	D/A AMP Circuit : D/A AMP : U18	U18				D:\P\
23	/Data Schematic\D/A AMP1\U18	U18				D:\P\
24	/Data Schematic\D/A AMP2\U18	U18				
25	D/A AMP Circuit : D/A AMP : U19	U19				D:\P\
26	/Data Schematic\D/A AMP1\U19	U19				
27	/Data Schematic\D/A AMP2\U19	U19				
28	D/A AMP Circuit : D/A AMP : U20	U20				D:\CADENCE\SF
29	/Data Schematic\D/A AMP1\U20	U20				D:\CADENCE\SF
30	/Data Schematic\D/A AMP2\U20	U20				D:\CADENCE\SF

图 4-4-22　属性编辑

		REFERENCE	REUSE_INSTANCE	REUSE_MODULE	ROOM	SIGNAL_MODEL
1	D/A AMP Circuit : D/A AMP : C23	C23				
2	/Data Schematic\D/A AMP1\C23	C23				
3	/Data Schematic\D/A AMP2\C23	C26				
4	D/A AMP Circuit : D/A AMP : C24	C24				
5	/Data Schematic\D/A AMP1\C24	C24				
6	/Data Schematic\D/A AMP2\C24	C27				
7	D/A AMP Circuit : D/A AMP : C25	C25				
8	/Data Schematic\D/A AMP1\C25	C25				
9	/Data Schematic\D/A AMP2\C25	C28				
10	D/A AMP Circuit : D/A AMP : L3	L3				
11	/Data Schematic\D/A AMP1\L3	L3				
12	/Data Schematic\D/A AMP2\L3	L5				
13	D/A AMP Circuit : D/A AMP : L4	L4				
14	/Data Schematic\D/A AMP1\L4	L4				
15	/Data Schematic\D/A AMP2\L4	L6				
16	D/A AMP Circuit : D/A AMP : R15	R15				
17	/Data Schematic\D/A AMP1\R15	R15				
18	/Data Schematic\D/A AMP2\R15	R17				
19	D/A AMP Circuit : D/A AMP : R16	R16				
20	/Data Schematic\D/A AMP1\R16	R16				
21	/Data Schematic\D/A AMP2\R16	R18				
22	D/A AMP Circuit : D/A AMP : U18	U18				
23	/Data Schematic\D/A AMP1\U18	U18				
24	/Data Schematic\D/A AMP2\U18	U21				
25	D/A AMP Circuit : D/A AMP : U19	U19				
26	/Data Schematic\D/A AMP1\U19	U19				
27	/Data Schematic\D/A AMP2\U19	U22				
28	D/A AMP Circuit : D/A AMP : U20	U20				
29	/Data Schematic\D/A AMP1\U20	U20				
30	/Data Schematic\D/A AMP2\U20	U23				

图 4-4-23　修改后的属性

（6）在 Data pg1 页面的层次块 D/A AMP2 上单击鼠标右键，在弹出的菜单中选择"Descend Hierarchy"，弹出对应的原理图页。从图中可以看到，该电路图与层次块 D/A AMP1 对应的原理图一样，只是元器件序号不一样。将元器件序号与图对应，逐一进行修改，如图 4-4-24 所示。

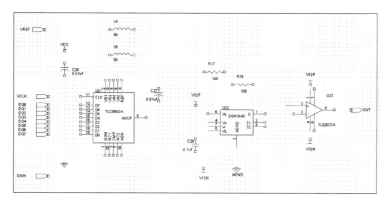

图 4-4-24　D/A AMP2 原理图页

（7）查看项目管理器，如图 4-4-25 所示。注意，D/A AMP Circuit 对应一个电路 D/A AMP，双击 D/A AMP，弹出"Select Occurrence"对话框，如图 4-4-26 所示。

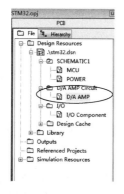

图 4-4-25　项目管理器　　　　图 4-4-26　"Select Occurrence"对话框

可以选择与此电路图关联的两个事件，弹出相应的原理图。至此，关于复合式层次电路设计的讲解完毕。

4.5　修改元器件序号与元器件值

1）修改元器件值　可以直接双击显示的元器件值，也可以双击元器件，或者选中该元器件后，双击 R1 的电阻值，弹出"Display Properties"对话框，如图 4-5-1 所示。将"Value"栏的值改为 150。还可以双击 R1 或选中 R1 后单击鼠标右键，在弹出的菜单中选择"Edit Properties"，打开"Property Editor"对话框，如图 4-5-2 所示。

2）修改元器件序号　与修改元器件值方法类似，这里就不再赘述了。

> 【注意】摆放元器件时，最好是边摆放边修改元器件参数值（如电阻值、电容值）及其序号。

图 4-5-1　"Display Properties"对话框

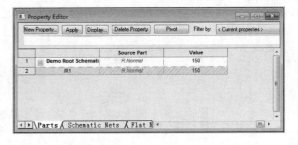

图 4-5-2　"Property Editor"对话框

4.6　连接电路图

1. 导线的连接

基于之前绘制的电路图，对线路进行连接。在每个元器件的引脚上都有一个小方块，表示连接线路的地方，如图 4-6-1 所示。当要连接线路时，单击按钮或按"W"键，光标变成十字状，在需要连接元器件的小方块内单击鼠标左键，移动光标即可拉出一条线。当需要变向时，可直接拐弯；若拐多个弯时，单击鼠标左键或在需要拐弯时按空格键；当到达另一个端点的小方块内时再次单击鼠标左键，即可完成一段线路的连接，如图 4-6-2 所示。

> 【说明】连接线路时，可以利用重复功能完成同样的操作。例如，绘制好一条导线后，可以按"F4"键进行重复操作，如图 4-6-3 所示。

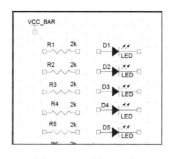
图 4-6-1　线的引出

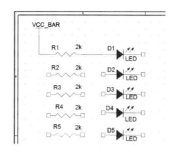
图 4-6-2　线的连接

连线时，在交叉且连接的地方会有一个红点提示，如图 4-6-4 所示。如果需要在交叉的地方添加连接关系，可执行菜单命令"Place"→"Junction"或单击按钮，将光标移动到交叉点并单击鼠标左键即可。添加了结点的电路图如图 4-6-5 所示。

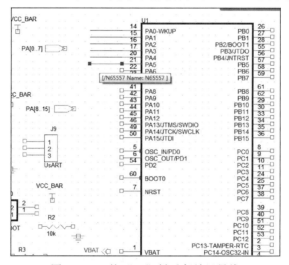
图 4-6-3　按"F4"键重复放置导线

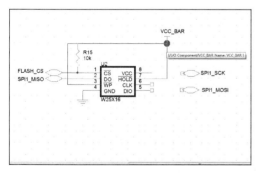
图 4-6-4　交叉点

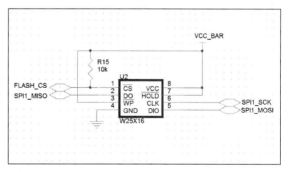
图 4-6-5　添加了结点的电路图

2. 总线的连接

总线可以使整个电路图布局清晰，尤其是在大规模电路的原理图设计中，使用总线尤为重要。总线与导线不同，总线是比导线粗的蓝色线，表示多个线的集合。绘制总线的方法与绘制导线的方法相同。

（1）单击按钮，或者按"B"键，在合适的位置绘制一条总线，如图 4-6-6 所示。

（2）绘制总线的进出点┫，或者按 "E" 键，即总线支线。所谓总线的进出点，就是导线与总线的连接点，是一小段斜线，如图 4-6-7 所示。

（3）对总线进行网络标注。标注的目的是辅助读图，并没有实际意义。单击按钮▦，弹出 "Place Net Alias" 对话框，如图 4-6-8 所示。在 "Alias" 栏中输入网络标志，在 "Rotation" 区域中设置网络标号的旋转角度。

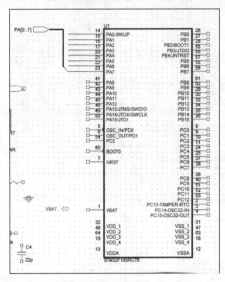

图 4-6-6　绘制总线

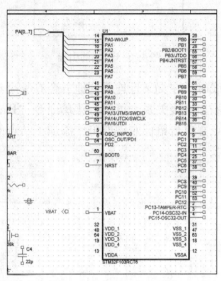

图 4-6-7　总线的支线

图 4-6-8　网络标志

（4）进行单线标注。单线的标注非常重要，它表示两个端点的实际连接。单线的标注就是该单线的网络名称，可以单击按钮▦或按 "N" 键进行网络标注，此时显示如图 4-6-8 所示的对话框。在 "Alias" 栏中输入网络标号（此名应与网络标注的名称相同，以增加其可读性）。放置完一个标号，可以继续标注下一个标号，Capture 会自动增加标号。标注好的网络标号如图 4-6-9 所示。

【注意】此处单线标注从 BD0 到 BD7，而端口连接器和总线标注为 BD[15..0]，不能标注为 BD[7..0]，因为用到的总线宽度为 16 位，DRC 检查时会检查总线宽度。如果用 BD[7..0]，会出现总线宽度不匹配的错误提示。数据总线与数据总线的引出线一定要定义网络标号。

（5）总线的其他操作。总线的可编辑部分不多，通常只有改变位置、删除等。在进行编辑前，必须先选取所要编辑的总线，该段线会变成粉红色，其两端也出现小方块。其基本操作与元器件的基本操作相同，这里就不再赘述了。

【注意】有时，为了增强原理图的可观性，需要把导线绘制成斜线。以总线为例，说明如何绘制斜线，单击按钮┗，按住 "Shift" 键，再按正常绘制总线的方法即可绘制出斜的总线。将图 4-6-7 进行修改，修改后的电路图如图 4-6-10 所示。用同样的方法绘制其他总线。

连接线路后，对于没有连接的引脚，单击按钮，或者执行菜单命令 "Place" → "No Connect"，出现一个随光标移动的 "×" 符号，单击无连接的引脚，引脚上就会出现一个 "×" 符号。

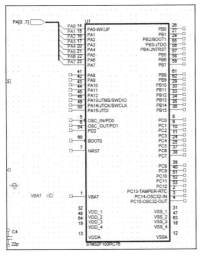 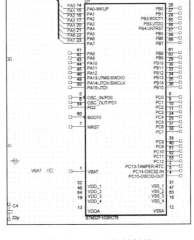

图 4-6-9　网络标号　　　　　　　　　　　图 4-6-10　绘制斜线

3. 线路示意

按上述操作对元器件的位置进行调整，连接线路。本例是连接好的 3 页电路图，分别如图 4-6-11 至图 4-6-13 所示。由于本例以基础教学为目的，在连线中使用了多种方式，致使原理图略显杂乱，有基础的读者可自行修改选择一种较为简便的方式。

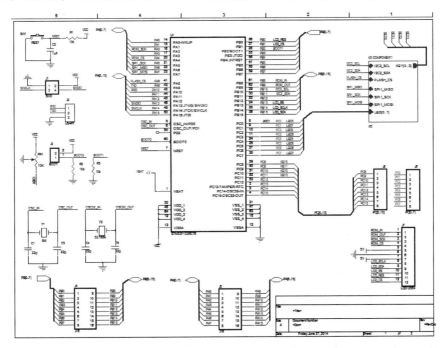

图 4-6-11　MCU 原理图

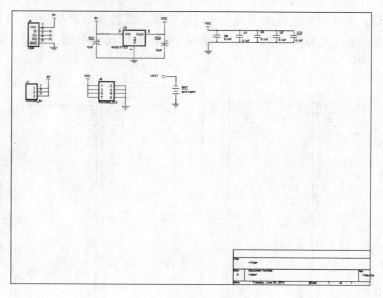

图 4-6-12　POWER 原理图

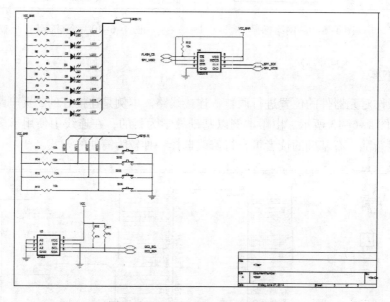

图 4-6-13　I/O Component 原理图

4.7　添加网络组

在 Cadence16.5 中新增加了网络组功能，使用户在设计高度集成的数字电路时，对导线、总线、网络的连接更方便、更灵活。在 Cadence 16.6 中对网络组的功能做了进一步的提升。网络组从本质上来说就是一个网络的层次块，大家可以将它理解为一个集线器。

（1）在项目管理器新建一个原理图纸命名为"Netgroup"，如图 4-7-1 所示。

（2）在新建的"Netgroup"图纸上放置如图 4-7-2 所示的端口。

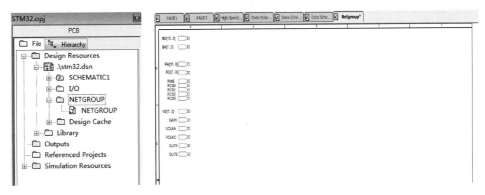

图 4-7-1　新建"Netgroup"　　　　　图 4-7-2　"Netgroup"图示

（3）单击 "Place NetGroup"按钮，弹出"Place NetGroup"对话框，如图 4-7-3。网络组分为两类，一类是命名网络组，另一类是无命名网络组。其中，命名网络组是永久并可以实例化的，同时也可以作为库或实例输出用于其他设计；而无命名网络组是一种临时设计的网络组，相比命名网络组，它可以灵活地增加信号源，但无法实例化，也无法包涵其他的网络组。

（4）单击"Add NetGroup"按钮创建一个命名网络组，弹出"New NetGroup"对话框，如图 4-7-4。

图 4-7-3　"Place NetGroup"对话框　　　　图 4-7-4　"New NetGroup"对话框

（5）在"NetGroup"栏中输入"PAGE1"，即新建网络组的名字。单击"Apply"按钮。

（6）单击"Add"按钮，弹出"Add NetGroup Member"对话框，如图 4-7-5 所示。在"Member Name"栏中输入"BD［15..0］"。"Member Type"栏有 3 种选项，即"NetGroup""Scalar""Bus"，其中"Scalar"的命名规则为"NAME"，而"NetGroup"和"Bus"的命名规则必须为"name[15..0]"，用于描述出其总线宽度。在此选择"Bus"。添加完的网络组成员如图 4-8-6 所示。添加成员后，可使用"Delete"按钮和"Rename"按钮对其删除或重命名，"UP"按钮和"Down"按钮用于调整成员的顺序。单击"OK"按钮，完成网络组的创建。

（7）重复上述步骤添加网络组"HSRIN"，如图 4-7-7 所示。网络组创建完成后的网络组对话框如图 4-7-8 所示。选中网络组后，可以用"Modify NetGroup"按钮来编辑网络组，用"Delete NetGroup"按钮来删除网络组，用"Import NetGroup"按钮和"Export NetGroup"按钮输入、输出网络组。单击网络组前的加号可以查看和选择网络组成员。

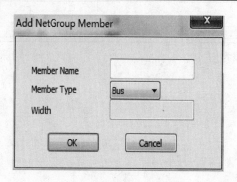

图 4-7-5　"Add NetGroup Member" 对话框　　　　图 4-7-6　"PAGE1" 网络组成员

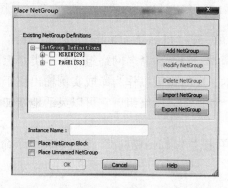

图 4-7-7　"HSRIN" 网络组　　　　图 4-7-8　"Place NetGroup" 对话框

（8）选中 "PAGE1" 和 "Place NetGroup Block"，单击 "OK" 按钮，绘制网络块，如图 4-7-9 所示。网络块的左侧即为输入网络，右侧为输出网络，这一点与层次块一样。

（9）用同样的方法放置 "HSRIN" 网络块并连线，如图 4-7-10 所示。网络块的输入定义为 "Bus" 和 "NetGroup"，只能用总线来连接，"Scalar" 只能用导线来连接。

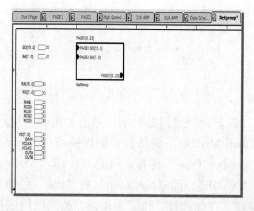

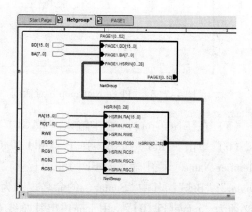

图 4-7-9　"PAGE1" 网络块　　　　图 4-7-10　绘制好的网络块

（10）再次单击 "Place NetGroup" 按钮，弹出 "Place NetGroup" 对话框，仅选中 "PAGE1" 而不选中 "Place NetGroup Block"，单击 "OK" 按钮。单击鼠标左键，绘制一条网络组总线，发现总线已以自动标号。此操作可用于其他页上对网络组的连接，单击 "Auto Connect To Bus" 按钮，分别选择要连接两条总线，弹出 "Enter Net Names" 对话框如图 4-7-11 所示。修改总线宽度，单击 "OK" 按钮，如图 4-7-12 所示。

（11）绘制一个无命名网络组。无命名网络组不是它字面意义上的无法命名，只是它无法作为实体或库文件来输出。首先单击"Place NetGroup"按钮 ，弹出"Place NetGroup"对话框，选中"Place Unnamed NetGroup"选项，在"Instance name"栏中输入网络组的名字，如图 4-7-13 所示。单击"OK"按钮，绘制网络块，如图 4-7-14 所示。在空的网络块上，可以使用按钮 在网络块上添加输入网络端口，而输出网络端口会自动生成。当光标移至输出端口上时，会显示输出端口的总线顺序，如图 4-7-15 所示。若要修改总线顺序，可以选中网络块，单击鼠标右键，从弹出的菜单中选择"Reorder pins for Unnamed NetGroup"选项来修改总线顺序。

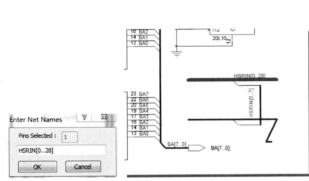

图 4-7-11　修改总线宽度　　　图 4-7-12　连接示意图

图 4-7-13　绘制无命名网络组

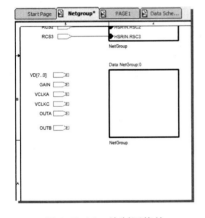

图 4-7-14　绘制网络块　　　　　　　图 4-7-15　输出网络端口

（12）设置好网络组后，可以通过建立网络端口、分页端口、网络别名和层次块端口来建立与网络组的连接，如图 4-7-16。

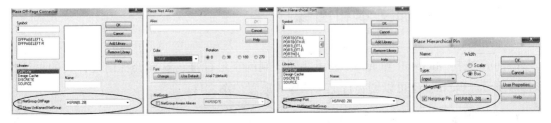

图 4-7-16　建立网络组的连接

4.8   标题栏的处理

当打开一幅电路图时，在图纸的右下角会显示一个方框图，这就是标题栏。Capture 将标题栏放在 CAPSYM. OLB 元器件库中。这个库与一般的元器件库不一样，不能用取用一般元器件的方法来取用它。

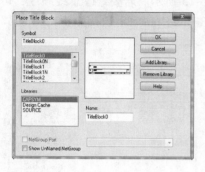

图 4-8-1   "Place Title Block" 对话框

放置标题栏时，可以执行菜单命令 "Place" → "Title Block..."，弹出 "Place Title Block" 对话框，如图 4-8-1 所示。在此可以选择自己所需要的标题栏（对标题栏的设置在设计模板时已经介绍过了）。在进入电路图设计时，只能手工修改，如双击图 4-8-2 中的 <Title> 来修改原理图的名称，弹出 "Display Properties" 对话框，如图 4-8-3 所示。

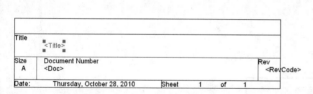

图 4-8-2   标题栏

图 4-8-3   "Display Properties" 对话框

在 "Value" 栏中输入原理图名称。若要改变字体，单击 "Change..." 按钮即可。当一切都设置完后，单击 "OK" 按钮即可返回标题栏。

在标题栏中，"Size" 栏由程序根据所使用的图纸大小而自动填入，"Data" 栏根据系统的日期自动填入，"Sheet" 栏根据项目中电路图的数量及该电路图的顺序而定。

4.9   添加文本和图像

Capture 支持 Microsoft 和 Apple 公司共同研制的字形标准，这样会提高设计页的可读性和打印质量。Capture 也可以创建自定义图像和放置位图文件。

1. 添加文本

（1）打开电路图页 "MCU"，单击工具栏中的按钮，添加注释文本，如图 4-9-1 所示。在空白处可以添加注释的文字。Capture 可以自动换行，若需强制换行，按"Ctrl"+"Enter"键即可。单击"OK"按钮，文本会随光标移动，单击鼠标左键放置文本，如图 4-9-2 所示。按"Esc"键取消放置文本。

图 4-9-1　添加文本　　　　　　　图 4-9-2　放置文本

（2）单击鼠标左键，调整边框四角可拉伸文本框的尺寸。选中文本，单击鼠标右键，弹出改变文本布局的菜单，如图 4-9-3 所示。

2. 添加位图

（1）如果要添加位图，可执行菜单命令"Place"→"Picture..."，弹出"Place Picture"对话框，如图 4-9-4 所示。

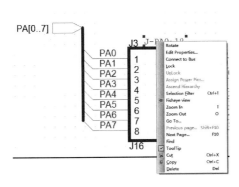 

图 4-9-3　改变文本布局的菜单　　　图 4-9-4　"Place Picture"对话框

（2）选中要添加的位图，单击"OK"按钮，位图会随着光标移动，将位图放到目标位置后，位图的 4 个角会出现 4 个矩形小方框，拖动小方框可调整位图大小，如图 4-9-5 所示。

图 4-9-5　添加的位图

4.10　CIS 抓取网络元器件

CIS 提供了一个庞大的本地和远程的数据库系统，用户可以利用它管理所有的本地元器件信息，同时也可以在设计中实时抓取网络数据库中的元器件，并将其应用到自己的设计中。其中，包含的元器件信息涉及 PCB 设计的诸多方面，如元器件产品型号、基本描述信息、原理图、封装、电器性能描述等。

（1）在原理图页面执行菜单命令"Place"→"Database Part"，或者单击鼠标右键，从弹出的菜单中选择"Place Database Part"，弹出"CIS Explorer"窗口，如图 4-10-1 所示。

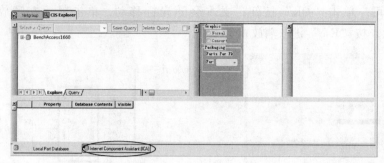

图 4-10-1 "CIS Explorer"窗口

（2）选择"Internet Component Assistant"选项卡，如图 4-11-2 所示。图中所圈住的是两个元器件库，在此单击"ActiveParts"。

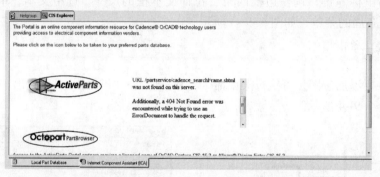

图 4-10-2 "CIS Explorer"窗口"Internet Component Assistant"选项卡

（3）系统弹出如图 4-10-3 所示的画面。在"Manufacturer"栏中选择制造商，在"Description"栏中描述所要查找的元器件，在"Part Number"栏中输入要查找的元器件型号（如"STM32"）。在"Refine search by technology"栏和"Refine search by available features"栏中可以设置筛选规则。单击"Begin Search"图标，开始搜索。

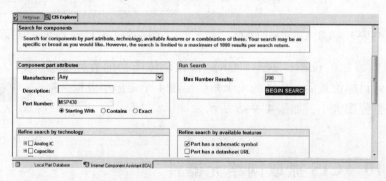

图 4-10-3 ActiveParts

（4）搜索完成后，弹出如图 4-10-4 所示的画面。单击所要找的元器件，转到如图 4-10-5 所示的画面，在"Part information"区域中显示了元器件的基本信息。单击"Place in Schematic"图标，弹出"New Database Part Wizard – Step 1 of 2"对话框，如图 4-10-6 所示。

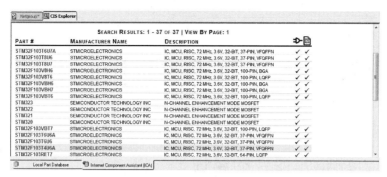

图 4-10-4　搜索结果

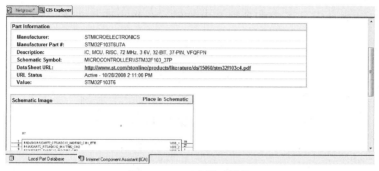

图 4-10-5　选择元器件

（5）在"Choose Table"栏中选择元器件类型为"IC"，单击"下一步"按钮，再单击"完成"按钮，弹出"New Database Part"对话框，如图 4-10-7 所示。

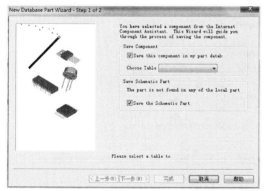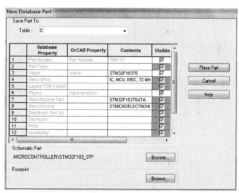

图 4-10-6　"New Database Part Wizard – Step 1 of 2"对话框　　图 4-10-7　"New Database Part"对话框

（6）单击"Place Part"按钮，自动转到原理图页面，单击鼠标左键放置元器件即可。

 习题

（1）在 Capture 中如何加载元器件库？
（2）Design Cache 的作用是什么？
（3）项目管理器的主要作用是什么？

第 5 章　PCB 设计预处理

5.1　编辑元器件的属性

一个元器件的属性定义了它的外形和电气特征。以电阻为例看一下元器件的属性，如图 5-1-1 所示。

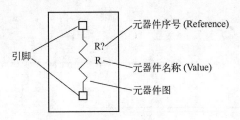

图 5-1-1　元器件属性

1. 编辑元器件属性的两种方法

（1）以 7400 为例，说明如何编辑元器件属性。如图 5-1-2 所示，在取出元器件且尚未摆放前，单击鼠标右键，从弹出的菜单中选择"Edit Properties"，打开"Edit Part Properties"对话框，如图 5-1-3 所示。

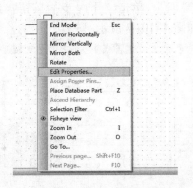

图 5-1-2　鼠标右键菜单

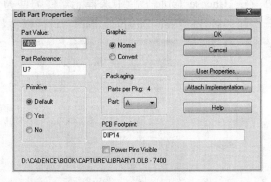

图 5-1-3　"Edit Part Properties"对话框

☺ Part Value：元器件名称。程序预设的元器件名称为该元器件在元器件库里的名称。

☺ Part Reference：元器件序号。依元器件不同，程序预设的元器件序号也不一样，如电阻预设为"R?"，电容预设为"C?"，IC（集成电路）预设为"U?"，晶体管预设为"Q?"，连接器预设为"J?"。

☺ Primitive：设置该元器件为基本组件（Yes）或非基本组件（No）。所谓"基本组件"是指该组件为最底层的元器件，而不是以元器件图所构成的组件；而"非基本组件"是指该组件是由其他电路图所组成的。

> 【注意】如果只是绘制电路图，不做电路仿真或设计 PCB，是否为基本组件并不重要。若要进行仿真，应设置为非基本组件。若要设计 PCB，一定要设置为基本组件，否则不能进行布线。

☺ Graphic：图面上的显示模式。通常是针对逻辑门电路而设置的，如果不是逻辑门或其不具有转换图，那么本区域将失效。在本区域中包括"Normal""Convert"两个选项，其中"Normal"表示一般图形显示，而"Convert"表示转换图显示，如图 5-1-4 所示。

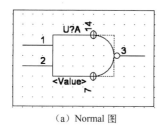
（a）Normal 图

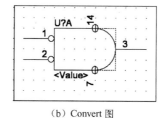
（b）Convert 图

图 5-1-4　Normal 图与 Convert 图

☺ Packaging：复合式元器件的封装形式。

☺ PCB Footprint：设置元器件封装形式。

☺ Power Pins Visible：设置显示该元器件的引脚。大部分数字 IC 的电源引脚是不显示的

☺ User Properties…：用户定义的属性。单击该按钮后，弹出"User Properties"对话框，如图 5-1-5 所示。

☺ Attach Implementation…：为该元器件指定所要关联的下层文件。单击该按钮后，弹出"Attach Implementation"对话框，如图 5-1-6 所示。

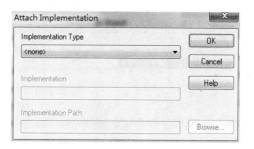

图 5-1-5　"User Properties"对话框　　　　图 5-1-6　"Attach Implementation"对话框

（2）同样以 7400 为例，当元器件摆放完成后，选中元器件，单击鼠标右键，从弹出的菜单中选择"Edit Properties"，或者在元器件上双击，弹出"Property Editor"对话框，如图 5-1-7 所示。

	Name	Part Reference	PCB Footprint	Power Pins Visible
1	⊟ I/O : I/O Component :	INS7007	U3A	DIP14	☐
2	I/O Component/U3	INS7007	U3A	DIP14	☐

图 5-1-7　"Property Editor"对话框

☺ New Property…：新增一个属性栏。

☺ Apply：套用新栏设置或修改资料。

☺ Display…：改变所选项的显示。

☺ Delete Property：删除所选取的栏。

☺ Filter by：设置该栏的分类选择。

☺ Pivot：属性表的横坐标与纵坐标位置互换。

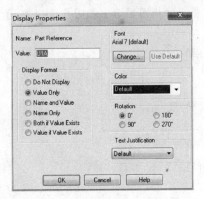

图 5-1-8　"Display Properties" 对话框

如果只需要修改一个属性（如修改元器件序号），可以在原理图页双击元器件序号弹出 "Display Properties" 对话框，如图 5-1-8 所示。在此对话框中可以选择不同的字体、显示颜色和旋转方向，也可以改变显示的格式。

☺ Do Not Display：不显示。

☺ Value Only：只显示值。

☺ Name and Value：显示名字和值。

☺ Name Only：只显示名字。

☺ Both if Value Exits：如果值存在两项，均显示。

☺ Value if Value Exits：如果值存在，则显示值。

2. 指定元器件封装

每个元器件都有自己的封装。在导入 PCB 前，必须正确设置元器件的封装，即在属性列表的 "PCB Footprint" 栏中输入元器件的封装。在本例中，双击 STM32F103RCT6，在 "PCB Footprint" 栏中输入 "STM32F103C"，如图 5-1-9 所示。

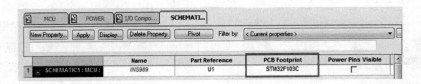

图 5-1-9　设置元器件封装

所有的元器件必须指定封装形式。指定封装时，要优先考虑元器件库中已有的封装形式。如果没有，就要自己创建封装，并且指定的名称必须与创建的封装名称一致。

单击 "Pivot" 按钮可以交换属性表的横坐标与纵坐标的位置，如图 5-1-10 所示。

3. 参数整体赋值

1）方法一　在 Capture 中可以实现参数的整体赋值，如电阻值、元器件的封装等。本例以 "I/O Component" 中的电阻和二极管为例进行说明。

（1）按住 "Ctrl" 键，用鼠标左键逐个点选这 8 个元器件，如图 5-1-11 所示，单击鼠标右键，从弹出的菜单中选择 "Edit Properties"，打开元器件属性编辑窗口，如图 5-1-12 所示。如果元器件摆放得较为接近，不方便选择。可单击鼠标右键，从弹出的菜单中选择 "Selection Filter"（或者按 "Ctrl＋I" 键），弹出 "Selection Filther" 对话框，如图 5-1-13 所示。在此对话框中选中所需选择的组件名称，单击 "OK" 按钮，即可在选择时滤除不必要的组件。

（2）单击 "PCB Footprint" 栏将选中所在的列，也可以选中一个框，逐个输入值；也可以按住鼠标左键选择部分行，如图 5-1-12 所示。

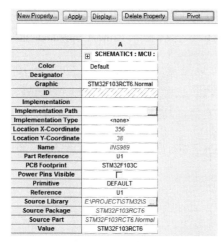

图 5-1-10　属性表坐标轴的变换

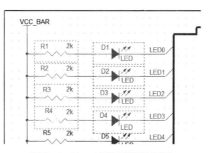

图 5-1-11　编辑元器件属性

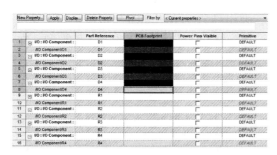

图 5-1-12　元器件属性编辑窗口

图 5-1-13　"Selection Filter" 对话框

（3）单击鼠标右键，从弹出的菜单中选择"Edit …"，弹出"Edit Property Values"对话框，如图 5-1-14 所示。在空白处输入二极管的封装"LED"，单击"OK"按钮。

（4）继续按此方法修改电阻封装，修改后的参数如图 5-1-15 所示。

图 5-1-14　"Edit Property Values" 对话框

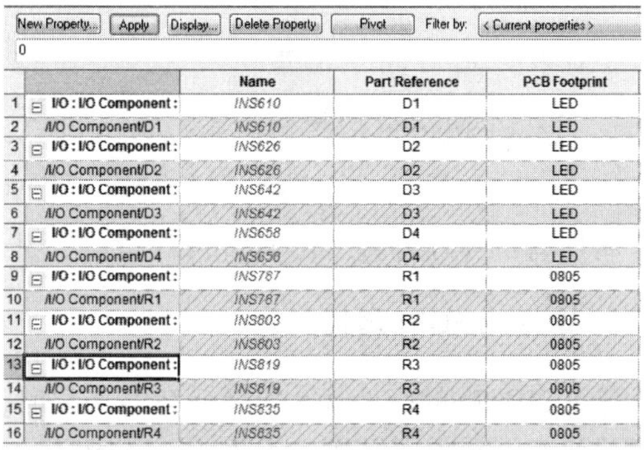

		Name	Part Reference	PCB Footprint
1	I/O : I/O Component :	INS610	D1	LED
2	I/O Component/D1	INS610	D1	LED
3	I/O : I/O Component :	INS626	D2	LED
4	I/O Component/D2	INS626	D2	LED
5	I/O : I/O Component :	INS642	D3	LED
6	I/O Component/D3	INS642	D3	LED
7	I/O : I/O Component :	INS658	D4	LED
8	I/O Component/D4	INS658	D4	LED
9	I/O : I/O Component :	INS787	R1	0805
10	I/O Component/R1	INS787	R1	0805
11	I/O : I/O Component :	INS803	R2	0805
12	I/O Component/R2	INS803	R2	0805
13	I/O : I/O Component :	INS819	R3	0805
14	I/O Component/R3	INS819	R3	0805
15	I/O : I/O Component :	INS835	R4	0805
16	I/O Component/R4	INS835	R4	0805

图 5-1-15　修改后的参数

2）方法二　在"MCU"原理图页的搜索工具栏输入"R＊"，按"Enter"键。在窗口底下会弹出搜索结果窗口，如图 5-1-16 所示。在搜索窗口的下部有相关搜索结果的分类选项，在此选择"Parts"。按住"Ctrl"键不放，用鼠标左键逐个点选所要编辑的元器件，单击鼠标右键，从弹出的菜单中选择"Edit Properties"，弹出"Browse Spreadsheet"对话框，即可在此编辑元件属性，如图 5-1-17 所示。

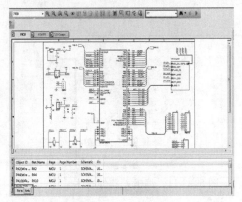

图 5-1-16　搜索结果

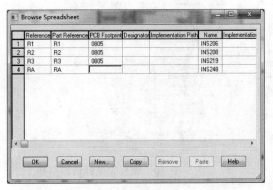

图 5-1-17　"Browse Spreadsheet"对话框

4. 分类属性编辑

（1）双击"MCU"图页中的元器件 STM32F103RCT6，或者选取元器件后单击鼠标右键，从弹出的菜单中选择"Edit Properties"，弹出"Property Editor"窗口，如图 5-1-18 所示。元器件分为 3 类，即 IC、IO 和 CN，可以将"CLASS"栏定义为这 3 种类型。在将原理图转换为 PCB 时，即可有选择地分类放置元器件，具体内容将在相关章节讲述。

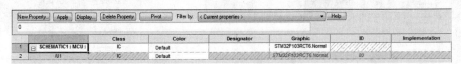

图 5-1-18　"Property Editor"窗口

（2）在"Filter by"栏中选择相应的类型，对应属性栏就会变成该类型包含的属性，这里选择"Cadence-Allegro"，如图 5-1-19 所示。未使用的属性栏用斜线来表示，当输入相应值后该斜线将消失。在"CLASS"属性下输入"IC"，在"Filter by"栏选择"Current properties"，这时刚输入的属性就会出现，如图 5-1-18 所示。

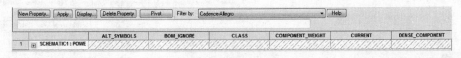

图 5-1-19　"Property Editor"窗口

将所有的元器件按 IC、IO 和 CN 分类，并编辑其属性。具体分类将在之后的表格给出。

5. 定义 ROOM 属性

定义 ROOM 的好处是，在进行 PCB 布局时，可以按 ROOM 定义摆放元器件，从而大大提高摆放效率。在本书采用的示例中，共定义了 4 个 ROOM，即 CPU、I/O、MOM 和 POWER。首先进行 CPU ROOM 的设置。

（1）该 ROOM 中包含 STM32F103RCT6 及其相关的元器件，ROOM 属性是在 Cadence-Allegro 类中。首先双击元器件 STM32F103RCT6，弹出如图 5-1-18 所示窗口。

（2）在"ROOM"栏输入"CPU"，在"Filter by"栏中选择"Current properties"，如图 5-1-20 所示。

	Reference	ROOM	Source Library	Source Package	Source Part	Value
1	SCHEMATIC1 : MCU	U1	CPU	E:\PROJECT\STM32\S	STM32F103RCT6.Normal	STM32F103RCT6.Normal	STM32F103RCT6

图 5-1-20　属性编辑完成

其他元器件的 ROOM 定义和分类将在后续章节列表中给出。之后按照上述步骤进行 I/O、MOM 和 POWER ROOM 的设置。

（1）需要注意的是针对层次图的 ROOM 定义，尤其是在复合层次图中 ROOM 的定义。打开 D/A AMP 电路图，选中所有元器件，打开属性编辑器，如图 5-1-21 所示。

		CLASS	Color	Designator	Graphic	ID	Implementation	
1	D/A AMP Circuit : D/A	IO	Default		CAP Normal			
2	/D/A AMP1/C23	IO	Default		CAP Normal	1345		
3	/D/A AMP2/C26	IO	Default		CAP Normal	1261		
4	D/A AMP Circuit : D/A	IO	Default		CAP Normal			
5	/D/A AMP1/C24	IO	Default		CAP Normal	1351		
6	/D/A AMP2/C27	IO	Default		CAP Normal	1267		

图 5-1-21　属性编辑窗口

（2）在"Filter by"栏中选择"Cadence–Allegro"类型，调整属性编辑窗口，显示 ROOM 属性栏，输入 ROOM 属性"AMP1"和"AMP2"，在"Filter by"栏中选择"Current properties"，显示 ROOM 属性，如图 5-1-22 所示。ROOM 属性中白色区域未填写，只填写了黄色区域，因为复合层次图中 D/A　AMP1 和 D/A　AMP2 中的元器件属于不同的 ROOM。

		PCB Footprint	Power Pins Visible	Primitive	Reference	ROOM	Source Library
1	D/A AMP Circuit : D/A	SMC_6032		DEFAULT	C23		D:\CADENCE\SPB_15.
2	/D/A AMP1/C23	SMC_6032		DEFAULT	C23	AMP1	D:\CADENCE\SPB_15.
3	/D/A AMP2/C26	SMC_6032		DEFAULT	C26	AMP2	D:\CADENCE\SPB_15.
4	D/A AMP Circuit : D/A	SMC_6032		DEFAULT	C24		D:\CADENCE\SPB_15.
5	/D/A AMP1/C24	SMC_6032		DEFAULT	C24	AMP1	D:\CADENCE\SPB_15.
6	/D/A AMP2/C27	SMC_6032		DEFAULT	C27	AMP2	D:\CADENCE\SPB_15.
7	D/A AMP Circuit : D/A	SM_1206		DEFAULT	C25		D:\CADENCE\SPB_15.
8	/D/A AMP1/C25	SM_1206		DEFAULT	C25	AMP1	D:\CADENCE\SPB_15.
9	/D/A AMP2/C28	SM_1206		DEFAULT	C28	AMP2	D:\CADENCE\SPB_15.

图 5-1-22　添加 ROOM 属性

6. 定义按页摆放属性

在平坦式电路和层次式电路中，一般按功能对电路图进行拆分。在进行 PCB 设计时，为了将这些联系紧密的元器件尽可能地靠近摆放，可以在绘制原理图后为同一页的元器件新增属性。

1）方法一　打开"MCU"电路图，选中所有的元器件（可按住"Ctrl"键进行选择），单击鼠标右键，从弹出的菜单中选择"Edit Properties"，弹出"Edit Properites"窗口。单击"New Property…"按钮，弹出"Add New Property"对话框，如图 5-1-23

图 5-1-23　"Add New Column"对话框

所示。在"Name"栏中输入"Page"，单击"OK"按钮，在属性编辑器中新增"Page"属性栏，如图 5-1-24 所示。在新增的"Page"属性栏输入 1，这样在进行 PCB 摆放时就可以按照页编号来摆放，如图 5-1-24 所示。

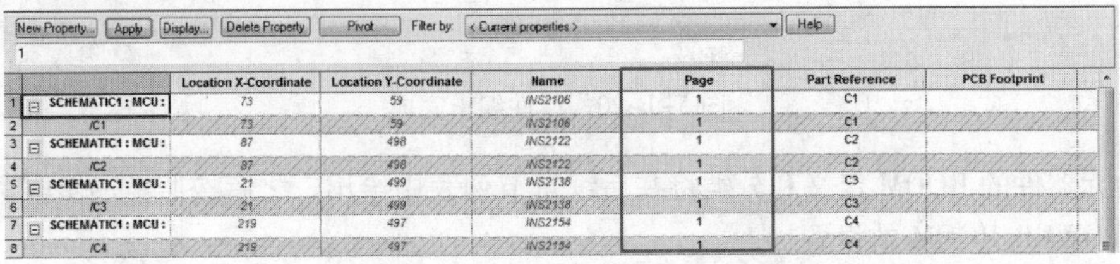

		Location X-Coordinate	Location Y-Coordinate	Name	Page	Part Reference	PCB Footprint
1	SCHEMATIC1 : MCU :	73	59	INS2106	1	C1	
2	/C1	73	59	INS2106	1	C1	
3	SCHEMATIC1 : MCU :	87	498	INS2122	1	C2	
4	/C2	87	498	INS2122	1	C2	
5	SCHEMATIC1 : MCU :	21	499	INS2138	1	C3	
6	/C3	21	499	INS2138	1	C3	
7	SCHEMATIC1 : MCU :	219	497	INS2154	1	C4	
8	/C4	219	497	INS2154	1	C4	

图 5-1-24　添加"Page"属性栏

2）方法二　在项目管理器中选中"MCU"，执行菜单命令"Edit"→"Browse"→"Parts"，如图 5-1-25 所示。可以看到"Browse"子菜单下有许多选项，可以分别选择然后浏览。执行菜单命令"Edit"→"Browse"→"Parts"，弹出"Browse Properties"对话框，如图 5-1-26 所示。选中"Use occurrences"选项，单击"OK"按钮→弹出如图 5-1-27 所示的窗口。按住"Ctrl"键，选择"Reference"栏下的所有元器件编号，按"Ctrl+E"键，弹出"Browse Spreadsheet"对话框，如图 5-1-28 所示。

图 5-1-25　"Edit"菜单　　　　　图 5-1-26　"Browse Properties"对话框

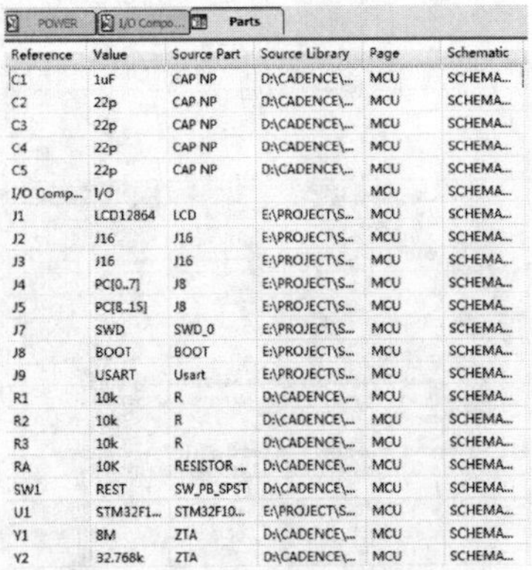

图 5-1-27　元器件属性窗口

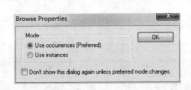

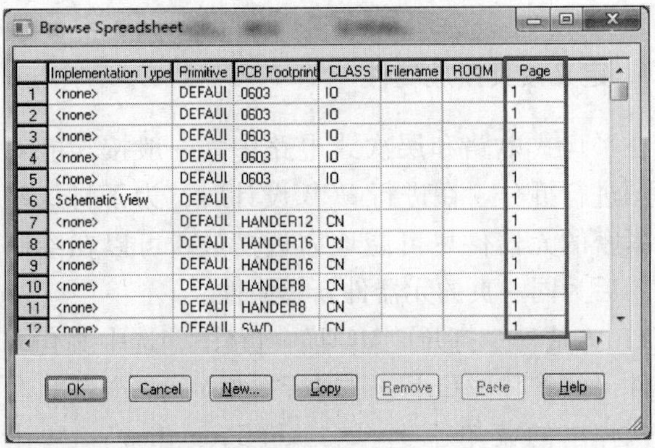

图 5-1-28　"Browse Spreadsheet"对话框

单击"New"按钮，弹出"New Property"对话框，如图 5-1-29 所示。在"Name"栏

中输入"Page"，在"Value"栏中输入 1，单击"OK"按钮，新定义的属性即添加到列表中。调整显示新加属性，新加属性在最后一栏，如图 5-1-28 所示。单击"OK"按钮，退出属性编辑。

7. 为元器件自动编号

图 5-1-29　"New Property"对话框

通常，需要对自己设计的原理图中的元器件进行编号。Capture 提供了自动排序功能，允许对原理图重新排序。自动编号功能可以在设计流程的任何时间执行，但最好在全部设计完成后再重新执行一次，这样才能保证设计电路中没有漏掉任何元器件的序号，而且也不会出现两个元器件有重复序号的情况。

每个元器件编号的第 1 个字母为关键字符，表示元器件类别；其后为字母和数字组合，以区分同一类中的不同个体。Capture 中不同元器件类型采用的关键字符见表 5-1。

表 5-1　元器件编号关键字符

字 符 代 号	元器件类别	字 符 代 号	元器件类别
B	GaAs 场效应晶体管	N	数字输入
C	电容	O	数字输出
D	二极管	Q	双极型晶体管
E	电压控电压源	R	电阻
F	电流控电流源	S	电压控制开关
G	电压控电流源	T	传输线
H	电流控电压源	U	数字电路单元
I	独立电流源	U STIM	数字电路激励信号源
J	结型场效应管（JFET）	V	独立电压源
K	互感（磁心），传输线耦合	W	电流控制开关
L	电感	X	单元子电路调用
M	MOS 场效应晶体管（MOSFET）	Z	绝缘栅双极晶体管（IGBT）

在项目管理器中选中"stm32. dsn"，单击按钮或执行菜单命令"Tools"→"Annotate"，弹出"Annotate"（自动排序）对话框，如图 5-1-30 所示。

☺ Refdes control required：元器件文字符号管理。

☺ Scope。

　　➩ Update entire design：更新整个设计。

　　➩ Update selection：更新选择的部分电路。

☺ Action。

　　➩ Incremental reference update：在现有的基础上进行增量排序。

　　➩ Unconditional reference update：无条件进行排序。

　　➩ Reset part reference to"?"：将所有的序号都变成"?"。

　　➩ Add Intersheet References：在分页图纸间的端口的序号加上图纸编号。

　　➩ Delete Intersheet References：删除分页图纸间的端口的序号上的图纸编号。

☺ Mode。

　　➩ Updata Occurrence：升级事件。

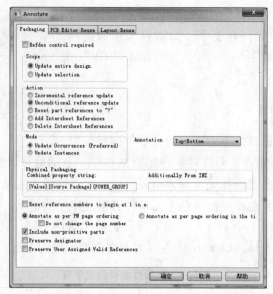

图 5-1-30 "Annotate"（自动排序）对话框

    ↪ Updata Instances：升级实例。

☺ Physical Packaging。

    ↪ Combined property string：结合属性串格式设置。

    ↪ Additionally From INI：增加 INI 属性。

☺ Annotation。

    ↪ Annotation Default：按照默认次序为元器件自动编号。

    ↪ Annotation Left—Right：按照自左向右的次序为元器件自动编号。

    ↪ Annotation Top—Bottom：按照自上向下的次序为元器件自动编号。

☺ Reset reference numbers to begin at 1 in each page：编号时每张图纸都从 1 开始。

☺ Annotate as per PM page ordering：按照 PM 打印顺序进行编号。

☺ Annotate as per page ordering in the title blocks：按照标题栏的顺序进行编号。

☺ Do not change the page number：不要改变图纸编号。

☺ Include non – primitive parts：将 "non – primitive" 标注为 "?"。

☺ Preserve designator：保留复合封装的原有信息。

☺ Preserve User Assigned Valid References：保留元器件的原有标号。

    此时先将之前作为实例讲解用的 "NetGroup" 与 "D/A AMP Circuit" 原理图页删除，之后对 "Annotate" 对话框进行如图 5-1-30 所示的设置，单击 "OK" 按钮。各原理图页元器件属性参数如图 5-1-31 至 5-1-33 所示。

	Reference	Part Reference	Designator	Implementation Path	Name	Implementation	ID	Value	Implementation Type	Primitive	PCB Footprint	CLASS	ROOM	Page
1	BAT1	BAT1			INS270		304	BATTE	<none>	DEFAUL	BAT	IO	POWE	2
2	C6	C6			INS239		284	0.1uF	<none>	DEFAUL	C0603	IO	MOM	2
3	C7	C7			INS241		287	0.1uF	<none>	DEFAUL	C0603	IO	MOM	2
4	C8	C8			INS242		290	0.1uF	<none>	DEFAUL	C0603	IO		2
5	C9	C9			INS411		378	0.1uF	<none>	DEFAUL	C0603	IO		2
6	C10	C10			INS415		384	0.1uF	<none>	DEFAUL	C0603	IO	CPU	2
7	J9	J9			INS231		274	POWE	<none>	DEFAUL	HDR1X3	IO	POWE	2
8	J10	J10			INS235		278	USB	<none>	DEFAUL	USB	IO	POWE	2
9	J11	J11			INS227		265	POWE	<none>	DEFAUL	HDR2X4	IO	POWE	2
10	PC1	PC1			INS407		372	10uF	<none>	DEFAUL	1206A	IO	POWE	2
11	PC2	PC2			INS408		375	10uF	<none>	DEFAUL	1206A	IO	POWE	2
12	U2	U2			INS223		260	AMS11	<none>	DEFAUL	SOT-223	IC	POWE	2

图 5-1-31 "POWER" 原理图页元器件参数

	Reference	Part Reference	Designator	Implementation Path	Name	Implementation	ID	Value	Implementation Type	Primitive	PCB Footprint	CLASS	Filename	ROOM	Page
1	C1	C1			INS213		245	22p	<none>	DEFAUL	C0603	IO		CPU	1
2	C2	C2			INS210		239	1uF	<none>	DEFAUL	C0603	IO		CPU	1
3	C3	C3			INS212		242	22p	<none>	DEFAUL	C0603	IO		CPU	1
4	C4	C4			INS217		251	22p	<none>	DEFAUL	C0603	IO		CPU	1
5	C5	C5			INS215		248	22p	<none>	DEFAUL	C0603	IO		CPU	1
6	I/O COM	I/O COMPO			I/O Co	I/O	308	I/O	Schematic View	DEFAUL					1
7	J1	J1			INS521		432	SWD	<none>	DEFAUL	HDR2X2	IO		CPU	1
8	J2	J2			INS529		441	BOOT	<none>	DEFAUL	HDR1X2	IO		CPU	1
9	J3	J3			INS525		437	USART	<none>	DEFAUL	HDR1X3	IO		CPU	1
10	J4	J4			INS139		169	J16	<none>	DEFAUL	HDR2X8	IO		I/O	1
11	J5	J5			INS147		186	J16	<none>	DEFAUL	HDR2X8	IO		I/O	1
12	J6	J6			INS157		212	PC[8.1	<none>	DEFAUL	HDR1X8	IO		I/O	1
13	J7	J7			INS875		1053	LCD128	<none>	DEFAUL	HDR1x12	IO		I/O	1
14	J8	J8			INS154		203	PC[0.7]	<none>	DEFAUL	HDR1X8	IO		I/O	1
15	R1	R1			INS206		233	10k	<none>	DEFAUL	R0603	IO		CPU	1
16	R2	R2			INS208		236	10k	<none>	DEFAUL	R0603	IO		CPU	1
17	R3	R3			INS219		254	10k	<none>	DEFAUL	R0603	IO		CPU	1
18	RA1	RA1			INS248		299	10K	<none>	DEFAUL	POT	IO		I/O	1
19	SW1	SW1			INS204		230	REST	<none>	DEFAUL	SW	IO		CPU	1
20	U1	U1			INS989		80	STM32	<none>	DEFAUL	STM32F10	IC		CPU	1
21	Y1	Y1			INS117		158	8M	<none>	DEFAUL	JZ	IO		CPU	1
22	Y2	Y2			INS115		155	32.768k	<none>	DEFAUL	R38	IO		CPU	1

图 5-1-32　"MCU" 原理图页元器件参数

	Reference	Part Reference	Designator	Implementation Path	Filename	Name	Implementation	ROOM	ID	Value	Implementation Type	Primitive	PCB Footprint	CLASS	Page
1	D1	D1				INS610		LED	521	LED	<none>	DEFAUL	SMD_LED	IO	3
2	D2	D2				INS626		LED	524	LED	<none>	DEFAUL	SMD_LED	IO	3
3	D3	D3				INS642		LED	527	LED	<none>	DEFAUL	SMD_LED	IO	3
4	D4	D4				INS658		LED	530	LED	<none>	DEFAUL	SMD_LED	IO	3
5	D5	D5				INS674		LED	533	LED	<none>	DEFAUL	SMD_LED	IO	3
6	D6	D6				INS690		LED	536	LED	<none>	DEFAUL	SMD_LED	IO	3
7	D7	D7				INS706		LED	539	LED	<none>	DEFAUL	SMD_LED	IO	3
8	D8	D8				INS722		LED	542	LED	<none>	DEFAUL	SMD_LED	IO	3
9	R4	R4				INS787		I/O	546	2k	<none>	DEFAUL	R0603	IO	3
10	R5	R5				INS803		I/O	549	2k	<none>	DEFAUL	R0603	IO	3
11	R6	R6				INS819		I/O	552	2k	<none>	DEFAUL	R0603	IO	3
12	R7	R7				INS835		I/O	555	2k	<none>	DEFAUL	R0603	IO	3
13	R8	R8				INS851		I/O	558	2k	<none>	DEFAUL	R0603	IO	3
14	R9	R9				INS867		I/O	561	2k	<none>	DEFAUL	R0603	IO	3
15	R10	R10				INS883		I/O	564	2k	<none>	DEFAUL	R0603	IO	3
16	R11	R11				INS899		I/O	567	2k	<none>	DEFAUL	R0603	IO	3
17	R12	R12				INS998		I/O	579	10k	<none>	DEFAUL	R0603	IO	3
18	R13	R13				INS915		I/O	570	10k	<none>	DEFAUL	R0603	IO	3
19	R14	R14				INS966		I/O	573	10k	<none>	DEFAUL	R0603	IO	3
20	R15	R15				INS982		I/O	576	10k	<none>	DEFAUL	R0603	IO	3
21	R16	R16				INS126		MOM	594	47k	<none>	DEFAUL	R0603	IO	3
22	R17	R17				INS127		MOM	597	47k	<none>	DEFAUL	R0603	IO	3
23	R18	R18				INS134		MOM	600	47k	<none>	DEFAUL	R0603	IO	3
24	SW2	SW2				INS991		I/O	1394	SW PU	<none>	DEFAUL	SW	IO	3
25	SW3	SW3				INS999		I/O	1397	SW PU	<none>	DEFAUL	SW	IO	3
26	SW4	SW4				INS100		I/O	1400	SW PU	<none>	DEFAUL	SW	IO	3
27	SW5	SW5				INS101		I/O	1403	SW PU	<none>	DEFAUL	SW	IO	3
28	U3	U3				INS344		MOM	488	24C02	<none>	DEFAUL	SOP-8	IC	3
29	U4	U4				INS397		MOM	499	W25X1	<none>	DEFAUL	SOP-8	IC	3

图 5-1-33　"I/O Component" 原理图页元器件参数

5.2　Capture 到 Allegro PCB Editor 的信号属性分配

现在的设计经常运行在 ns 级甚至更快的边缘速率。在如此快的速度下，在设计周期中尽早解决时序问题变得尤其重要，处理好这个问题就会使产品尽早上市。时序问题需要在原理图设计阶段早确认、早分析、早规范。现在，Capture 可以设置高速电气约束，并有一个完整的 Front‑to‑Back 流程，如图 5-2-1 所示。可以使用新的 GUI 界面在属性编辑器（Property Editor）中分配信号流属性，如 PROPAGATION_DELAY、RELATIVE_ PROPAGATION_DELAY、RATSNEST_SCHEDULE。

1. 为网络分配 PROPAGATION_DELAY 属性

这个属性定义一个网络任意对引脚之间的最小/最大传输延迟约束。通过为网络分配这个属性，能够使布线器限制互连长度在某个容限之间。其格式如下：

$<$ pin – pair $>$: $<$ min – value $>$: $<$ max – value $>$

☺ pin – pair（引脚对）：被约束的引脚对。

☺ min – value（最小值）：最小可允许传输延迟/传输长度。

☺ max – value（最大值）：最大可允许传输延迟/传输长度。

（1）双击想要分配"PROPAGATION_ DELAY"属性的网络，如图 5-2-2 所示。

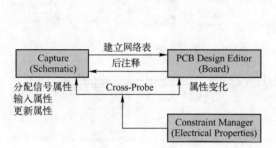

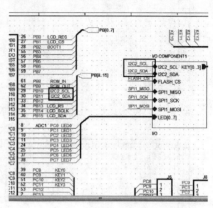

图 5-2-1   Capture 到 PCB 设计的流程　　图 5-2-2   为 Data 网络分配属性

（2）在弹出的属性编辑窗口中的"Filter by"栏选择"Allegro_Signal Flow_Routing"，然后选择"Flat Nets"选项卡，如图 5-2-3 所示。

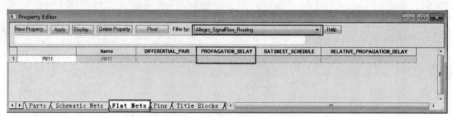

图 5-2-3   属性编辑对话框

（3）用鼠标右键单击"PROPAGATION_DELAY"栏下的黄色区域，从弹出的菜单中选择"Invoke UI"，弹出"Propagation Delay"对话框，如图 5-2-4 所示。

（4）单击按钮□，添加引脚对，弹出"Create Pin Pairs"对话框，如图 5-2-5 所示。第 1 个引脚选择 U1.30，第 2 个引脚选择 U3.8，单击"OK"按钮，选中添加的引脚对，单击按钮×可以删除引脚对。也可以单击"Pin Pair"栏，在 3 个选项中选择一个作为引脚对，选择"LONG_DRIVER：SHORT_RECEIVER"，如图 5-2-6 所示。

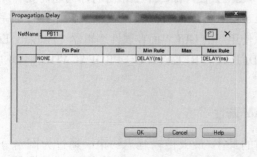

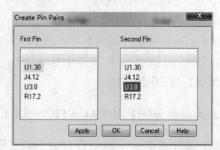

图 5-2-4   "Propagation Delay"对话框　　图 5-2-5   建立引脚对对话框

☺ ALL_DRIVER：ALL_RECEIVER：为所有驱动器/接收器引脚对应用最小/最大约束。

☺ LONG_DRIVER：SHORT_RECEIVER：为最短的驱动器/接收器引脚对应用最小延迟，为最长的驱动器/接收器引脚对应用最大延迟。

☺ LONGEST_PIN：SHORTEST_PIN：为最短的引脚对应用最小的延迟，为最长的引脚对应用最大的延迟。

（5）在"Min"栏中输入最小可允许传输延迟值，在"Max"栏中输入最大可允许传输延迟值，在"Min Rule"栏和"Max Rule"栏中指定最小、最大约束的单位，如图 5-2-7 所示。

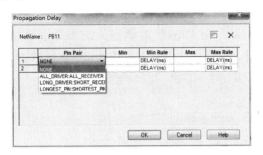

图 5-2-6　"Pin Pair"下拉菜单

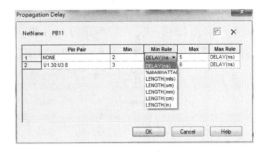

图 5-2-7　设置最小、最大延迟值

（6）单击"OK"按钮，查看属性编辑器，新添加的规则出现在"PROPAGATION_DELAY"栏，如图 5-2-8 所示。

图 5-2-8　添加属性后

2. 为网络分配 RELATIVE_PROPAGATION_DELAY 属性

现在为 DATA 网络添加 RELATIVE_PROPAGATION_DELAY 属性。这个属性是附加给一个网络上引脚对的电气约束，可以为同步总线应用 RELATIVE_PROPAGATION_DELAY 属性。

（1）在图 5-2-3 中，用鼠标右键单击"RELATIVE_PROPAGATION_DELAY"栏下的黄色区域，从弹出的菜单中选择"Invoke UI"，弹出"Relative Propagation Delay"对话框，如图 5-2-9 所示。

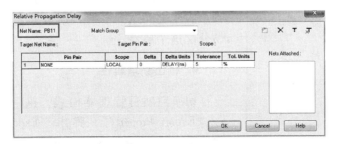

图 5-2-9　"Relative Propagation Delay"对话框

☺ Scope 。

　　↪ Global：在同一个匹配组不同网络间定义 RELATIVE_PROPAGATION_DELAY 属性。

　　↪ Local：在一个网络不同引脚对间定义 RELATIVE_PROPAGATION_DELAY 属性。

☺ Delta：组中所有网络匹配目标网络的相对值。

☺ Delta Min Rule：指定 Delta 的单位，选择"Delay"时为 ns，选择"Length"时为 mil。

☺ Tolerance：指定引脚对最大可允许传输延迟值。

☺ Tol. Unit：指定 Tolerance 的单位，分别为%、ns 和 mil。

（2）单击按钮 ，添加引脚对，弹出"Create Pin Pairs"对话框，第 1 个引脚选择 U1.30，第 2 个引脚选择 U3.8，单击"OK"按钮，设置好的引脚对如图 5-2-10 所示。

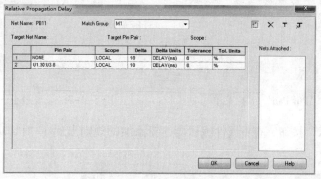

图 5-2-10　设置好的引脚对

（3）按图 5-2-10 所示修改各栏参数，在"Match Group"栏中输入"M1"，单击"OK"按钮，查看属性编辑器中新添加的约束，如图 5-2-11 所示。

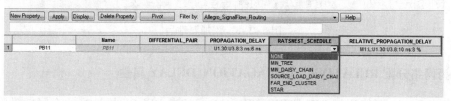

图 5-2-11　设置属性

3. 为网络分配 RATSNEST_SCHEDULE 属性

"Flat Nets"页面还有一个属性是 RATSNEST_SCHEDULE，如图 5-2-11 所示。这个属性用于指定 Constraint Manager 对一个网络执行 RATSNEST 计算的类型。利用这个属性可以在时间和噪声容限之间达到平衡，通过列表框选择项能够很容易分配这个属性。

4. 输出新增属性

切换到项目管理器模式，执行菜单命令"Tools"→"Export Property"，弹出"Export Properties"对话框，在"Contents"区域中选择"Flat Net Properties"，单击"OK"按钮，如图 5-2-12 所示。

图 5-2-12　"Export Properties"对话框

5.3 建立差分对

仍然是出于尽早解决高速问题的目的，Capture 提供了在绘制原理图后建立差分对的功能。差分对属性表示一对 Flat 网络将以同样的方式布线，信号关于同样的参考值以相反方向流动。这使得抗干扰性得到增强，电路中的任何电磁噪声均被移除。

1. 为两个 Flat 网络建立差分对（手动建立差分对）

（1）切换到项目管理器模式，选择设计，执行菜单命令"Tools"→"Create Differential Pair"，弹出"Create Differential Pair"对话框，如图 5-3-1 所示。

（2）在"Filter"栏中输入"OSC"，选中 OSC_IN 和 OSC_OUT 网络，单击按钮 ，所选择的网络出现在"Selections"栏中。在"Diff Pair Name"栏中输入"DIFFOSC"。

（3）单击"Create"按钮，建立差分对，此时"Modify"和"Delete"按钮可用，可对建立的差分对进行修改或删除，如图 5-3-2 所示。

图 5-3-1 "Create Differential Pair"对话框   图 5-3-2 建立好的差分对

2. 为一个设计中多对 Flat 网络同时建立差分对（自动建立差分对）

（1）切换到项目管理器模式，选择设计，执行菜单命令"Tools"→"Create Differential Pair"，弹出"Create Differential Pair"对话框。

（2）单击"Auto Setup…"按钮，弹出差分对自动设置，如图 5-3-3 所示对话框。

（3）在"Prefix"栏中输入"DIFF"，在"+Filter"栏中输入"_IN"，在"-Filter"栏中输入"_OUT"，在右侧的文本框中单击鼠标左键，如图 5-3-4 所示。

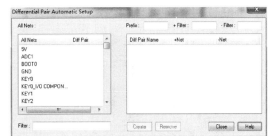

图 5-3-3 "Differential Pair Automatic Setup"对话框

（4）在"Differential Pair Automatic Setup"对话框中单击"Create"按钮，建立差分对，如图 5-3-5 所示；在"Differential Pair Automatic Setup"对话框中单击"Remove"按钮，可以移除左侧列表框中不想建立差分对的网络对。单击"Close"按钮，关闭"Differential Pair Automatic Setup"对话框。

图 5-3-4　按条件过滤网络

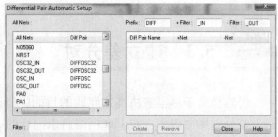

图 5-3-5　自动建立差分对

5.4　Capture 中总线（Bus）的应用

1. 平坦式电路图设计中总线的应用

（1）在平坦式电路设计中，同一张图纸的总线及总线名仅是为了方便读图而已，没有实际的连接意义。对于图 5-4-1 所示的电路图 Demobus，总线内的网络连接是通过网络上的网络别名来完成的，因此其输出的网络表中的网络与网络别名一一对应，如图 5-4-2 所示。

生成网络表后，在项目管理器中选择 pstxnet.dat，单击鼠标右键，从弹出的菜单中选择"Edit"，打开网络表。网络表中网络命名以网络标号为准，图中框内即为一个网络，NODE_NAME 对应一个元器件引脚。无论总线名为何，其输出的网络表以网络别名的命名为准。同时，网络的连接也是通过网络别名来实现的。

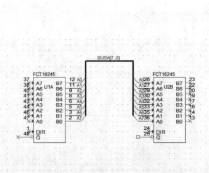

图 5-4-1　总线网络（1）

图 5-4-2　网络表（1）

在平坦式电路中跨页连接时，需要用 OFF－PAGE CONNECTOR 或 PORT 对总线端做连接。

> 【注意】总线名或端口（PORT）（或 OFF－PAGE CONNECTOR）必须有一个与网络别名相同，若一组线的网络命名为 D0、D1、D2、……、D7，则该总线或 PORT（或 OFF－PAGE CONNECTOR）中至少有一个要起名为 D[7..0]。

（2）总线名、端口名及网络别名完全一致时（见图5-4-3），其输出的网络表是正确的（见图5-4-4）。图中，网络别名为 A0、A1、……、A7，总线名为 A[7..0]，端口名为 A[7..0]。

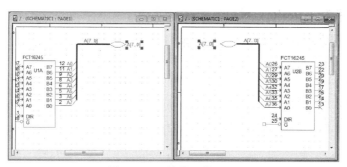

图5-4-3　总线网络（2）

d:\cadence\cadence\book\orcad\allegro\pstxnet.dat

```
FILE_TYPE = EXPANDEDNETLIST;
{ Using PSTWRITER 16.6.0 d001Feb-26-2014 at 11:25:46 }
NET_NAME
'A1'
 '@111.SCHEMATIC1(SCH_1):A1':
 C_SIGNAL='@\111\.schematic1(sch_1):a1';
NODE_NAME   U2 27
 '@111.SCHEMATIC1(SCH_1):INS7173@LIBRARY1.FCT16245.NORMAL(CHIPS)':
 'A6':;
NODE_NAME   U1 11
 '@111.SCHEMATIC1(SCH_1):INS4891@LIBRARY1.FCT16245.NORMAL(CHIPS)':
 'B6':;
NET_NAME
'A3'
 '@111.SCHEMATIC1(SCH_1):A3':
 C_SIGNAL='@\111\.schematic1(sch_1):a3';
NODE_NAME   U2 30
 '@111.SCHEMATIC1(SCH_1):INS7173@LIBRARY1.FCT16245.NORMAL(CHIPS)':
 'A4':;
NODE_NAME   U1 8
 '@111.SCHEMATIC1(SCH_1):INS4891@LIBRARY1.FCT16245.NORMAL(CHIPS)':
```

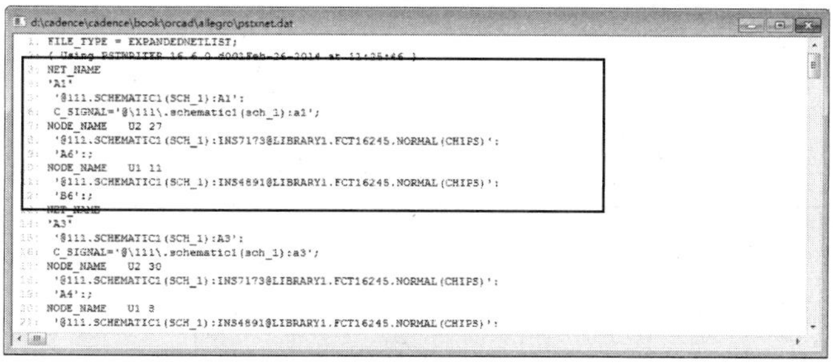

图5-4-4　网络表（2）

（3）若总线名与端口名（或 OFF－PAGE CONNECTOR）不一致，但网络标号与端口名一致（见图5-4-5），则命名以端口名为主（见图5-4-6）。图中，网络别名为 A0、A1、……、A7，总线名为 RA[7..0] 和 BA[7..0]，端口名为 A[7..0]。

图5-4-5　总线网络（3）

d:\cadence\cadence\book\orcad\allegro\pstxnet.dat

```
FILE_TYPE = EXPANDEDNETLIST;
{ Using PSTWRITER 16.6.0 d001Feb-26-2014 at 11:31:50 }
NET_NAME
'A1'
 '@111.SCHEMATIC1(SCH_1):A1':
 C_SIGNAL='@\111\.schematic1(sch_1):a1';
NODE_NAME   U2 27
 '@111.SCHEMATIC1(SCH_1):INS7173@LIBRARY1.FCT16245.NORMAL(CHIPS)':
 'A6':;
NODE_NAME   U1 11
 '@111.SCHEMATIC1(SCH_1):INS4891@LIBRARY1.FCT16245.NORMAL(CHIPS)':
 'B6':;
NET_NAME
'A3'
 '@111.SCHEMATIC1(SCH_1):A3':
 C_SIGNAL='@\111\.schematic1(sch_1):a3';
NODE_NAME   U2 30
 '@111.SCHEMATIC1(SCH_1):INS7173@LIBRARY1.FCT16245.NORMAL(CHIPS)':
 'A4':;
NODE_NAME   U1 8
 '@111.SCHEMATIC1(SCH_1):INS4891@LIBRARY1.FCT16245.NORMAL(CHIPS)':
```

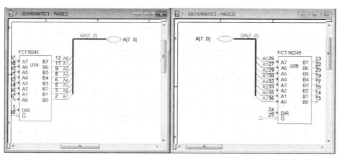

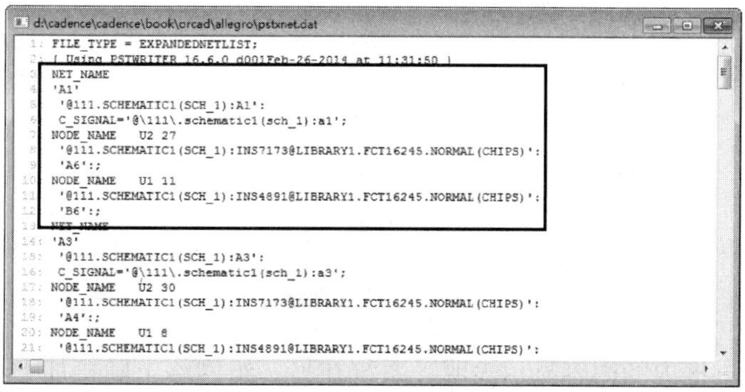

图5-4-6　网络表（3）

（4）若总线名与端口名（或 OFF – PAGE CONNECTOR）不一致，但与网络标号一致（见图5-4-7），则命名同样以端口名为主（见图5-4-8）。图中，网络别名为 A0、A1、……、A7，总线名为 A[7..0]，端口名为 Data[7..0]。

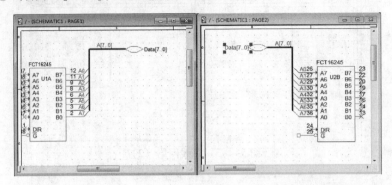

图5-4-7　总线网络（4）

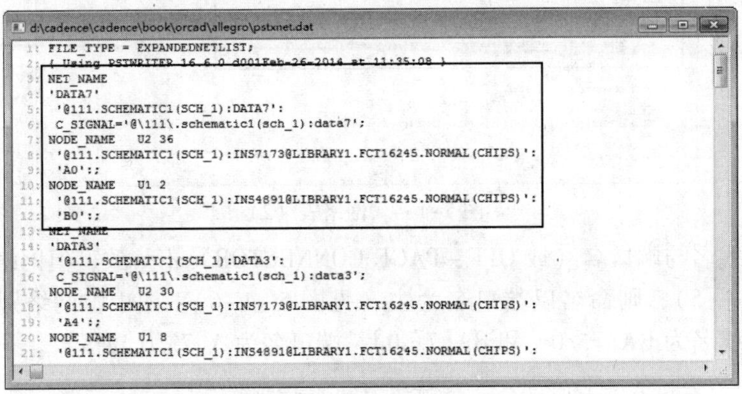

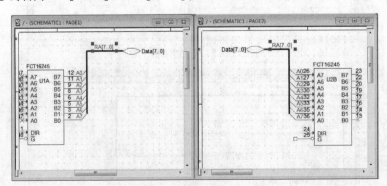

图5-4-8　网络表（4）

（5）若总线名与端口名（或 OFF – PAGE CONNECTOR）不一致，与网络标号也不一致（见图5-4-9），则总线失去跨页连接的功能（见图5-4-10）。图中，网络别名为 A0、A1、……、A7，总线名为 RA[7..0]和 BA[7..0]，端口名为 Data[7..0]。

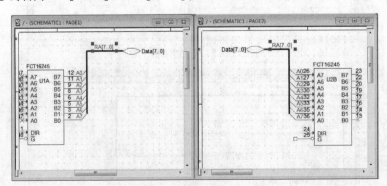

图5-4-9　总线网络（5）

图5-4-10 中方框内的内容显示表明，系统在另一组网络上随机加上了网络名，网络标号分成了两个部分 A0、A1、……、A7，A0_255、A1_255、……、A7_255。

```
1: FILE_TYPE = EXPANDEDNETLIST;
2: ( Using PSTWRITER 16.6.0 d001Feb-26-2014 at 11:37:38 )
   NET_NAME
   'A4'
   '@111.5CHEMATIC1(SCH_1):A4':
   C_SIGNAL='@\111\.schematic1(sch_1):a4';
   NODE_NAME  U1 6
   '@111.5CHEMATIC1(SCH_1):INS4891@LIBRARY1.FCT16245.NORMAL(CHIPS)':
   'B3':;
   NET_NAME
   'A3'
   '@111.SCHEMATIC1(SCH_1):A3':
   C_SIGNAL='@\111\.schematic1(sch_1):a3';
   NODE_NAME  U1 8
   '@111.SCHEMATIC1(SCH_1):INS4891@LIBRARY1.FCT16245.NORMAL(CHIPS)':
   'B4':;
18: 'A6'
19: '@111.SCHEMATIC1(SCH_1):A6':
20: C_SIGNAL='@\111\.schematic1(sch_1):a6';
21: NODE_NAME  U1 3
```

图 5-4-10　网络表（5）

（6）若总线名与端口名（或 OFF – PAGE CONNECTOR）完全一致，但均与网络标号不一致（见图 5-4-11），则总线失去跨页连接的功能（见图 5-4-12）。图中，网络别名为 A0、A1、……、A7，总线名为 Data[7..0]，端口名为 Data[7..0]。

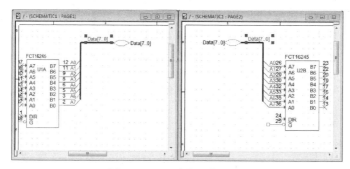

图 5-4-11　总线网络（6）

```
1: FILE_TYPE = EXPANDEDNETLIST;
2: ( Using PSTWRITER 16.6.0 d001Feb-26-2014 at 11:39:31 )
3: NET_NAME
4: 'A4'
5: '@111.SCHEMATIC1(SCH_1):A4':
6: C_SIGNAL='@\111\.schematic1(sch_1):a4';
7: NODE_NAME  U1 6
8: '@111.SCHEMATIC1(SCH_1):INS4891@LIBRARY1.FCT16245.NORMAL(CHIPS)':
9: 'B3':;
10: NET_NAME
11: 'A3'
12: '@111.SCHEMATIC1(SCH_1):A3':
13: C_SIGNAL='@\111\.schematic1(sch_1):a3';
14: NODE_NAME  U1 8
15: '@111.SCHEMATIC1(SCH_1):INS4891@LIBRARY1.FCT16245.NORMAL(CHIPS)':
16: 'B4':;
17: NET_NAME
18: 'A6'
19: '@111.SCHEMATIC1(SCH_1):A6':
20: C_SIGNAL='@\111\.schematic1(sch_1):a6';
21: NODE_NAME  U1 3
```

图 5-4-12　网络表（6）

> **【结论】** 在平坦式电路中，如果同一个电路图文件夹下的总线要做跨页连接，为了实现正确的连接，总线名或端口名至少有一项与网络别名定义一致。两张电路图的端口名或电路分页端口连接器名称绝对相同时才具备连接功能。

2. 层次式电路图设计中总线的应用

在层次式电路中，由于要跨页连接总线，需用层次块和层次端口来配合。

（1）如果根图中的总线名与子图中总线名、端口名、网络标号、层次引脚完全一致

（见图 5-4-13 和图 5-4-14），输出正确（见图 5-4-15）。图中，总线名（根图）为 A[7..0]，层次引脚名为 A[7..0]，端口名为 A[7..0]，网络别名为 A1、A2、……、A7，总线名（子图）为 A[7..0]。

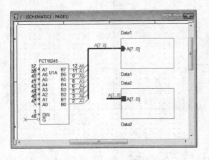

图 5-4-13　层次图（1）　　　　　　　　图 5-4-14　总线网络（7）

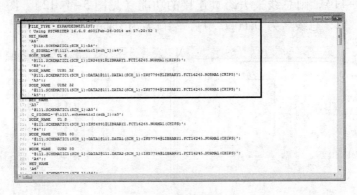

图 5-4-15　网络表（7）

（2）若子图中的总线名不一致（见图 5-4-16），并不影响输出。图中，总线名（根图）为 A[7..0]，层次引脚名为 A[7..0]，端口名为 A[7..0]，网络别名为 A0、A1、……、A7。子图中总线名为 RA[7..0]（Data1）和 BA[7..0]（Data2）。网络表与图 5-4-15 所示的相同。

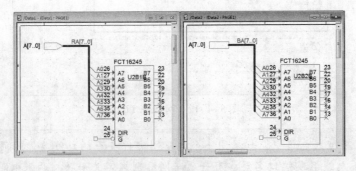

图 5-4-16　总线网络（8）

（3）与平坦式电路一样，端口与网络别名中的命名一致时（见图 5-4-17 和图 5-4-18），输出正确（网络别名与端口及层次引脚在 Data2 中命名为 BA）。图中，总线名（根图）为 A[7..0]，层次引脚名为 A[7..0]（Data1）和 BA[7..0]（Data2），端口名为 A[7..0]（Data1）和 BA[7..0]（Data2），网络别名为 A0、A1、……、A7（Data1）和 BA1、BA2、……、BA7（Data2），总线名为 A［7..0］（Data1）和 BA［7..0］（Data2）。网络表与图 5-4-15
所示的一致。

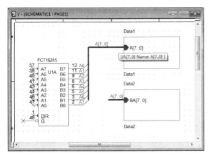

图 5-4-17　层次图（2）

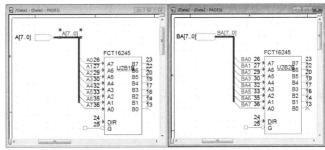

图 5-4-18　总线网络（9）

（4）平坦式电路设计端口名和层次引脚名必须与网络别名命名一致（见图 5-4-19），
否则总线失去跨页连接功能（见图 5-4-20）。图中，总线名（根图）为 A［7..0］，层次引
脚名为 A［7..0］（Data1）和 BA［7..0］（Data2），端口名为 A［7..0］（Data1）和 BA
［7..0］（Data2），网络别名为 A0、A1、……、A7（Data1）和 A1、A2、……、A7
（Data2），总线名为 A［7..0］（Data1）和 BA［7..0］（Data2）。

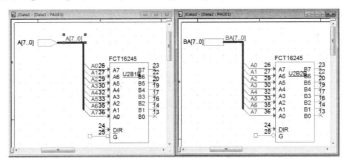

图 5-4-19　总线网络（10）

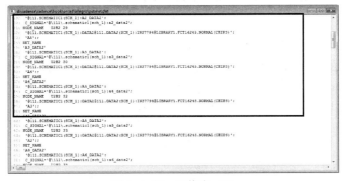

图 5-4-20　网络表（8）

（5）在 Capture 中，总线命名很灵活，允许有反接情况。如 U2B1A 的第 1 脚至第 7 脚在
设计总线时与 U2B1B 的第 7 脚至第 1 脚相接（见图 5-4-21 和图 5-4-22），这样在网络表
中就会出现序号反接情况（见图 5-4-23）。图中，总线名（根图）为 A［7..0］，层次引脚
名为 A［7..0］（Data1）和 A［7..0］（Data2），端口名为 A［7..0］（Data1）和 A［7..0］
（Data2），网络别名为 A7、A6、…、A0（Data1）和 A0、A1、…、A7（Data2），总线名为
A［7..0］（Data1）和 A［7..0］（Data2）。

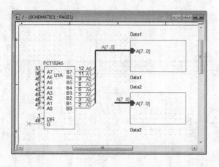

图 5-4-21　层次图（3）

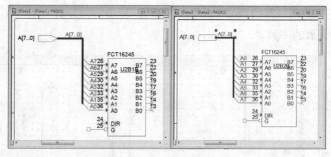

图 5-4-22　总线网络（11）

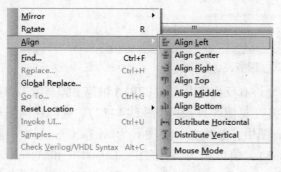

图 5-4-23　网络表（9）

5.5　元器件的自动对齐与排列

　　原理图绘制完成后，在新版本的 Capture 中，可以通过菜单命令 "Editer" → "Align"
（如图 5-5-1 所示）对元器件进行垂直或水平的对齐排列等操作；或者通过菜单命令
"View" → "Toolbar" → "Align" 来启动 "Align" 工具栏进行相关操作，如图 5-5-2 所示。
首先，在 Capture 中新建一个原理图，如图 5-5-3 所示。

Mirror	▶
Rotate	R
Align	▶
Find...	Ctrl+F
Replace...	Ctrl+H
Global Replace...	
Go To...	Ctrl+G
Reset Location	▶
Invoke UI...	Ctrl+U
Samples...	
Check Verilog/VHDL Syntax	Alt+C

Align Left
Align Center
Align Right
Align Top
Align Middle
Align Bottom
Distribute Horizontal
Distribute Vertical
Mouse Mode

图 5-5-1　"Align" 菜单命令

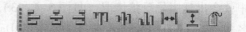

图 5-5-2　"Align" 工具栏

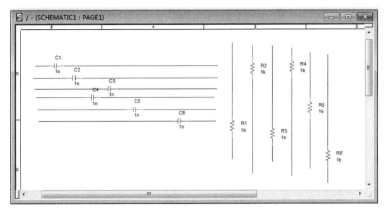

图 5-5-3　新建原理图

（1）使用鼠标左键框选图 5-5-3 中的所有电容，此时"Align"工具栏的图标全部亮起。可以使用 ⊨ ⊨ ⊨ 这三个按钮分别实现对元器件的向左对齐、水平居中和向右对齐操作，对齐后的效果如图 5-5-4 所示。

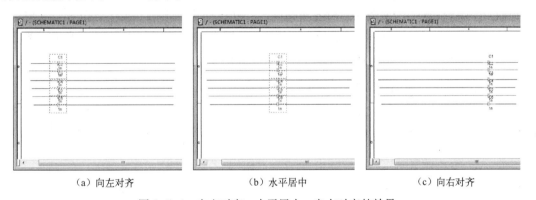

（a）向左对齐　　　　　　　　（b）水平居中　　　　　　　　（c）向右对齐

图 5-5-4　向左对齐、水平居中、向右对齐的效果

（2）使用鼠标左键框选图 5-5-3 中的所有电阻，同样"Align"工具栏全部亮起。可以使用 ⊓ ⊓ ⊔ 这三个按键实现对元器件的向上对齐、垂直居中、向下对齐操作，对齐后的效果如图 5-5-5 所示。

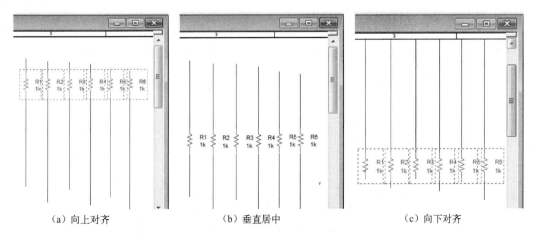

（a）向上对齐　　　　　　　　（b）垂直居中　　　　　　　　（c）向下对齐

图 5-5-5　向上对齐、垂直居中、向下对齐的效果

（3）使用"Ctrl"+"Z"键撤销刚才的所有操作。选中图 5-5-3 中的所有电容，单击按钮 ，然后单击按钮 ，此时会发现所有的电容被横向和纵向等间距排列，如图 5-5-6 所示。

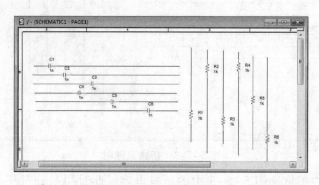

图 5-5-6　等间距排列

（4）单击"Align"工具栏上的按钮 ，启动"Toggle Mouse Modle"功能。框选图 5-5-6 中所有的电容，任意单击 3 个水平对齐按钮之一，光标变为十字形，在任意位置单击鼠标左键，会发现所有电容元件在单击位置处水平对齐，如图 5-5-7 所示。同样，单击竖直对齐按钮时，可实现对元器件的任意位置的竖直对齐，读者可自行尝试。

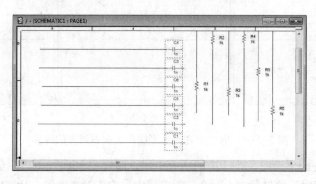

图 5-5-7　在单击位置处水平对齐

（5）在所有电容被选中时单击按钮 ，光标变为十字形，在水平方向任意两个点处单击，会发现所选中电容在光标所选的水平区间内等间距分布，如图 5-5-8 所示。同理，在单击按钮 后，可实现元器件的任意竖直区间内等间距分布，读者可自行尝试。

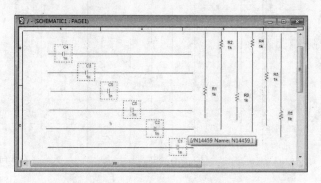

图 5-5-8　在光标所选的水平区间内等间距分布

在 Capture 中，自动排布不仅可以对元器件进行排列，也可以对文字、端口、符号等进行排列，有兴趣的读者可以自己尝试练习。

5.6　原理图绘制后续处理

原理图绘制好后，接下来就是对电路图进行 DRC 检查，生成网络表及元器件清单，以便于制作 PCB。

> **【注意】** 若要对原理图进行后续处理，在 Capture 中必须切换到项目管理器窗口下，并且选中 *.DSN 文件。

5.6.1　设计规则检查

1. DRC 检查的设置

当属性修改完成后，即可进行规则检查。打开项目，执行菜单命令"Tools"→"Design Rules Check..."，弹出"Design Rules Check"对话框，如图 5-6-1 所示。该对话框中包括"Design Rules Options"选项卡、"Electrical Rules"选项卡、"Physical Rules"选项卡和"ERC Matrix"选项卡。

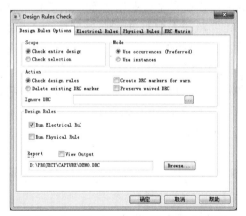

图 5-6-1　"Design Rules Check"对话框

在进行规则检查时，可以选择所需的检查规则。在"Scope"区域中，可以选择完整的电路图系规则检查或选取电路图系中的电路图。

在"Mode"区域中，可以选择所有实体（推荐）或选择所有事件。所谓实体（instances）是指放在绘图页内的元器件符号，而事件（occurrences）指的是在绘图页内同一实体出现多次的实体电路。例如，在复杂层次电路中，某个子方块电路重复使用了 3 次，就形成了 3 次事件；不过子方块电路内本身的元器件却是实体。

在"Action"区域中，可以设置要求进行的规则检查，或者删除 DRC 检查在电路图上产生的标志。

☺ Check design rules：对电路图设计规则进行检查。

☺Delete existing DRC maker：对现有已生成电路图设计规则检查项进行删除。

☺Create DRC makers for warn：设置 DRC 检查时，若发现错误，则在错误之处放置警告标志。

☺Preserve waived DRC：保留已有的 DRC。

☺Ignore DRC：设置要忽略的 DRC。

在"Design Rules"区域中，可以指定所要检查的电路图。

☺Run Electrical Rules：按电气规则对完整的电路图系执行检查。

☺Run Physical Rules：按物理规则对完整的电路图系执行检查。

在进行电气检查时，可以选择所需的具体电气规则选项。在"Electrical Rules"选项卡中，可以选择完整的电路图系进行电气规则的检查。

☺Check single node nets：检查完整的电路图系中单独的节点网络。

☺Check no driving source and Pin type connection：检查电路图系中无驱动的电路源和引脚的连接。

☺Check duplicate net names：检查完整的电路图系中已复制的网络名称。

☺Check off－page connector connect：检查平坦式电路图各电路图之间的电路端口连接器是否相符。在进行平坦式电路图检查时，必须选中该选项。

☺Check hierarchical port connect：检查层次式电路图端口连接时，电路方块图 I/O 端口与其内层电路的电路图 I/O 端口是否相符。

☺Check unconnected bus net：检查完整的电路图系中未连接到总线的网络。

☺Check unconnected pins：检查完整的电路图系中未连接的引脚。

☺Check SDT compatibility：检查与软件开发套件 SDT 的兼容性。

在"Custom DRC"区域中可选择是否运行用户定义的 DRC 规则。

☺Run Custom DRC：运行用户定制的 DRC 规则。

☺Configure Custom DRC：定制 DRC 规则按钮。单击该按钮后，会弹出如图 5-6-2 所示的对话框，在此可以定制用户的 DRC 规则。

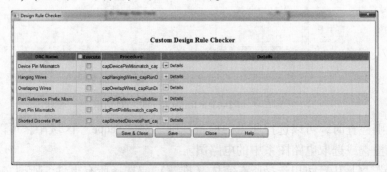

图 5-6-2

在"Reports"区域中，可以选择相应的电路图系电气规则检查报告列表。

☺Report all net names：列出所有网络的名称。

☺Report off－grid objects：列出未放置在格点上的图件。

☺Report hierarchical ports and off－page connectors：列出所有的电路端口连接器及电路图 I/O 端口。

☺Report misleading tap connection：列出电路图系中所有的未正确连接的端口。

在进行物理检查时，可以选择所需的具体物理规则选项。在"Physical Rules"选项卡中，可以选择完整的电路图系进行物理规则的检查。

☺ Check power pin visible：检查电源引脚是否可见。

☺ Check missing/illegal PCB Footprint…：检查是否有遗漏或不满足设计规则的 PCB 元器件封装。

☺ Check Normal Convert view syntax：检查标准转换视图语法规则。

☺ Check incorrect Pin Group assignment：检查是否有不正确引脚组的分配。

☺ Check high speed props syntax：检查高速设计的语法规则。

☺ Check missing pin number：检查是否有遗漏的引脚编号。

☺ Check device with zero pins：检查是否存在无引脚的元器件。

☺ Check power ground short：检查电源和地之间是否短路。

☺ Check Name Prop consistency：检查电路中设计命名的一致性。

在"Reports"区域中，可以选择相应的电路图系物理规则检查报告列表。

☺ Report visible unconnected power：检查是否有可见但未连接的电源。

☺ Report unused partpackaging：检查是否有未被使用部分的封装。

☺ Report invalid packaging：检查无效的封装。

☺ Report identical part references：检查是否有重复的元器件序号。

图 5-6-3 所示为规则检查矩阵。例如，第 1 行（最上面一行）为输入型（Input）的端点（引脚），而第 1 列（最左侧一列）也是输入型（Input）的端点（引脚），其交叉的方块（最左上角的方块）为空白方块，表示当 DRC 检查时，如果遇到输入型端点与输入型端点连接，程序将视为正常，不做任何反应。同样，最下面那一行没有连接的端点（Unconnected），而它与第 1 列（Input）交叉的方块（最左下角的方块）为黄颜色的标有"W"的方块，表示当 DRC 检查时，如果遇到没有连接的输入型端点时，程序会产生警告。另外，比较严重的是错误，如第 3 行为输出型（Output）端点，而第 3 列也为输出型（Output）端点，其交叉处为红色的"E"方块，表示当 DRC 检查时，如果遇到输出型端点与输出型端点连接，程序将视为严重错误，而给出错误信息。

可以在规则检查矩阵中修改检查规则，只要将光标指向所要修改的方块上，单击鼠标左键，即可循环切换其他设置，如图 5-6-4 所示。经检查过的原理图会在"Session Log"窗口中显示检查信息。

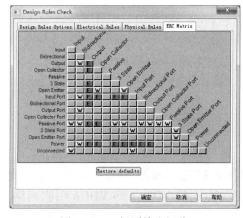

图 5-6-3　规则检查矩阵

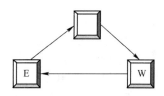

图 5-6-4　状态切换

执行 DRC 检查后，项目管理器中 Outputs 目录下会生成与项目名同名且扩展名为 . drc 的文件，如图 5-6-5 所示。在图 5-6-5 中选中 stm32. drc，单击鼠标右键从弹出的菜单中选择 "Edit"，即可看到产生的 DRC 文件的内容，如图 5-6-6 所示。

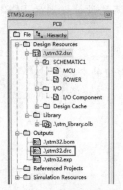
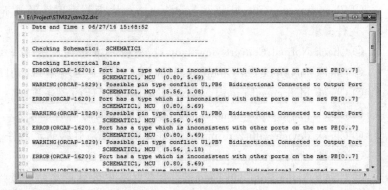

图 5-6-5　demo. drc 文件位置　　　　　图 5-6-6　DRC 文件内容

当 DRC 检查出错误后，错误信息会显示在 "Sessions Log" 窗口中。认真阅读每个错误信息，根据错误和警告提示返回原理图中进行修改。

2. 常见 DRC 错误及其解决办法

1）错误类型 1

（1）DRC 检查时，可根据需要选择 "Report" 区域的内容进行检查。若设计中不存在层次图，可以不选中 "Report hierarchical ports and off – page c" 选项。按图 5-6-7 所示的设置检查 stm32. dsn 时，会弹出如图 5-6-8 所示对话框，提示有错误产生，询问是否查看错误信息；单击 "是" 按钮查看结果，如图 5-6-9 所示。如果在 "Design Rules Options" 选项卡的 "Action" 区域中选中了 "Create DRC markers for warnings" 选项，Capture 会在错误的地方添加一个绿色的标志。

图 5-6-7　设置 DRC 检查项目

（2）查看 "Sessions Log" 窗口中的警告描述，如图 5-6-10 所示。该警告代码为 "ORCAP – 1589"，提示 "MCU" 电路图页的 U1 的 VDD_1 ～ VDDA 引脚网络名重复。还可以双击警告的绿色标志，弹出 "View DRC Marker" 对话框，如图 5-6-11 所示。

图 5-6-8　错误信息提示

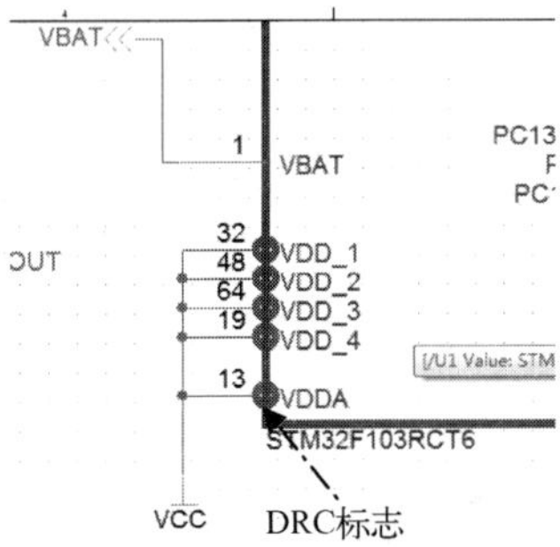

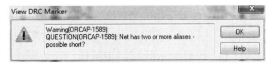

图 5-6-9　DRC 标志

图 5-6-10　DRC 错误代码

图 5-6-11　DRC 标志

（3）这个错误信息表明，由于引脚类型为"POWER"，而引脚名和 VCC 网络名不一致造成的。可以修改引脚名为"VCC"或将引脚类型改为"Passive"。首先选中"STM32F103RCT6"，单击鼠标右键，在弹出菜单中选择"Edit Part"，弹出元器件编辑窗口，在此可以修改元器件的属性。在此，将 VDD_1 ～ VDDA 的引脚属性改为"Passive"，如图 5-6-12 所示。

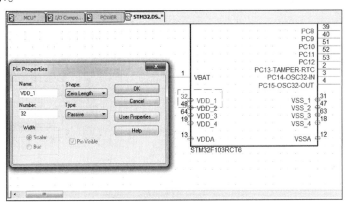

图 5-6-12　编辑元件

（4）修改完成后，用鼠标右键单击编辑窗口上方的"STM32.DS.."，在弹出菜单中选择"Close"（如图 5-6-13 所示），弹出如图 5-6-14 所示对话框，单击"Updata All"按钮，然后再次进行 DRC 检查。

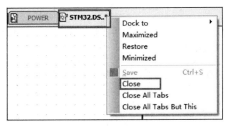

图 5-6-13　编辑窗口选项卡

图 5-6-14　Close 选项卡

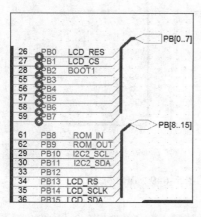

图 5-6-15　DRC 错误标志

2）错误类型 2

（1）在使用电路 I/O 端口连接器时，一定要注意类型的定义，否则就会出现错误。进行 DRC 检查，PB[0..7]总线每一位都出现错误标志，如图 5-6-15 所示。

（2）查看"Sessions Log"窗口中的错误说明，如图 5-6-16 所示。提示错误很多，但只有两种错误代码，即"ORCAP-1620"和"ORCAP-1829"。前一种错误提示表示"MCU"电路中的总线网络 PB[0..7]的端口类型与其他端口类型不一致；后一种错误提示表示可能存在引脚类型冲突，因为 I/O 类型的引脚连接到了输出类型的端口上。

（3）查看提示的端口 PB[0..7]，发现 MCU 电路图的 Page1 上的两个 PB[0..7]端口的端口属性中一个为"Ouput"，而另一个为"Intput"，也就是 DRC0003 所提示的错误。那么究竟是改为"Input"还是改为"Output"呢？对于 DRC0004 错误，应查看 ERC 矩阵，如图 5-6-17 所示，上面的十字的交叉点处为标有"E"的红色方框，表示 I/O 引脚连接到输出类型的端口会有警告产生。而下面的十字交叉点为空白方框，表示规则允许，不会产生错误。接下来修改 MCU 中的 PB[0..7]端口类型为"Bidrectional"，重新进行 ERC 检查，发现检查通过。

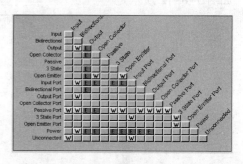

图 5-6-16　错误列表

图 5-6-17　ERC 矩阵

【注意】以上所讲的两种 DRC 错误是经常容易被忽略的。还应注意的是，在 Capture 进行 DRC 检查时，不支持字母引脚名，也就是说元器件的引脚名必须是数字的。另外，因为每个人绘制原理图的习惯不一样，出现的错误也不一样，需要具体问题具体分析。

5.6.2　回注（Back Annotation）

如果对已排序的电路仍不满意，想要改变其中的序号，或者对调引脚、逻辑门，只需按规则编辑一个 *.SWP 文件即可，而这就要用到下述 3 个命令。

☺ CHANGEREF：改变元器件序号，如把"U1A"改为"U2A"，其命令格式为"CHANGEREF U1A U2A"。

☺ GATESWAP：将电路图中两个已存在的相同的逻辑门进行对调，如要将 U1A 与 U1D 交换，其命令格式为"GATESWAP U1A U1D"。

☺ PINSWAP：交换指定元器件中的两个引脚，如把 U1A 的第 1 个引脚和第 4 个引脚交换，其命令格式为"PINSWAP U1A 1 4"。

在项目管理器中选择项目，单击按钮 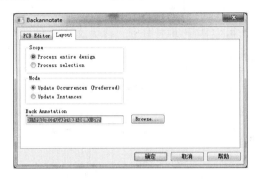 或执行菜单命令"Tools"→"Back Annotation"，弹出"Backannotate"对话框，如图 5-6-18 所示。

图 5-6-18　"Backannotate"对话框

"Scope"区域和"Mode"区域中的内容与前述"Annotate"对话框中的相同，"Back Annotation"栏用于指定所编辑的文本文件。

5.6.3　自动更新元器件或网络的属性

对于使用特殊封装或拥有自己封装库的公司，这是一项特别有用的功能。首先定义好自己的属性文件，然后执行菜单命令"Tools"→"Update Properties"，弹出"Update Properties"对话框，如图 5-6-19 所示。

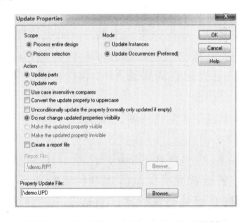

图 5-6-19　"Update Properties"对话框

☺ "Scope"区域和"Mode"区域的设置选项与"Annotate"对话框中的相同。

☺ Action。

  ↳ Update parts：指定更新元器件的属性数据。

  ↳ Update nets：指定更新网络的属性数据。

  ↳ Use case insensitive compares：不考虑元器件的灵敏度。

  ↳ Convert the update property to uppercase：把更新的属性转换成大写字母。

  ↳ Unconditionally update the property：无条件更新属性。

    ↪ Do not change updated properties visibility：不改变元器件更新属性的可见属性。

    ↪ Make the updated property visible：使元器件更新的属性可见。

    ↪ Make the updated property invisible：使元器件更新的属性不可见。

    ↪ Create a report file：产生报告文件。

☺ Property Update File：要更新的属性文件。

属性文件的格式如下（可以用记事本编辑，存为文本文件即可）：

"	Value	" " PCB Footprint"	第 1 行：" | 属性栏名称 | " "要置换的属性"
"74LS00"　"14DIP300"	第 2 行：开始描述
"74LS138"　"16DIP300"	
"74LS163"　"16DIP300"	注：需要置换的属性可以有多个
"8259A"　"28DIP600"	

5.6.4　生成网络表

绘制原理图的目的不止是画出元器件，最终的目的是要设计出 PCB。要设计 PCB，就必须建立网络表。对于 Capture 来说，生成网络表是它的一项特殊功能。在 Capture 中，可以生成多种格式的网络表（共 39 种），以满足各种不同 EDA 软件的要求。

在制作网络表前，必须确认下列事项。

☺ 元器件序号是否已排列？

☺ 电路图是否通过 DRC 检查？

☺ 属性数据是否完整？每个元器件是否有元器件封装？

如果上述过程均已完成，就可以开始生成网络表。

（1）切换到项目管理器窗口，选取所要产生网络表的电路图。

（2）单击按钮🗊或执行菜单命令"Tools"→"Create Netlist…"，弹出"Create Netlist"对话框，如图 5-6-20 所示。在此选择需要的 EDA 软件格式，单击"确定"按钮即可生成相应的网络表。

"Create Netlist"对话框中包括 9 个选项卡，每个选项卡对应一种网络表格式与接口，这里只介绍"PCB Editor"选项卡。

在"Create Netlist"对话框的"PCB Editor"选项卡中，可以自定义创建或更新 PCB Editor，也可以规定为改变组件放置选项（包括 PCB 的激励选项）。

☺ PCB Footprint：指定 PCB 封装的属性名，默认值为"PCB Footprint"。单击"Setup"按钮，打开"Setup"对话框，如图 5-6-21 所示。可以进行修改、编辑、查看文件存放位置，这些文件包括 Capture 与 Allegro 之间一系列的属性映射；也可以指定备份类型的数目，以 PST＊.DAT 的网络表文件形式进行保存。

☺ Create PCB Editor Netlist：在 PCB Editor 格式中产生网络表，这些格式文件包括 pstchip.dat、pstxnet.dat 和 pstxprt.dat。选中该选框，可以确保在项目管理器或目录中找到这 3 个 PST 文件；如果该选项未被选中，就不会产生网络表，以下的选项也变成无效。

☺ Options（上）。

    ↪ Netlist Files：指定 PST＊.DAT 文件保存的位置，默认的保存位置是在设计中指定

的最后一次调用的目录下；如果是第一次设计网络表，默认的位置为设计目录的
Allegro 子文件，这是首选的位置；如果网络表先于项目产生，则默认的位置是进
行设计时最后使用的目录。

图 5-6-20 "Create Netlist"对话框

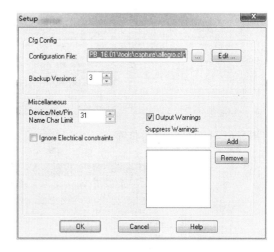

图 5-6-21 "Setup"对话框

↳View Output：选中此选项时，可以自动打开 3 个 PST∗.DAT，当网络表完成后这 3
个文件会在独立的 Capture 窗口中进行显示。默认的选项为空。

☺ Create or Update PCB Editor Board（Netrev）：更新或创建 Allegro 对应的网络表。

☺ Options（下）。

↳ Input Board：为创建一个新的输出板文件放置逻辑图数据。如果在前面没有选中
"Create or Update PCB Editor Board（Netrev）"选项，则此处为空。

↳ Output Board：新的 PCB 文件存放的位置，输出板采用输入板作为模板，并且在设
计中接收逻辑数据。

（3）单击"OK"按钮，弹出如图 5-6-22 所示对话框，询问建立网络表之前是否保存
设计。单击"确定"按钮，弹出如图 5-6-23 所示的对话框，同时在 Project Manager 中生成
pstchip.dat、pstxnet.dat 和 pstxprt.dat 三个网络表文件，如图 5-6-24 所示。网络表的内容分
别如图 5-6-25 至图 5-6-27 所示。如果建立网络表时出现错误，可以查看"Sessions Log"
中的错误信息，根据提示进行修改。

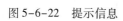

图 5-6-22 提示信息

图 5-6-23 正在生成网络表

☺ pstxprt：网络表的一部分，包括原理图设计中的每个物理封装的信息，以及指定元器
件的属性和驱动类型。如果某个封装内包含多个逻辑门，这个文件则指定各个逻辑
门在封装中的位置。这个文件也包含元器件的部分属性，如 ROOM ='IF'，VALUE
='4.7K'。

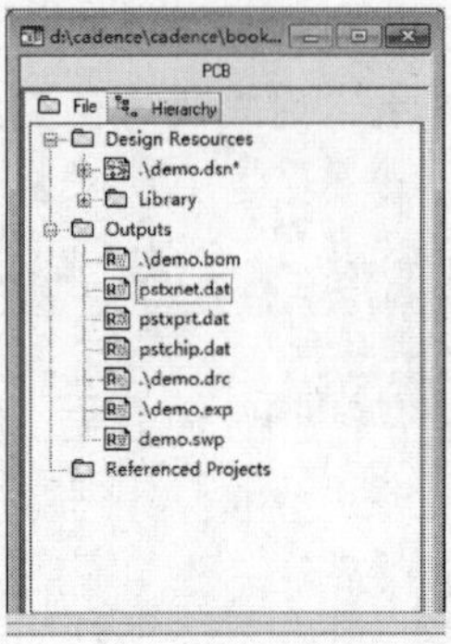

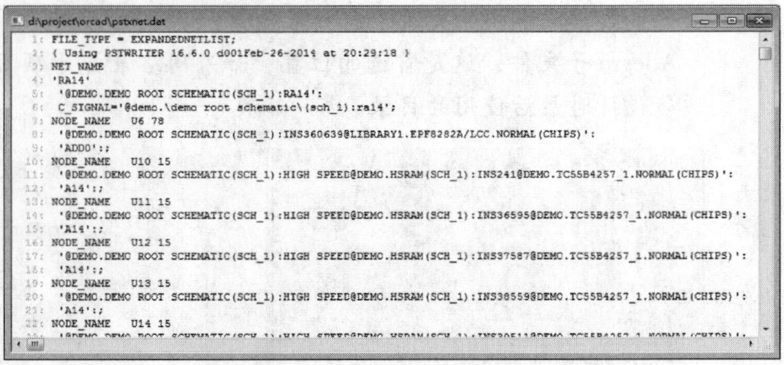

图 5-6-24　网络表文件位置　　　　　　　　　　图 5-6-25　pstxnet. dat 内容

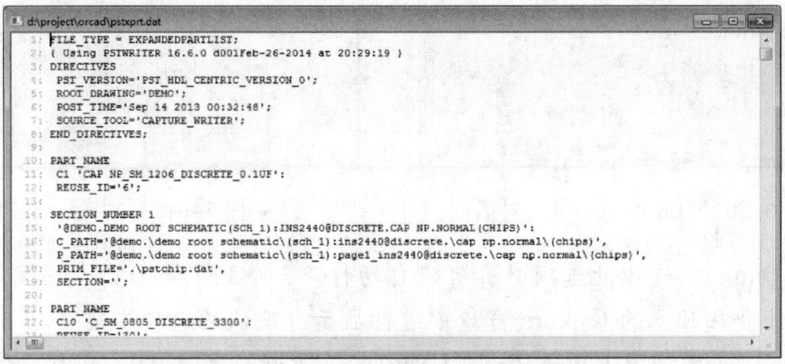

图 5-6-26　pstxprt. dat 内容

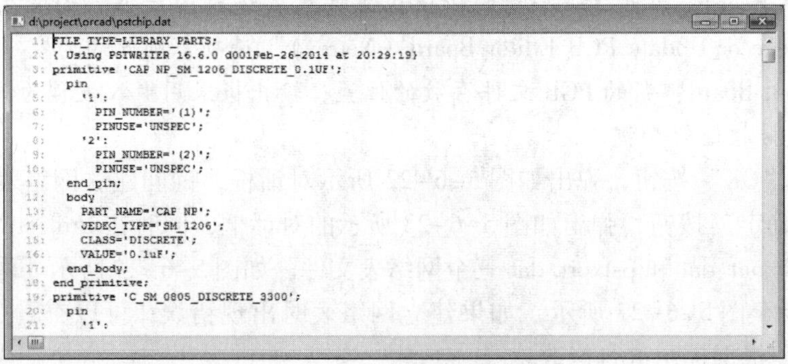

图 5-6-27　pstchip. dat 内容

◎ pstxnet：网络表文件。使用关键字（net_name 和 node_name）指定元器件和引脚数之间的网络关系。这个文件也包含网络的一些属性，如 ROUTE_PRIORITY，ECL 等。

◎ pstchip：驱动分配文件，包含电气特性、逻辑—物理引脚的映射关系及电压需求；定义在一个驱动器中的门数量，包括门和引脚的交换信息。该文件还包含了某个封装符号替换封装类型的信息（如 JEDEC_TYPE ='DIP14_3' 和 ALT_SYMBOLS = '(T:SOIC14)' 等）。

5.6.5　生成元器件清单和交互参考表

Capture 提供两种元器件报表，即元器件清单和交互参考表。

91

1. 生成元器件清单

（1）切换到项目管理窗口，选取所要产生元器件清单的电路图，单击按钮，弹出 "Bill of Materials" 对话框，如图 5-6-28 所示。

☺ Scope。

☞ Process entire design：生成整个设计的元器件清单。

☞ Process selection：生成所选部分元器件清单。

☺ Mode。

☞ Use instances：使用当前属性。

☞ Use occurrences（Preferred）：使用事件属性（推荐）。

☞ Line Item Definition：定义元器件清单的内容。

☞ Place each part entry on a separate line：在元器件清单中每个元器件信息占一行。

☞ Include File：在元器件清单中加入其他文件。

（2）单击 "OK" 按钮，即可创建完成元器件清单，如图 5-6-29 所示。同时，在 Project Manager 项目中 Outputs 目录下生成 demo. bom 文件。

图 5-6-28　建立元器件清单对话框

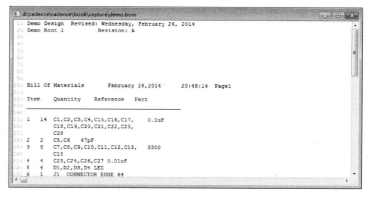

图 5-6-29　元器件清单

2. 制作交互参考表

交互参考表用于说明每个元器件取自哪个元器件库、存放在哪个位置。

（1）切换到项目管理窗口，选取所要产生交互参考表的电路图，单击按钮，弹出 "Cross Reference Parts" 对话框，如图 5-6-30 所示。

☺ Scope。

☞ Cross reference entire design：生成整个设计的交互参考表。

☞ Cross reference selection：生成所选部分电路图的交互参考表。

☺ Mode。

☞ Use instances：使用当前属性。

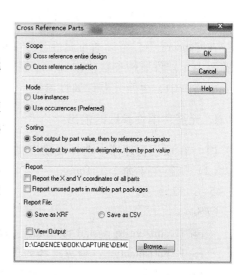

图 5-6-30　建立交互参考表对话框

    ↳ Use occurrences（Preferred）：使用事件属性（推荐）。

☺ Sorting。

    ↳ Sort output by part value, then by reference designator：先报告 Value 属性值后报告 Reference 属性值，并按 Value 属性值排序。

    ↳ Sort output by reference designator, then by part value：先报告 Reference 属性值后报告 Value 属性值，并按 Reference 属性值排序。

☺ Report。

    ↳ Report the X and Y coordinates of all parts：报告元器件的 X、Y 坐标。

    ↳ Report unused parts in multiple part packages：报告封装中未使用的元器件。

☺ Report File。

    ↳ Save as XRF：以 XRF 格式存储。

    ↳ Save as CSV：以 CSV 格式存储。

（2）单击"OK"按钮，即可生成交互参考表，如图 5-6-31 所示。

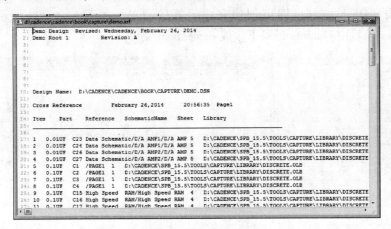

图 5-6-31　交互参考表

5.6.6　元器件属性参数的输出与输入

在 Capture 中，可以通过属性参数文件来更新元器件的属性参数。具体方法是，首先将电路图中元器件属性参数输出到一个属性参数文件中，对该文件进行编辑修改后，再将其输入到电路图中，更新元器件属性参数。

1. 元器件属性参数的输出

（1）在项目管理器中选择要输出属性参数的电路设计。

（2）执行菜单命令"Tools"→"Export Properties"，弹出"Export Properties"对话框，如图 5-6-32 所示。

☺ Scope。

    ↳ Export entire design or library：输出整个设计或库。

    ↳ Exportselection：输出选择的设计或库。

☺ Contents。

    ↳ Part Properties：输出元器件属性。

☞ Part and Pin Properties：输出元器件和引脚的属性。

☞ Flat Net Properties：输出 Flat 网络的属性。

☺ Mode。

☞ Export Instance Properties：输出实体的属性。

☞ Export Occurrence Properties：输出事件的属性。

☺ Export File：输出文件的位置。

（3）单击"OK"按钮，在项目管理器中打开属性文件 demo. exp，如图 5-6-33 所示。

图 5-6-32 "Export Properties"对话框

图 5-6-33 属性文件内容

2. 元器件属性参数文件的输入

（1）在项目管理器中选择电路设计，执行菜单命令"Tools"→"Import Properties"，弹出"Import Properties"对话框，如图 5-6-34 所示。

图 5-6-34 "Import Properties"对话框

（2）选择文件 DEMO. exp，单击"OK"按钮，即可输入属性文件。

习题

（1）某电路图中有 10 个相同的电容，当前的"Value"值为"C"，需将其改变为"0.1μF"，应该如何操作？

（2）如果要在所产生的交互参考表中列出未被用到的复合封装元器件，应该如何设置？

（3）制作网络表前，必须确定哪些事情？

第6章 Allegro 的属性设置

6.1 Allegro 的界面介绍

在进行 PCB 设计时，主要用到 PCB Editor 和 Pad Designer 这两个程序。

☺ PCB Editor：用于 PCB 设计和元器件封装设计。

☺ Pad Designer：用于创建和编辑库焊盘，包括如下两个功能。

      设定焊盘参数。

      创建通过孔、盲孔、埋孔和过孔焊盘。

☺ 其他应用程序：PCB Editor to PCB Router、Batch DRC、DB Doctor。

执行菜单命令"Release 16.6"→"PCB Editor Utilities"，弹出如图 6-1-1 所示的菜单。

☺ PCB Editor to PCB Router：对 PCB 设计不使用 Editor GUI 和 Router GUI 而进行自动布线。

☺ Batch DRC：运行设计规则检查数据库时不打开 PCB Editor。

☺ DB Doctor：检查数据库完整性和自动整理文件过期问题。

下面对 PCB Editor 界面进行介绍。执行菜单命令"Release 16.6"→"PCB Editor"，弹出"Cadence 16.6 Allegro Product Choices"对话框，如图 6-1-2 所示。

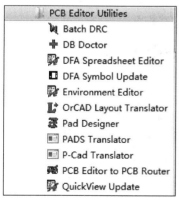

图 6-1-1 "PCB Editor Utilities"菜单

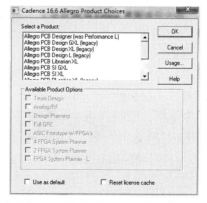

图 6-1-2 "Cadence 16.6 Allegro Product Choices"对话框

如果购买了一种以上的 SPB 开发设计平台，这些平台信息在 Cadence SPB 16.6 的"Cadence Product Choices"对话框的"Select the Product"列表框中会显示出来，其中 Allegro PCB Design GXL（legacy）功能最强大（可以选择"Team Design"和"Analog/RF"选项）。Allegro PCB Design XL 中也可以选择"Team Design"和"Analog/RF"选项。

☺ Team Design：允许多个 PCB 设计者同时工作在一个 PCB 设计平台上，PCB 设计被分成多个部分，分配给团队中各个设计人员，团队中的各个设计人员都能查看和更新设计进度。

☺ Analog/RF：在 Allegro 平台上提供一个快捷、自动化的 RF 板设计进程，使设计者更方便地基于元器件安排和基于外形的方法设计 RF 板。

当选中"Use as default"选项后，系统启动时会直接进入该开发平台。若想使用其他设计平台，可以通过菜单命令"File"→"Change Editor"来改变开发平台。

双击"Allegro PCB Design GXL"图标，进入设计系统的主界面，如图 6-1-3 所示。说明：本书的示例都是在 Allegro PCB Design GXL 平台下完成的。

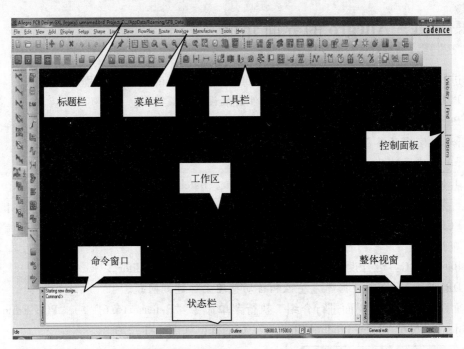

图 6-1-3   Allegro PCB Design GXL 工作界面

1）标题栏   显示所选择的开发平台、设计名称、存放路径等信息。

2）菜单栏   包括设计所需的大部分命令。

3）工具栏   包括最常用的命令按钮。

4）控制面板   控制面板由以前版本固定格式改变为自动隐藏格式，分为"Options"（选项）、"Find"（选取）和"Visibility"（层面显示）3 个选项卡，当光标滑过某一选项卡时，该选项卡会自动弹出；也可以利用每个选项卡右上角的图标来确定每个页面是否自动隐藏。

（1）Options（选项）：显示正在使用的命令。该功能体现了 Allegro 操作的方便性，用户不必记忆每个命令的相关参数在哪儿设置，执行具体的命令后，Options 的相关参数就显示与当前命令有关的设置。以"Move"命令为例，当单击按钮 ✛ 时，在控制面板上显示如图 6-1-4 所示的画面。单击鼠标右键，在弹出的菜单中选择"Done"即可返回原来的窗口。

（2）Find（选取）：选择需要的对象。这一功能可以使用户非常方便地选取 PCB 上的对象，它由两部分组成，即"Design Object Find Filter"和"Find By Name"，如图 6-1-5 所示。

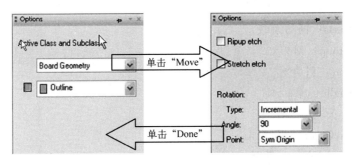

图6-1-4 选择"Move"命令时"Options"选项变化示例

☺ Design Object Find Filter。

  ↪ Groups：群组。

  ↪ Comps：Allegro 元器件。

  ↪ Symbols：Allegro 符号。

  ↪ Functions：功能。

  ↪ Nets：网络。

  ↪ Pins：引脚。

  ↪ Vias：过孔。

  ↪ Clines：具有电气特性的线段，包括导线到导线、导线到

     过孔、过孔到过孔。

  ↪ Lines：没有电气特性的线段，如元器件的外框等。

  ↪ Shapes：形状。

  ↪ Voids：任意多边形的挖空部分。

  ↪ Cline Segs：在 Clines 中没有拐弯的导线。

  ↪ Other Segs：在 Lines 中没有拐弯的导线。

  ↪ Figures：图形符号。

  ↪ DRC errors：DRC 错误。

  ↪ Text：文本。

  ↪ Ratsnests：飞线。

  ↪ Rat Ts："T"形飞线。

图6-1-5 "Find"
选项卡

☺ Find By Name。

  ↪ 类型选择如图6-1-6所示。

    ◇ Net：网络。

    ◇ Symbol（or Pin）：符号（或引脚）。

    ◇ Devtype：元器件类型。

    ◇ Symtype：符号类型。

    ◇ Property：属性。

    ◇ Bus：总线。

    ◇ Diff Pair：差分对。

    ◇ Match Group：匹配组。

◇ Module：模块。

◇ Net Class：网络层级。

◇ Net Group：网络组。

◇ Pin Pair：引脚对。

◇ Ratbundle：束。

◇ Xnet：X 网络。

◇ GenericGroup：属性组。

☞ 类别选择如图 6-1-7 所示。

◇ Name：在左下角输入元器件名称。

◇ List：在左下角输入元器件列表。

在图 6-1-6 中单击按钮 More...，弹出"Find By Name or Property"对话框，如图 6-1-8 所示。

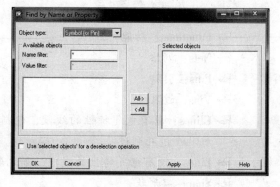

图 6-1-6　类型选择　　　图 6-1-7　类别选择　　　图 6-1-8　"Find by Name or Property"对话框

☺ Object type：选择进行过滤的对象类型。

☺ Name filter：按照名称进行过滤，如输入"C＊"表示选择所有以"C"开头的元器件。

☺ Value filter：按照元器件的值进行过滤。

（3）Visibility（层面显示）：选择所需要的各层面的颜色，如图 6-1-9 所示。

☺ Views：将目前的层面颜色存储为 View 文件，随后就可在"Views"下拉菜单中选取该 View 文件，系统会自动调整其层面颜色。

☺ Conductors：针对所有的布线层做开与关的设置。

☺ Planes：针对所有的电源/地层做开与关的设置。

☺ Etch：布线。

☺ Via：过孔。

☺ Pin：元器件的引脚。

☺ Drc：错误标志。

☺ All：所有的层面及标志。

5）工作区　创建、编辑 PCB 的工作区域。

6）整体视窗　可以看到整个 PCB 的轮廓，并且可以控制 PCB 的大小和移动，如图 6-1-10 所示。在整体视窗上单击鼠标右键，弹出一个菜单，如图 6-1-11 所示。

图 6-1-9　"Visibility"
属性编辑

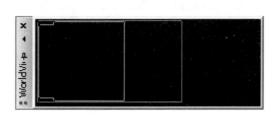

图 6-1-10　整体视窗

图 6-1-11　右键
弹出菜单

☺ Move Display：移动显示界面。

☺ Resize Display：重新定义显示界面的大小。

☺ Find Next：寻找下一个版图（当有多个版图时）。

☺ Find Previous：寻找上一个版图（当有多个版图时）。

7）状态栏　显示正在执行命令的名称、光标的位置，如图 6-1-12 所示。

（1）Cmd 有如下 3 种状态。

☺ 绿色：动作正常状态。

☺ 红色：命令执行状态。

☺ 黄色：命令执行状态，但可以通过单击下面的"Stop"按钮或按"Esc"键退出。

Cmd 旁边显示当前执行的命令，图 6-1-12 所示为"move"命令。

（2）如果当前有命令执行，单击"P"按钮时，会出现"Pick"对话框，如图 6-1-13 所示。在此对话框中可以输入 X、Y 坐标值。

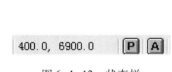

图 6-1-12　状态栏

图 6-1-13　"Pick"对话框

如果当前没有命令执行，即处于空闲状态，单击"P"按钮时，会出现"Zoom Center"对话框，表示可以输入画面中央的 X、Y 值。

☺ XY Coordinate：直角坐标系。

☺ Distance + Angle：极坐标系。

☺ Value：坐标值。

☺ Snap to current grid：依附格点。

☺ Relative（from last pick）：使用相对坐标，并以上一次选取的坐标为参考原点。

（3）坐标显示模式：Allegro 提供了两种坐标模式，即绝对模式（Absolute）和相对模式（Relative）。

在图 6-1-12 所示的状态栏中，"A"按钮表示当前的坐标模式为绝对模式，以坐标原点为参考点。单击"A"按钮即变为"R"按钮，表示当前的坐标模式为相对模式，以上一次点取的坐标为参考点。

8）命令窗口 显示当前使用的命令的信息，可在此输入命令并执行，如图 6-1-14 所示。

命令窗口的使用，将在绘制板框时具体说明。

图 6-1-14　命令窗口

6.2　设置工具栏

1）工具栏 如图 6-2-1 所示。

图 6-2-1　工具栏

☺ File（文件）

☺ Edit（编辑）

☺ View（视图）

☺ Add（添加）

☺ Display（显示）

☺ Setup（设置）

☺ Place（放置）

☺ FlowPlan（线束工具）

☺ Shape（形状）

☺ Dimension（尺寸）

☺ Analysis（分析）

☺ Manufacture（加工制造）

☺ Misc（多种报表输出）

☺ Appmode（Application 模式）

☺ Logic（网络表）

☺ Route（布线）

2）自行定义工具栏 执行菜单命令"View"→"Customize Toolbar…"，弹出"Customize"对话框，如图 6-2-2 所示。在此对话框中可以设置各个工具栏是否被显示（默认为全部显示），以及建立新的工具栏。例如，不勾选"Toolbars："栏下"FlowPlan"，即可将"FlowPlan"工具栏不显示。

3）添加/删除工具栏按钮

（1）执行菜单命令"View"→"Customize Toolbar…"，弹出"Customize"对话框，选择"Commands"选项卡，如图 6-2-3 所示。

（2）Cadence SPB 16.6 默认显示全部工具栏。若要删除按钮，将按钮拖出工具栏即可。

图 6-2-2　自定义工具栏对话框　　　　　图 6-2-3　自定义工具栏

（3）在"Categorie"列表框中选择"Buttons"，按住鼠标左键将想要添加的按钮拖到工具栏中，如图 6-2-4 所示。

（a）未添加按钮的工具　　　　　（b）添加后的工具

图 6-2-4　添加工具按钮

6.3　定制 Allegro 环境

Allegro 根据不同性质功能的文件类型将其分类保存，主要的类型见表 6-1。

表 6-1　Allegro 文件类型描述

文件后缀名	文 件 类 型
. brd	普通的 PCB 文件
. dra	符号绘制（Symbols Drawing）文件
. pad	Padstack 文件，在做 symbol 时可以直接调用
. psm	Library 文件，保存一般元器件
. osm	Library 文件，保存由图框及图文件说明所组成的元器件
. bsm	Library 文件，保存由板外框及螺钉孔等所组成的元器件
. fsm	Library 文件，保存特殊图形元器件，仅用于建立 Padstack 的 Thermal Relief（防止散热用）
. ssm	Library 文件，保存特殊外形元器件，仅用于建立特殊外形的 Padstack
. mdd	模块定义（Module Definition）文件
. tap	输出的包含 NC drill 数据的文件
. scr	Script 和 macro 文件
. art	输出的底片文件

续表

文件后缀名	文 件 类 型
. log	输出的一些临时信息文件
. color	View 层面切换文件
. jrl	记录操作 Allegro 的事件

在设计 PCB 前，需要设置 Allegro 的工作环境。利用"Setup"菜单可以设置各种参数，包括 Design Parameter（设计参数）、Grids（格点）、Subclasses（子层）、B/B Via Definitions（盲孔/埋孔设定）等。

1. 设定设计参数

执行菜单命令"Setup"→"Design Parameters…"，弹出"Design Parameter Editor"对话框，如图 6-3-1 所示。

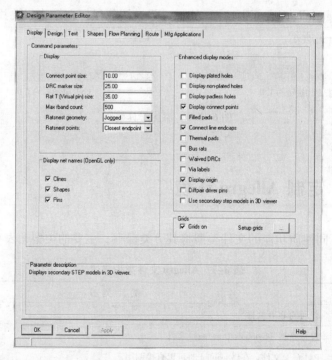

图 6-3-1 "Design Parameter Editor"对话框（"Display"选项卡）

1）Display（设定显示属性） "Display"选项卡如图 6-3-1 所示。

☺ Connect point size：设定"T"形连接点的尺寸。

☺ DRC marker size：设定 DRC 标志的尺寸。

☺ Rat T（Virtual pin）size："T"形飞线的尺寸。

☺ Max rband count：当放置、移动元器件时，允许显示的网格飞线数量。

☺ Ratsnestgeometry：飞线的布线模式，包括如下两种模式，如图 6-3-2 和图 6-3-3 所示。

 Jogged：当飞线呈水平或垂直时自动显示有拐角的线段。

☞ Straight：最短的直线段。

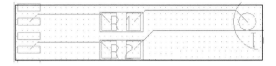

<table>
<tr><td>图 6-3-2　Jogged 模式布线</td><td>图 6-3-3　Straight 模式布线</td></tr>
</table>

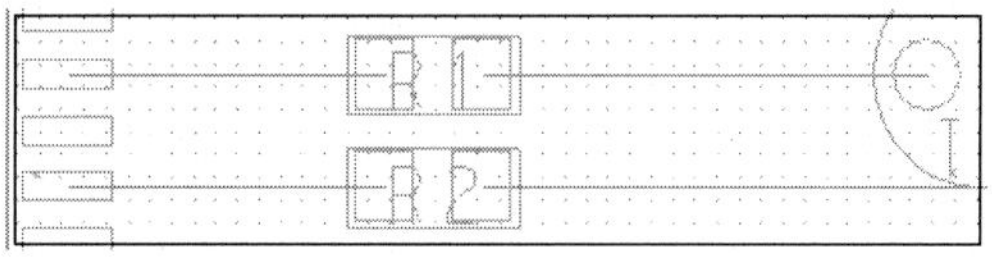

☺ Ratsnest points：设定飞线的点距。

　　☞ Closest endpoint：显示 Etch/Pin/Via 的最近两点之间的距离。

　　☞ Pin to pin：显示引脚之间最近的距离。

☺ Display plated holes：显示上锡的孔。

☺ Display non – plated holes：显示不上锡的孔。

☺ Display padless holes：显示无焊盘的孔。

☺ Display connect points：显示连接点。

☺ Filled pads：系统会将 Pin 和 Via 由中空改为填满的模式，如图 6-3-4 所示。

☺ Connect line endcaps：显示导线在拐弯处的连接，如图 6-3-5 所示。

☺ Thermalpads：显示 Negative Layer 的 Pin/Via 的 "十" 字形散热孔。

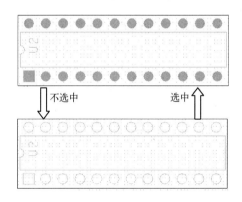

图 6-3-4　更改 Pin 和 Via 的填充模式 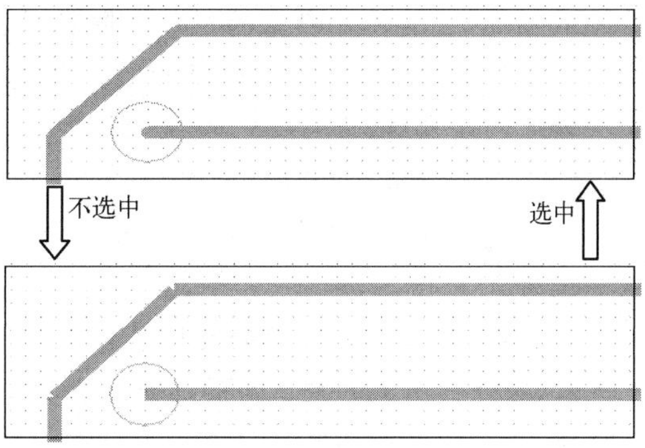　　　图 6-3-5　更改导线拐弯处状态

☺ Bus rats：显示总线型的飞线。

☺ Waived DRCs：显示被延迟的设计规则检查结果。

☺ Via Labels：显示过孔的标志。

☺ Display Origin：显示连接的初始端。

☺ Diffpair Driver Pins：显示不同的驱动引脚。

☺ Use secondary step models in 3D viewsr：在 3D 模式使用第 2 设置。

☺ Grids on：显示格点。

☺ Setup Grids：打开 "Define Grids" 对话框，进行格点设置。

2）Design（设定设计属性） "Design" 选项卡如图 6-3-6 所示。

☺ User Units：可以选用的单位，包括 Mils（毫英寸）、Inch（英寸）、Microns（微米）、
　　Millimeter（毫米）、Centimeter（厘米）。

☺ Size：用于定义图纸的尺寸，包括 A、B、C、D、Other（任意）。

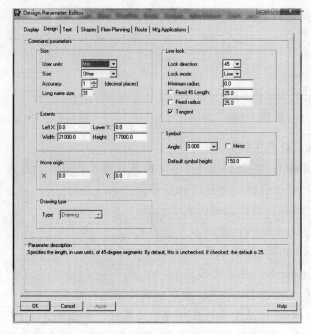

图 6-3-6　"Design Parameter Editor" 对话框（"Design" 选项卡）

☺ Accuracy：定义小数点的位数，即精度，如 "2" 表示有两位小数位。如果定义使用 "Mil" 为单位，小数点后面位数为 0。必须在全过程保持一致设置，避免出现舍、入精度问题出现。

☺ Long Name Size：定义 net 名称、pad stack 名称、slot 名称及功能 pin 的名称的最大字符数。该数值只能越来越大，最大值为 255。默认值是 31，所以最小值为 32，最大值为 255。

☺ Left X：图纸的左下角的起始横坐标。

☺ Lower Y：图纸的左下角的起始纵坐标。

☺ Width：绘图区的宽度（显示全部信息时）。

☺ Height：绘图区的高度（显示全部信息时），如图 6-3-7 所示。

☺ Move Origion：将当前的原点移到新的坐标（X、Y）。

☺ Drawing Type：选择绘制图纸的类型（此时只有 "Drawing" 类型）。

☺ Lock direction：锁定布线方向。

　　↣ Off：拐角度数任意。

　　↣ 45：45°拐角。

　　↣ 90：90°拐角。

☺ Lock mode：锁定模式。

　　↣ Line：直线。

　　↣ Arc：圆弧线。

☺ Minimum radius：布圆弧线时的最小半径。

☺ Fixed 45 length：布 45°角时斜边的固定长度。

☺ Fixed radius：布圆弧线时固定的半径值。

☺ Tangent：布圆弧线时，以切线方式布弧线。

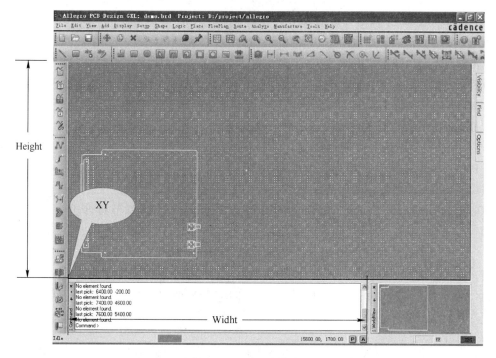

图 6-3-7　图纸参数定义

▶ Symbol（设定元器件的旋转角度及高度）：设定元器件在被调入时，其旋转角度
及是否翻转至背面。

☺ Angle：设定旋转角度（0°、45°、90°、135°、180°、225°、270°、315°）。

☺ Mirror：设定是否翻转至背面。

☺ Default symbol height：设定默认元器件高度。

3）Text（设定文本属性）　用于设定写入 Allegro 时的文本的预设大小，如图 6-3-8
所示。

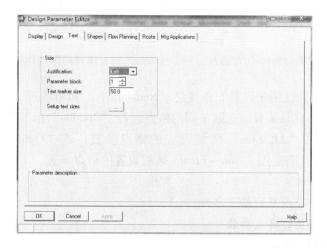

图 6-3-8　"Design Parameter Editor" 对话框（"Text" 选项卡）

☺ Justification：文本对齐位置，共有 3 种，即 Left、Center、Right。

☺ Parameter block：文本块的大小。

☺ Text maker size：文本标志的大小。

☺ Setup Text Sizes：打开"Text Setup"对话框。

单击按钮 ▭，弹出"Text Setup"对话框，如图 6-3-9 所示。

☺ Text Blk：文字的字号大小（1～64 号），单击"Add"按钮可根据需要新增字号。

☺ Width：字体的宽度。

☺ Height：字体的高度。

☺ Line Space：行与行之间的距离。

☺ Photo Width：底片上字体的线宽。

☺ Char Space：字与字之间的距离。

"Design Parameters Editor"对话框的其他选项卡将在后续章节逐步介绍，此处不做设定。

2. 设置格点

执行菜单命令"Setup"→"Grids …"，弹出"Define Grid"对话框，如图 6-3-10 所示。

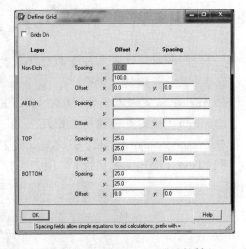

图 6-3-9　"Text Setup"对话框　　　　图 6-3-10　"Define Grid"对话框

"Define Grid"对话框用于设置非布线层（Non-Etch）和布线层（All Etch）时的格点属性，系统会按目前的 Class 自动选取不同的格点。若"Options"标签下"Active Class"栏为"Etch"，系统使用"All Etch"区域设置的格点参数；若"Options"标签下"Active Class"栏为其他类型，则使用"Non-Etch"区域设置的格点参数。

☺ Grids on：显示格点。

☺ Non-Etch：非布线层的格点参数。

☺ All Etch：布线层的格点参数。

☺ Top：顶层的格点参数。

☺ GND：地层的格点参数。

☺ VCC：电源层的格点参数。

☺ Bottom：设置底层的格点参数。

如果添加某层，还应设置该层的格点参数。参数设置说明如下。

☺ Spacing x：X 轴的格点间距大小。

☺ Spacing y：Y 轴的格点间距大小。

☺ Offset x：X 轴的偏移量。

☺ Offset y：Y 轴的偏移量。

3. 设置"Subclasses"选项

此命令的功能是增添层面。执行菜单命令"Setup"→"Subclasses…"，弹出"Define Subclasses"对话框，如图 6-3-11 所示。在此对话框中可以根据设计的需要来添加子类或删除子类。下面以添加/删除一个 PCB 的"Non-Etch"层为例进行说明。

（1）单击"BOARD GEOMETRY"按钮，弹出"Define Non-Etch Subclasses"对话框，如图 6-3-12 所示。

（2）在"New Subclass"栏中输入"MY_GEO_LAYER"，按"Enter"键添加该层。若要删除该层，应单击按钮 ⟶，弹出"Delete"选项，选择该选项即可删除该层，如图 6-3-13 所示。

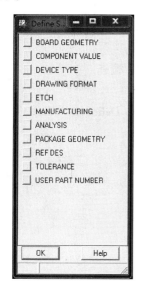

图 6-3-11　"Define Subclasses"
对话框

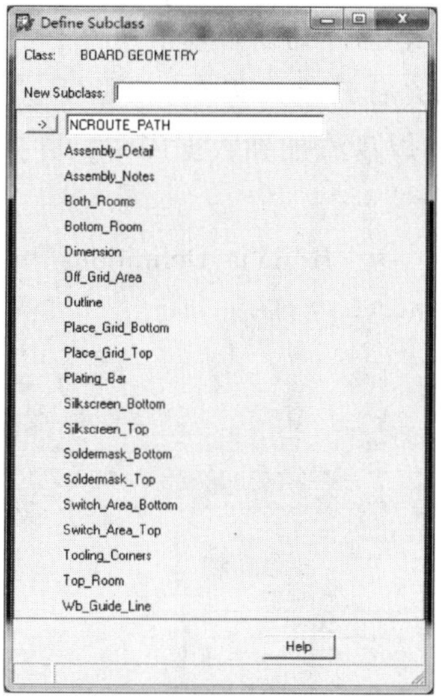

图 6-3-12　增加层面

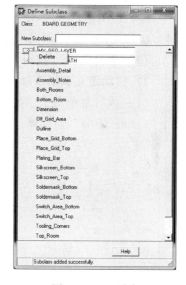

图 6-3-13　删除
MY_GEO_LAYER 层

（3）增加子类后，查看控制面板，在"Options"标签下设置"Active Class"栏为"Board Geometry"，"Subclass"栏为"MY_GEO_LAYER"。

4. 设置 B/B Via

B/B Via 即为 Blind Via 和 Buried Via，也就是盲孔和埋孔，如图 6-3-14 所示。

1）定义 B/B Via

（1）执行菜单命令"Setup"→"B/BVia Definitions"→"Define B/BVia…"，弹出"Blind/Buried Vias"对话框，如图 6-3-15 所示。

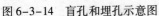

图 6-3-14　盲孔和埋孔示意图

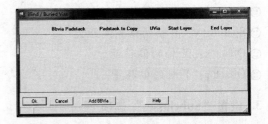

图 6-3-15　"Blind/Buried Vias" 对话框

（2）单击"Add BBVia"按钮，添加相关信息，如图 6-3-16 所示。

☺ Add BB Via：在焊盘上建立一个新的项目块。

☺ Delete：删除项目块，从数据库删除相应的焊盘。

☺ Passtack to Copy：建立新的 BbVia 使用的源焊盘类型，可以是设计中的焊盘，也可以是库中的焊盘。

☺ Bbvia Padstack：建立新的 Bbvia 使用的源焊盘，可以是设计中的焊盘，也可以是库中的焊盘。

☺ Start Layer：选择传导层的名称开始新焊盘。

☺ End Layer：选择传导层的名称结束新焊盘。

（3）单击"Ok"按钮，新的焊盘添加到数据库中，并执行 DRC 检查。

2）自动定义 B/B Via

（1）执行菜单命令"Setup"→"B/BVia Definitions"→"Auto Define B/BVia..."，弹出"Create bbvia"对话框，如图 6-3-17 所示。

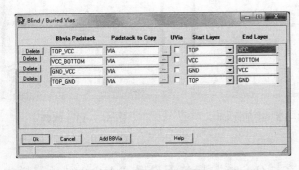

图 6-3-16　设置 B/B Via

图 6-3-17　"Create bbvia" 对话框

☺ Input Pad Name：指定建立 BBVia 的源焊盘。

☺ Add prefix：输入文本附加在 BBVia 名字的前面，格式是"＜前缀＞－＜起始传导层名称＞－＜结束传导层名称＞"。为设计建立多于一组的 B/BVia，可在此选项修改相应信息。

☺ Selcet start layer：指定起始层。

☺ Select end layer：指定结束层。

☺ Use all layers：对于所有层的组合建立 B/BVia。

☺ Use only adjacent layers：B/BVia 的跨度，最多 2 层。

☺ Set number of layers：B/BVia 的最大层数，将覆盖起始层和结束层。

☺ Use only external layers：B/BVia 必须开始和停止在外部层。

☺ Use wire bond layers：包括定义为焊线的 Subclass。

☺ Use top pad：强制每个新焊盘最上面的焊盘匹配输入焊盘的开始层的焊盘定义。

☺ Generate uvia：产生 uvia。

☺ Rule Sets：在当前的过孔列表中，选择焊盘包含的物理规则设置。

【注意】输入焊盘的几何定义将与当前设计层定义进行匹配，也就是说，如果当前层要建立的几何形状是内层，那么输入焊盘的默认内层的几何定义将被使用。

（2）单击"Gernerate"按钮，产生新的 B/BVia，命令窗口会出现如下提示信息：

Starting Create bbvia list...

bbvia completed successfully – use Viewlog to review the log file.

Opening existing drawing...

bbvia completed successfully – use Viewlog to review the log file.

5. 定义颜色和可视性

在 Allegro 中，一个设计文件由多个层面组合而成。这些层中的元素及其颜色和可视性都是可以设置的。Allegro 中的设计文件采用层次结构。从分层结构来讲，从高到低的级别分别是 Group、Class 和 Subclass。所有的图形都存储在一个基于两级水平的图形数据结构中，顶层的称为"级"，在这个数据库中总共定义了 20 个级，不可以修改，也不可以删除。在每个级的下面有许多子级，它们处于数据库的第 2 级。在设计中，它们通常被归类为"层"。可以添加、删除自定义的子级。比如，当准备为 PCB 绘制外框时，"Outline"子级的上一级为"Board Geometry"，它们都属于"Geometry"组，这个组有一个"Board Geometry"级。组、级、子级的概念见表 6-2。

表 6-2 组、级、子级的概念

组（Group）	级（Class）	子级（Subclass）
几何结构（Geometry）	PCB 几何结构 （Board geometry）	外框、各种层面属性等
	封装几何结构 （Package geometry）	元器件外形及其在各层面上的属性
制造加工（Manufacturing）	PCB 制造（Manufacturing）	制造加工所需各种文件
	制图格式（Drawing Format）	外框、标题等
叠层（Stack – Up）	Pin、Via、DRC、Etch、Anti – Etch、Boundary	在顶层、底层、阻焊层上的属性
元器件（Components）	Comp Value、Dev Type、Ref Des、 Tolerance、User Part	在顶层、底层、阻焊层上的属性
区域（Areas）	Route KO、Via KO、Package KO、 Package KI、Route KI	顶层、底层和 Through All 上的属性
分析（Analysis）	与温度等因素相关	子级不可用
显示（Display）	格点、飞线、高亮、背景等	子级不可用

（1）执行菜单命令"Display"→"Color/Visibility"，弹出"Color Dialog"对话框，如图 6-3-18 所示。

若要设置某个子级的可视性，可以通过选择该子级后面的对应的复选框按钮，改变复选框后面的颜色框的颜色即可改变该子级的颜色。在顶部右端的"Global visibility"区域有"On"和"Off"两个按钮，选择"On"则所有子级的可视性全部打开，选择"Off"则所有子级的可视性全部关闭。完成设置后，单击"OK"按钮，保存并关闭"Color Dialog"对话框，使设置生效。

（2）在"Color Dialog"对话框中选择组"Display"，如图 6-3-19 所示。在该选项中可以针对不同目标的重要性而设置不同的亮暗和阴影。

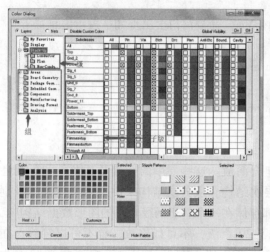

图 6-3-18 "Color Dialog"对话框

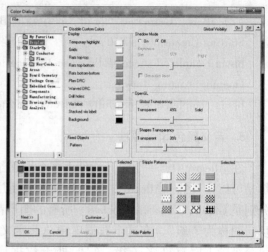

图 6-3-19 设置亮暗和阴影

（3）单击"OK"按钮，关闭"Color Dialog"对话框。

6.4 定义和运行脚本

Allegro 可以将正在进行的操作进行记录，制作成 Script 文件。在以后的设计中，调用此文件，可以重复以前的动作。下面以修改颜色和可视性为例，说明如何制作脚本。

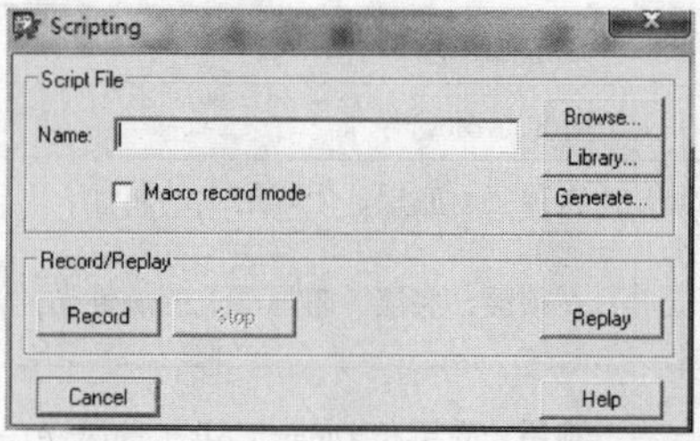

（1）执行菜单命令"File"→"Script…"，弹出"Scripting"对话框，如图 6-4-1 所示。

（2）在"File"栏中输入脚本的名称"my_fav_colors"，单击"Record"按钮，开始录制使用者的操作过程。

（3）单击按钮 ▦ ，在屏幕上显示如图 6-4-2 所示的对话框。

图 6-4-1 "Scripting"对话框

（4）在右上方的"Global visibility"区域选择"Off"按钮，弹出如图 6-4-3 所示的对话框，单击"是"按钮，所有的元素就不可见了，如图 6-4-4 所示。

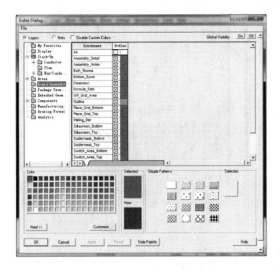 

图 6-4-2　颜色和可视性编辑图　　　　　　　　图 6-4-3　提示信息

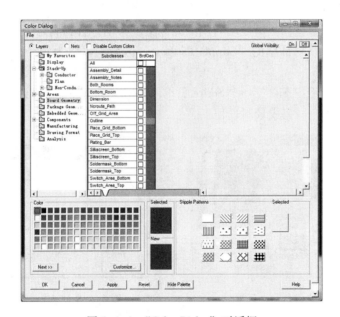

图 6-4-4　"Color Dialog"对话框

（5）在左侧文件窗口选择"Component"，在 Ref Des 级下选中"Assembly_Top"前的选择框；在左侧文件窗口选择"Geometry"，在 Board Geometry 级下选中"Outline"前的选择框，在 Package Geometry 级下选中"Assembly_Top"前的选择框；在左侧文件窗口选择"Stack-Up"级，设置如图 6-4-5 所示。单击"Apply"按钮。

（6）设置颜色，在调色板中选择颜色块分别设置给 Bottom 的 Pin、Via、Etch，如图 6-4-6 所示。单击"OK"按钮，返回编辑窗口。

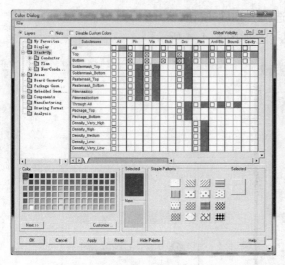 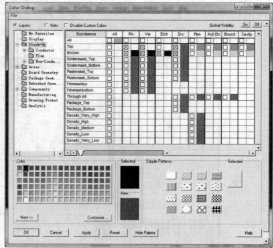

图 6-4-5　设置颜色和显示　　　　　　　　图 6-4-6　设置颜色

调色板有两个面板，其中一个有 96 种可供选择的颜色，通过"Next"可切换面板。如果还想选用别的颜色，可以先选中一个颜色，单击"Customiz..."按钮，弹出"颜色"对话框，如图 6-4-7 所示。

在颜色框中点选颜色，然后拖动右侧的光标上下移动，直到满意为止。

在"Color Dialog"对话框的"Stipple Patterns"区域中可以为每个选项分配底纹来加以区别。

（7）执行菜单命令"File"→"Script..."，弹出"Scripting"对话框，如图 6-4-8 所示。单击"Stop"按钮，完成录制过程。

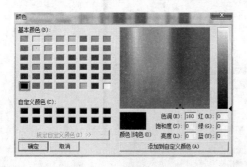 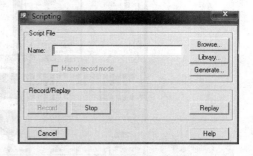

图 6-4-7　"颜色"对话框　　　　　　　　图 6-4-8　完成录制过程对话框

（8）执行菜单命令"File"→"Viewlog"或"File Viewer"，将默认打开文件类型"log"修改为"scr"。选择录制好的文件，可以查看录制的内容，如图 6-4-9 所示。

（9）单击按钮，弹出"Color Dialog"对话框，在右上方的"Global Visibility"区域选择"Off"，在弹出对话框中单击"Yes"按钮，屏幕上显示的所有元素均消失，如图 6-4-10 所示。

（10）在 Allegro 的命令窗口输入"replay my_fav_colors"，或者在"Scripting"对话框中单击"Library"按钮，弹出"Slect Script to Replay"对话框，如图 6-4-11 所示。

（11）选择已经录制好的文件，单击"OK"按钮，弹出"Scripting"对话框，如图 6-4-12 所示。单击"Replay"按钮，回放录制的资料。

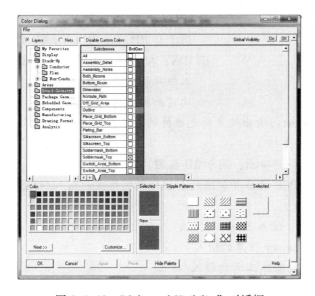

图 6-4-9　录制好的文件内容

图 6-4-10　"Color and Visibility"对话框

图 6-4-11　选择要回放的脚本文件　　　　图 6-4-12　"Scripting"对话框

6.5　属性参数的输入与输出

在 Allegro 中提供了强大的属性参数输入/输出功能。菜单命令"File"→"Import"/"Export"如图 6-5-1 所示。该菜单中具有多种属性和参数可供用户选择。

图 6-5-1　"Import"/
"Export"菜单

- ☺ Logic：用于导入/导出网络表。
- ☺ Bundle：线束的导入/导出。
- ☺ Netlist w/Properties…：包涵网络和引脚属性的网络表导出。
- ☺ Artwork：导入底片文件。
- ☺ IPF：输入/输出绘图文件，用于在 Windows 或 Unix 下查看。
- ☺ DXF：输入/输出设计的机械数据，可用于与 AutoCAD 的交互。
- ☺ IDF：输入/输出 PCB、元器件几何尺寸等机械信息，用于与 PTC Pro/ENGINEER 的交互。
- ☺ IDX：与 DXF 和 IDF 一样，IDX 也是一种用于电子工程师和机械工程师交互数据的文件格式，只是相比前两种更具灵活性。
- ☺ Symbol Spreadsheet：输出放置的元器件的表格文件。
- ☺ PDF：输出 PDF 文档。
- ☺ STEP：STEP 文件的输出，用于 3D 视图。
- ☺ IPC2581：用于 PCB 装备和制造的 ECAD 数据格式的输入/输出。
- ☺ IPC356：同上。
- ☺ Stream（GDSII）：输入 Stream 文件，用于几何数据的输入。
- ☺ IFF：Radio Frequency 信息的输入。
- ☺ Router：用于自动布线工具的输入/输出。
- ☺ CAD Translator：用于 CAD 文件的输入。
- ☺ Sub‑Drawing："组"信息的输入，用于 CIS 数据库。
- ☺ Techfile：技术文件的输入/输出，包括设计的基本参数、约束规则、自定义参数等。
- ☺ Parameters：用户参数的输入/输出，包括用户定义的颜色设置、Design Setting、字号、命令参数。
- ☺ Libaries：库输出。
- ☺ Annotations：标注信息的输入/输出。
- ☺ Placement：布局信息的输入/输出。
- ☺ Fabmaster out：用于 Fabmaster 的输出。
- ☺ ODB＋＋inside：用于 ODB＋＋文件查看的输出，ODB＋＋文件集成了所有 PCB 装配功能性描述。
- ☺ Creo view：一种 ECAD 文件的查看工具。

☺ Downrev design：降低 Allegro 版本。

☺ Pin delay：输入/输出引脚延时。

 习题

（1）Allegro 的绘图项目分几级？它们之间的关系怎样？Group 这一级包含几个数据？分别是什么？

（2）设置差分对属性有哪几种方法？如果 Capture 中设置了差分对，Allegro 中还需要设置吗？

第7章 焊盘制作

7.1 基本概念

1. PCB 的基本概念

PCB 主要由铜箔与基质（环氧基树脂压层——FR4）构成，铜箔通常是电镀或胶合在基质之上的，图7-1-1所示的是双层板的模型。铜箔的厚度以盎司/ft² 来计算，例如 1.0oz/ft² 厚度约为 1.2～1.4mils。在多层板中，又分为半固化片和芯极两类。

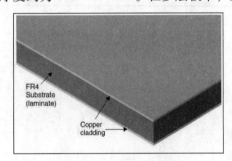

图7-1-1 双层板的模型

【半固化片（Prepreg）】 又称预浸材料，是用树脂浸渍并固化到中间程度（B - stage Laminate）的薄片材料。半固化片可用作多层 PCB 的内层导电图形的黏结材料和层间绝缘。在层压时，半固化片的环氧树脂融化、流动、凝固，将各层电路契合在一起，并形成可靠的绝缘层。

【芯板（Core）】 芯板是一种硬质的、有特定厚度的、两面包铜的板材（C - stage Laminate），是构成 PCB 的基础材料。

通常所说的多层板是由芯板和半固化片互相层叠压合而成的。而半固化片构成所谓的浸润层，起到黏合芯板的作用，虽然也有一定的初始厚度，但是在压制过程中其厚度会发生变化，以达到控制阻抗的目的。图7-1-2所示为两种6层板的模型，其中包含2个平面层（Plane）和4个布线层（Inner）。

平面层有正片（Positive）和负片（Negative）之分。图7-1-3所示为正片（左）和负片（右）的示意图。图中，白色为要蚀刻掉的部分，而黑色为要留下的铜箔。

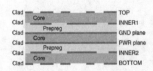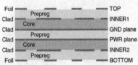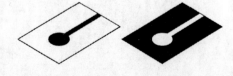

图7-1-2 六层板模型　　　　　　　　　　图7-1-3 正片（左）和负片（右）示意图

2. 封装基础知识

通常设计完 PCB 后，将它拿到专门的制板单位制成 PCB，然后取回 PCB，将元器件焊接在 PCB 上。那么，如何保证引脚与 PCB 的焊盘一致呢？这就必须依靠元器件的封装。

元器件封装是指元器件焊接到 PCB 时的外观和焊盘的位置，由此可知元器件的封装仅是空间的概念。因此，不同的元器件可以共用同一个元器件封装，同种元器件也可以有不同的封装，所以在取用、焊接元器件时，不仅要知道元器件名称，还要知道元器件的封装类型。

元器件的封装形式主要可以分成两大类，即针脚式（DIP）元器件封装和贴片式（SMT）元器件封装。DIP 封装焊接时，需要将元器件的引脚插入焊盘导通孔，然后再焊锡；而 SMT 元器件封装的焊盘仅限于表面层，在选择焊盘属性时必须为单一层面。

PCB 上的元器件大致可以分为 3 类，即连接器、分立元器件和集成电路。通常元器件封装信息的获取途径有两种，即元器件数据手册和自己测量。元器件的数据手册可以从厂商或互联网上获取。

在元器件封装中，最主要的是焊盘。焊盘的作用是放置焊锡，从而连接导线和元器件的引脚。焊盘是 PCB 设计中最常接触的也是最重要的概念之一。在选用焊盘时，要从多方面考虑，可选的焊盘类型很多，包括圆形、正方形、六角形等。在设计焊盘时，需要考虑到以下因素。

☺ 发热量的多少。

☺ 电流的大小。

☺ 当形状上长短不一致时，要考虑连线宽度与焊盘特定边长的大小差异不能过大。

☺ 需要在元器件引脚之间布线时，选用长短不同的焊盘。

☺ 焊盘的大小要按元器件引脚的粗细分别进行编辑、确定。

☺ 对于 DIP 封装的元器件，第 1 引脚一般为正方形，其他的为圆形。

通过孔焊盘的层面剖析如图 7-1-4 所示。

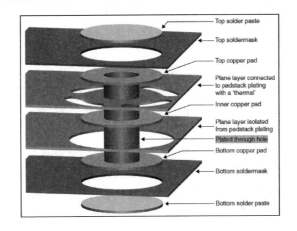

图 7-1-4　通过孔焊盘的层面剖析

☺ Top/Bottom solder paste：该层为非布线层，用于制作钢网，而钢网上的孔就对应着 PCB 上的 SMD 器件的焊点。在焊接 SMD 元器件时，先将钢网盖在 PCB 上（与实际焊盘对应），然后涂上锡膏，用刮片将多余的锡膏刮去，移除钢网，这样 SMD 器件的焊盘就加上了锡膏，之后将 SMD 元器件贴附到锡膏上（手工或贴片机），最后通过回流焊机完成 SMD 元器件的焊接。通常，钢网上孔径的大小会比 PCB 上实际的焊点小一些，这个差值在 Pad Designer 工具中可以进行设定，与 SolderMask 相同。

☺ Top/Bottom soldermask：锡膏防护层，即通常看到的绿油层（有时也有黑色的）。这是 PCB 的非布线层，用于制成丝网漏印板，将不需要焊接的地方涂上阻焊剂。由于焊接 PCB 时焊锡在高温下存在流动性，所以必须在不需要焊接的地方涂一层阻焊物质，防止焊锡流动、溢出引起短路。在阻焊层上预留的焊盘大小要比实际焊盘大一些，其差值一般为 10～20mil。在制作 PCB 时，使用阻焊层来制作涓板，再用涓板将防焊漆印到 PCB 上，所以 PCB 上除焊盘和过孔外，都会印上防焊漆。

☺ Top/Bottom copper pad：即 PCB 表面上的焊盘，也就是 Pad Designer 中的 Regular Pad。

☺ Plane layer connected to padstack plating with a 'thermal'：即热风焊盘（Thermal Relief），又称为花焊盘，是一种特殊样式的焊盘，在焊接的过程中嵌入的平面所作的连接阻止热量集中在引脚或过孔附近。通常是一个开口的轮子的图样，PCB Editor 不仅支持正平面的花焊盘，也支持负平面的花焊盘。花焊盘通常用于连接焊盘到敷铜区域，放置在平面层，但是也用于连接焊盘到布线层的敷铜区域。

☺ Inner copper pad：内层焊盘，与表面焊盘一样，只是在 PCB 内电路层起连接作用。

☺ Plane layer isolated from padstack plating：阻焊盘（Anti–Pad），即在平面层阻止铜箔与过孔连接的开孔。

☺ Plated through hole：电镀过孔，用于连接需要的铜箔或布线。

焊盘的类型如图 7-1-5 所示。

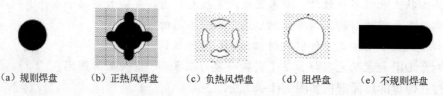

    （a）规则焊盘   （b）正热风焊盘   （c）负热风焊盘   （d）阻焊盘   （e）不规则焊盘

图 7-1-5   焊盘图形

☺ 规则焊盘（Regular Pad）：有规则形状的焊盘（圆形、正方形、矩形、椭圆形等），仅在正平面层上出现。

☺ 正热风焊盘（Thermal Relief, Positive）：用于连接引脚到正铜区域。

☺ 负热风焊盘（Thermal Relief, Negative）：用于连接引脚到负铜区域。

☺ 阻焊盘（Anti–Pad）：使引脚与周围的铜区域不连接。

☺ 不规则焊盘（Shape）：使用符号编辑器建立的不规则形状的焊盘。

定义的焊盘一般都是通用焊盘，这个焊盘可能用在布线层，也可能用在平面层。对于平面层，焊盘可能用在正平面，也可能用在负平面。

7.2   热风焊盘的制作

1. 标准热风焊盘的制作

热风焊盘的内径（ID）等于钻孔直径 + 20mil，外径（OD）等于 Anti–pad 的直径，Anti–pad 的直径通常比焊盘直径大 20mil。开口宽度等于（OD–ID）/2 + 10mil，保留至整数位。

本示例中，HDR2X8 的封装尺寸是从实际元器件量取的，取焊盘直径为 60mil，钻孔尺寸为 40mil。所以 ID = 60mil，OD = 80mil，开口宽度为 20mil。按照 Allegro 命名规则的规定，该热风焊盘命名为"tr60x80x20 – 45"。

（1）启动 Allegro PCB Design GXL，执行菜单命令"File"→"New"，弹出"New Drawing"对话框，如图 7-2-1 所示，在"Drawing Type"栏中选择"Flash symbol"，在"Drawing Name"栏中输入"tr60x80x20 – 45"，单击"Browse…"按钮指定存放的位置。

（2）单击"OK"按钮返回编辑界面，执行菜单命令"Setup"→"Design Parameter …"→"Design"，弹出"Design Parameter Editor"对话框，按照图 7-2-2 所示进行设置。

（3）执行菜单命令"Add"→"Flash"，弹出"Thermal Pad Symbol"对话框，按照图 7-2-3 所示设定参数。

图 7-2-1　"New Drawing"对话框

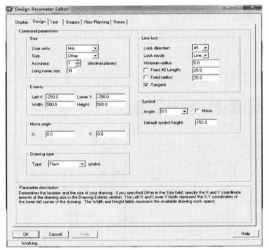

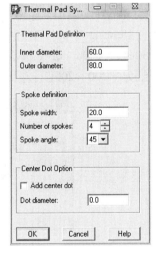

图 7-2-2　"Design Parameter. ."对话框　　　图 7-2-3　"Thermal Pad Symbol"对话框

☺ Thermal Pad Definition。

    ↜ Inner diameter：输入 60，表示内径为 60mil。

    ↜ Outer diameter：输入 80，表示外径为 80mil。

☺ Spoke definition。

    ↜ Spoke width：输入 20，表示开口为 20mil。

    ↜ Number of spokes：选择 4，表示有 4 个开口。

    ↜ Spoke angle：选择 45，表示开口角度为 45°。

（4）单击"OK"按钮，产生的热风焊盘如图 7-2-4 所示。

（5）执行菜单命令"File"→"Save"，热风焊盘被保存到指定的目录中，并生成 tr60x80x20 – 45. fsm 文件。

2. 非标准热风焊盘的制作

有时设计中会用到非标准的热风焊盘，下面介绍非标准热风焊盘的制作，如图 7-2-5 所示。

图 7-2-4　热风焊盘

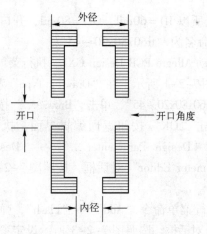

图 7-2-5　非标准的热风焊盘

（1）启动 Allegro PCB Design GXL，执行菜单命令"File"→"New"，打开"New Drawing"对话框，在"Drawing Type"栏中选择"Flash Symbol"，在"Drawing Name"栏中输入"Pad100×180o60×140o. dra"，单击"Browse…"按钮指定焊盘的位置，如图 7-2-6 所示。之后设置图纸为"200×200"，左下角坐标为（-100，-100）。

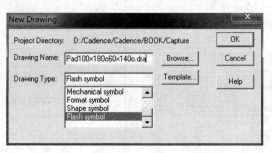

图 7-2-6　"New Drawing"对话框

（2）以元器件中心为原点，单击按钮🖥️，在命令窗口分别输入下述命令（每输入完一个命令按一下"Enter"键），最后单击鼠标右键，在弹出的菜单中选择"Done"，完成热风焊盘左下角部分的绘制，如图 7-2-7 所示。

```
x – 45 – 85      （起点坐标）
ix 30            （x 方向偏移量）
iy 15            （y 方向偏移量）
ix – 15
iy 55
ix – 15
iy – 70
```

（3）编辑左上角部分：在命令窗口分别输入下述命令（每输入完一个命令按一下"Enter"键），最后单击鼠标右键，在弹出的菜单中选择"Done"，完成热风焊盘左上角部分的绘制，如图 7-2-8 所示。

```
x – 45 15
ix 15
```

```
iy 55
ix 15
iy 15
ix – 30
iy – 70
```

（4）用同样的方法绘制右侧部分，最终的热风焊盘如图 7-2-9 所示。

图 7-2-7　热风焊盘的左下角部分　　图 7-2-8　热风焊盘左侧部分　　图 7-2-9　最终的热风焊盘

（5）执行菜单命令"File"→"Save"，将非标准的热风焊盘保存到指定的目录中，并生成 Pad100×180o60×140o. fsm 文件。

7.3　贯通孔焊盘的制作

封装的制作必须依照数据手册中的尺寸进行。下面以 DIP22 封装的引脚焊盘制作为例，介绍一下贯通孔焊盘的制作。DIP22 封装的尺寸图如图 7-3-1 所示，其中标注尺寸为 mm。

DIP 元器件引脚应与通孔公差配合良好（通孔直径大于引脚直径 8～20mil），考虑公差因素可适当增加，以确保透锡良好。元器件的孔径形成序列化，40mil 以上按 5mil 递加，即 40mil、45mil、50mil、55mil 等；40mil 以下按 4mil 递减，即 36mil、32mil、28mil、24mil、20mil、16mil、12mil、8mil。元器件引脚直径与 PCB 焊盘孔径的对应关系见表 7-1。

表 7-1　元器件引脚直径与 PCB 焊盘孔径的对应关系

元器件引脚的直径（D）	PCB 焊盘孔径
$D \leqslant 40\text{mil}$	$D + 12\text{mil}$
$40\text{mil} < D \leqslant 80\text{mil}$	$D + 16\text{mil}$
$D > 80\text{mil}$	$D + 20\text{mil}$

经计算，本设计中的焊盘孔径为 40mil。因为焊盘黏锡部分的宽度要保证不小于 10mil，所以盘面尺寸选择 60mil 即可。根据 Allegro 的命名规则，需制作的焊盘名为 pad60sq40d 和 pad60cir40d。

焊盘 pad60cir40d 名称的含义如下所述。

☺ Pad：表示是一个焊盘。

☺ 60：代表焊盘的外形大小为 60mil。

☺ cir：代表焊盘的外形为圆形（"sq" 表示为正方形）。

☺ 40：代表焊盘的钻孔尺寸为 40mil。

☺ d：代表钻孔的孔壁必须上锡（PTH，Plated Through Hole），可以用于导通各层面。

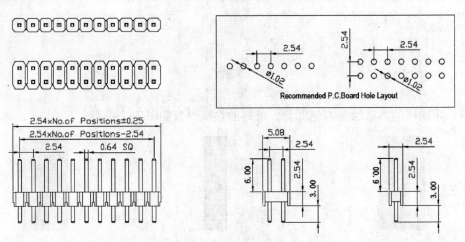

图 7-3-1 DIP22 封装尺寸图

确定好焊盘的尺寸后，还需要设计内层的热风焊盘（Thermal Relief）。设计热风焊盘有两种方法，即在 PCB Editor 建立 Flash Symbol 和在 Pad Designer 中设定。

下面以 pad60cir40d 为例，介绍如何使用 Pad Designer 制作焊盘。

1. 设定 "Parameters" 选项卡

（1）执行菜单命令 "Release 16.6" → "PCB Editor Utilities" → "Pad Designer"，弹出 "Pad_Designer：unnamed. pad(f：/Cadence)" 对话框，如图 7-3-2 所示。

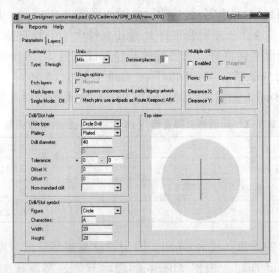

图 7-3-2 "Pad_Designer：unnamed. pad" 对话框

（"Parameters" 选项卡）

☺ Summary：当前状态。

☞ Type：焊盘类型。

☞ Etch layers：层数。

☞ Mask layers：防护层数目，包括阻焊层（Solder Mask）和锡膏防护层（Paste Mask）。

🕮 Single Mode："On" 表示贴片（SMD）焊盘；"Off" 表示过孔焊盘。

☺ Units：单位和精度。

🕮 Units：可选项有 Mils（毫英寸）、Inch（英寸）、Millimeter（毫米）、Centimeter（厘米）、Micron（微米）。

🕮 Decimal places：小数位数。

☺ Usage options：用法选项。

🕮 Microvia：当考虑 HDI 约束条件时，设置盲孔/埋孔焊盘。

🕮 Allow suppression of unconnected internal pads：禁止内层中未连接的过孔/焊盘。

🕮 Enable Antipads as Route Keepouts（ARK）：支持 Antipad 的大小为 Route Keepout 的功能。

☺ Multiple drill：钻孔的个数。

🕮 Enabled：允许多个钻孔。

🕮 Staggered：多个钻孔是错列的。

🕮 Rows：钻孔的行数量。

🕮 Column：钻孔的列数。

🕮 Clearance X/Y：X/Y 方向上的间隔。

☺ Drill/Slot hole：设定钻孔的类型和尺寸。

🕮 Hole type：钻孔的类型。

🕮 Plating：孔壁是否上锡，包括 Plated（孔壁上锡）、Non – Plated（孔壁不上锡）、Optional（任意）。

🕮 Drill diameter：钻孔的直径。

🕮 Tolerance：孔径的公差。

🕮 Offset X：钻孔的 X 轴偏移量。

🕮 Offset Y：钻孔的 Y 轴偏移量。

🕮 Non – standard drill：非标准钻孔，包含的选项有 Laser（激光钻孔）、Plasma（电浆钻孔）、Punch（冲击钻孔）、Wet/dry Etching（干法刻蚀）、Photo imaging（底片成像）、Conductive Ink Formation（导电油墨成型）和 Other（其他方法）。

☺ Drill/Slot symbol：钻孔图例。

🕮 Figure：钻孔符号的形状，包括 Null（空）、Circle（圆形）、Square（正方形）、Hexagon X（六角形）、Hexagon Y（六角形）、Octagon（八边形）、Cross（十字形）、Diamond（菱形）、Triangle（三角形）、Oblong X（X 方向的椭圆形）、Oblong Y（Y 方向的椭圆形）、Rectangle（长方形）。

🕮 Characters：图形内的文字。

🕮 Width：图形的宽度。

🕮 Height：图形的高度。

☺ Top view：预览焊盘顶层的结构。

（2）设定完的参数如图 7-3-2 所示。

2. 设定 "Layers" 选项卡

（1）选择 "Layers" 选项卡，如图 7-3-3 所示。

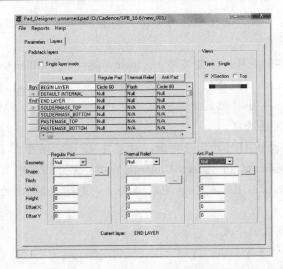

图 7-3-3 "Pad_Designer：unnamed. pad" 对话框（"Layers" 选项卡）

默认的布线层包括 BEGIN LAYER、DEFAULT INTERNAL、END LAYER。当设计多层 PCB 时，DEFAULT INTERNAL 用于定义中间层。当焊盘在被放入元器件封装时 BEGIN LAYER 对应 Top 层，END LAYER 对应 Bottom 层。

非蚀刻层包括 SOLDERMASK _ TOP，SOLDERMASK _ BOTTOM 和 ASTEMASK _ TOP，PASTEMASK_BOTTOM。另外的一个层对是 FILMMASK_TOP 和 FILMMASK_BOTTOM 用于自定义，不是必须要定义的层对。

☺ Padstack layers：编辑的层次。"Padstack layers" 区域的 "Regular Pad" 栏和 "Thermal Relief" 栏、"Anti Pad" 栏共用以下选项。

  ☞ Geometry：包括 Null（空）、Circle（圆形）、Square（正方形）、Oblong（椭圆形）、Rectangle（长方形）、Shape（自定义外形）。

  ☞ Shape：焊盘和隔离孔的外形。当选择 "Shape" 类型时，系统会自动添加 Width 值和 Height 值。

  ☞ Flash：Flash 类型的热风焊盘。当选择 "Flash" 类型时，系统会自动添加 Width 值和 Height 值。

  ☞ Width：宽度，包括焊盘、散热孔、隔离孔。

  ☞ Height：长度，包括焊盘、散热孔、隔离孔。

  ☞ Offset X：X 方向偏移量。

  ☞ Offset Y：Y 方向偏移量。

☺ Single layer mode：单层模式，一般为贴片焊盘。

☺ Regular Pad：焊盘的尺寸。

☺ Thermal Relief：散热孔尺寸。

☺ Anti Pad：焊盘的隔离孔尺寸。

（2）设定 "Layers" 选项卡中 BEGINLAYER 层的 "Thermal Relief" 区域的 "Geometry" 栏为 "Flash"，单击 "Thermal Relief" 区域中的按钮[...]，弹出 "Select flash symbol：" 对话框，选择 "tr60x80x20 - 45"，单击 "OK" 按钮，如图 7-3-4 所示。

（3）"Layers" 选项卡中 BEGINLAYER 层的其他参数设置如图 7-3-3 所示。

（4）用鼠标右键单击"DEFAULT INTERNAL"前面的按钮 ，从弹出菜单中选择
"Copy to all"，弹出如图 7-3-5 所示的对话框。

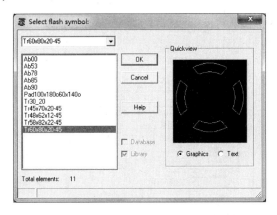

图 7-3-4　"Select flash symbol："对话框   图 7-3-5　选择复制的项目

（5）单击"OK"按钮，复制后的数据如图 7-3-6 所示。

☺ Thermal Relief 的尺寸应比焊盘大约 20mil。如果焊盘直径小于 40mil，可根据需要适当
　 减小。

☺ Anti Pad 的尺寸通常比焊盘直径大 20mil。如果焊盘直径小于 40mil，可根据需要适当
　 减小。如图 7-3-7 所示，如果 Anti pad 小于 Regular pad，在焊盘与内平面层间将会
　 产生耦合电容效应，布线的阻抗特性会因此受到影响，同时在高速电路中极有可能
　 产生串扰。

☺ Paste Mask 与 SolderMask 相同，通常比焊盘大 10mil。

从图 7-3-6 中可以看到 BEGIN LAYER 层与 END LAYER 层参数相同。设定完 BEGIN
LAYER 层的参数后，可以用鼠标右键单击前面的"Bgn"按钮，从弹出菜单中选择"Copy"，
然后用鼠标右键单击"End"按钮，在弹出的菜单中选择"Paste"，将 BEGIN LAYER 层的
参数复制到 ENDLAYER 层。

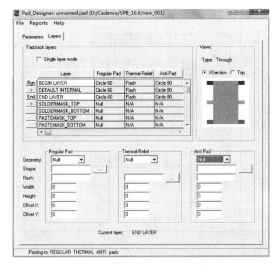

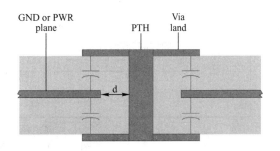

图 7-3-6　设定"Layers"选项卡的参数   图 7-3-7　Anti pad 模型

（6）设定 SOLDRMASK_TOP 层和 SOLDRMASK_BOTTOM 层，如图 7-3-8 所示。

（7）在"Views"栏选择"Top"，焊盘的顶视图如图 7-3-9 所示。

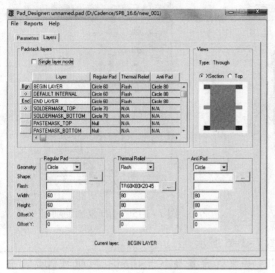
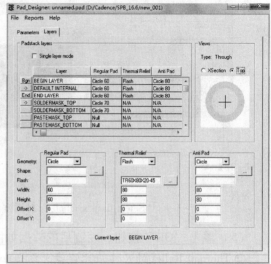

图 7-3-8   设定"Layers"选项卡的参数   图 7-3-9   焊盘的顶视图

（8）执行菜单命令"File"→"Save as"，保存焊盘于 D：\Project\allegro\symbols 目录下，焊盘名为"pad60cir40d. pad"。

7.4   贴片焊盘的制作

从元器件数据手册中查到 STM32F103C 封装的尺寸，如图 7-4-1 所示。

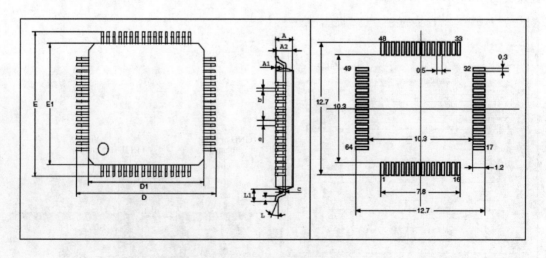

图 7-4-1   STM32F103C 封装尺寸图

从图 7-4-1 中读取相关数据，焊盘长为 1.2mm（即 48mil），焊盘宽为 0.3mm（即 12mil），所以封装 STM32F103C 的焊盘尺寸为 48mil×12mil，根据 Allegro 的命名规则将其命名为"smd48_12"。

（1）打开"Pad_Designer"对话框，选中"Layers"选项卡中的"Single layer mode"选项，返回"Parameters"选项卡，如图 7-4-2 所示。注意，"Summary"部分的"Single Mode"显示为"On"，说明本焊盘为贴片焊盘。

（2）设定"Layers"选项卡的参数如图 7-4-3 所示。

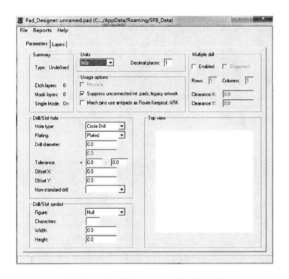

图 7-4-2　"Parameters"选项卡　　　　　图 7-4-3　"Layers"选项卡

（3）切换到"Parameters"选项卡，可以看到焊盘的顶视图，如图 7-4-4 所示。

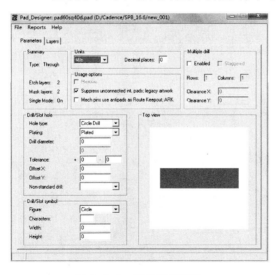

图 7-4-4　焊盘的顶视图

（4）执行菜单命令"File"→"Save as"，保存焊盘至 D:\Project\allegro\symbols 目录下，文件名为"smd48_24.pad"。

（5）执行菜单命令"Reports"→"Padstack Summary"，查看报表，在报表中可以查看设定的各种信息，如图 7-4-5 所示。

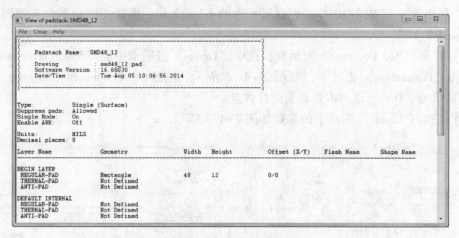

图 7-4-5　焊盘信息概览

第8章 元器件封装的制作

 ## 8.1 封装符号基本类型

建立 PCB 前，需要建立基本的封装符号。下面认识一些建立 PCB 所必须了解的符号。

1）**Symbol 类型** 见表 8-1。

表 8-1 Symbol 类型

类 型	注 释
Package Symbol（∗.psm）	在 PCB 中有 footprint 的元器件，如 DIP14、SOIC14、R0603、C0805 等
Mechanical Symbol（∗.bsm）	PCB 中的机械类型的零件，如 outline 及螺钉孔等
Format Symbol（∗.osm）	关于 PCB 的 Logo、Assembly 等的注解
Shape Symbol（∗.ssm）	用于定义特殊的 Pad
Flash Symbol（∗.fsm）	用于 Thermal Relief 和内层负片的连接

2）**Symbol 图标** 封装符号类型如图 8-1-1 所示。

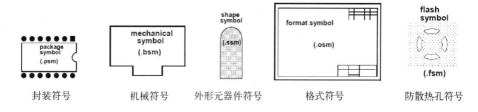

图 8-1-1 封装符号类型

3）**封装元器件的基本组成** 一个元器件的 PCB 封装主要由焊盘、标注图和标注文字所组成。图 8-1-2 所示的是一个 Cadence 自带的 res400. dra 封装。

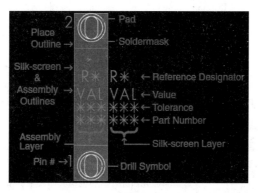

图 8-1-2 res400 封装

☺元器件脚（Padstack）。

☺元器件外框（Assembly outline Silkscreen outline）。

☺限制区（Package Boundary，Via Keepout）。

☺标志（Labels，Device，RefDes，Value，Tolerance，Part Number）。

8.2　集成电路封装的制作

集成电路封装不仅起到集成电路芯片内键合点与外部进行电气连接的作用，也为集成电路芯片提供一个稳定、可靠的工作环境，对集成电路芯片起到机械或环境的保护作用，从而使集成电路芯片能够发挥正常的功能，并保证其具有高稳定性和可靠性。总之，集成电路封装质量的好坏，对集成电路总体的性能优劣关系很大。因此，封装应具有较强的机械性能，以及良好的电气性能、散热性能和化学稳定性。

集成电路封装还必须充分地适应电子整机的需求和发展。由于各类电子设备、仪器仪表的功能不同，其总体结构和组装要求也不尽相同。因此，集成电路封装必须多种多样，这样才能满足各种整机的需求。

随着各个行业的发展，整机也向着多功能、小型化方向发展，这就要求集成电路的集成度越来越高，功能越来越复杂，相应地要求集成电路封装密度越来越大，引线数越来越多，而体积和质量越来越小，更新换代越来越快。封装结构的合理性和科学性将直接影响集成电路的质量。因此，对集成电路的制造者和使用者，除掌握各类集成电路的性能参数和识别引线排列外，还要对集成电路各种封装的外形尺寸、公差配合、结构特点和封装材料等知识有一个系统的认识和了解，以便使集成电路制造者不因选用封装不当而降低集成电路性能；也使集成电路使用者在使用集成电路进行整机设计和组装时，合理地进行平面布局、空间占用，做到选型适当、应用合理。

1. 利用向导制作 IC 封装

首先按照前面讲述的方法建立焊盘 smd48_12.pad，再利用向导建立 STM32F103C 的封装。制作封装所需要的 CLASS/SUBCLASS 见表 8-2。

表 8-2　制作封装所需要的 CLASS/SUBCLASS

序号	CLASS	SUBCLASS	元器件要素	备　注
1	Etch	Top	PAD/PIN（通孔或表贴孔） Shape（贴片 IC 下的散热铜箔）	必要，有电导性
2	Etch	Bottom	PAD/PIN（通孔或盲孔）	视需要而定，有电导性
3	Package Geometry	Pin_Number	映射原理图元器件的引脚号，如果焊盘无标号，表示原理图不关心这个引脚或机械孔	必要
4	Ref Des	Silkscreen_Top	元器件的序号	必要
5	Component Value	Silkscreen_Top	元器件型号或元器件值	必要
6	Package Geometry	Silkscreen_Top	元器件外形和说明，如线条、弧、字、Shape 等	必要

续表

序号	CLASS	SUBCLASS	元器件要素	备 注
7	Package Geometry	Place_Bound_Top	元器件占用面积和高度	必要
8	Route Keepout	Top	禁止布线区	视需要而定
9	Via Keepout	Top	禁止放过孔	视需要而定

（1）在程序文件夹中选择"PCB Editor"，弹出"Cadence 16.6 Allegro Product Choices"对话框，如图 8-2-1 所示。

（2）选择"Allegro PCB Design GXL（legacy）"，单击"OK"按钮，弹出"Allegro"编辑窗口。

（3）执行菜单命令"File"→"New…"或单击按钮 📄，弹出"New Drawing"对话框，如图 8-2-2 所示。在"Drawing Name"栏中输入"STM32F103C. dra"，在"Drawing Type"栏中选择"Package symbol（wizard）"，单击"Browse…"按钮指定保存的位置。

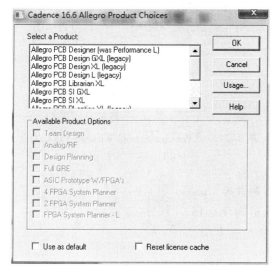

图 8-2-1 "Cadence 16. 6 Allegro Product Choices"对话框

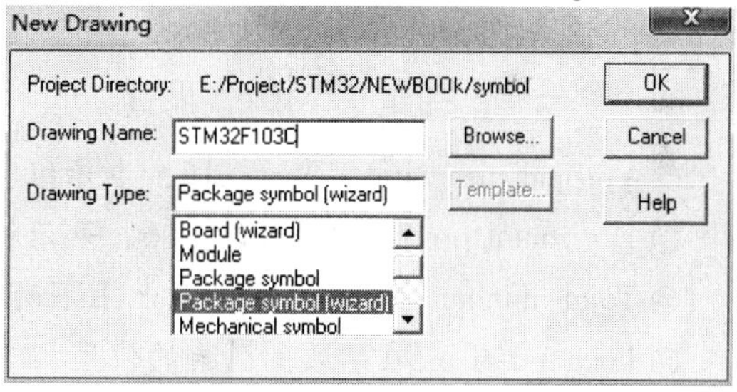

图 8-2-2 "New Drawing"对话框

（4）单击"OK"按钮进入编辑界面，自动打开"Package Symbol Wizard"对话框，如图 8-2-3 所示。

（5）在图 8-2-3 中列出了可建立的封装类型，选择"PLCC/QFP"，然后单击"Next"按钮，出现"Package Symbol Wizard - Template"对话框，如图 8-2-4 所示。单击"Load Template"按钮，选择加载默认模板。

（6）单击"Next"按钮，弹出"Package Symbol Wizard—General Parameters"对话框，按照图 8-2-5 所示进行设置。

（7）单击"Next"按钮，弹出"Package Symbol Wizard—PLCC/QFP Pin Layout"对话框，按照图 8-2-6 所示进行设置。

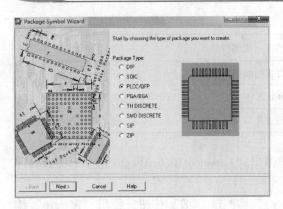

图 8-2-3 "Package Symbol Wizard" 对话框

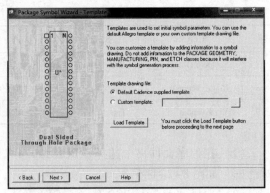

图 8-2-4 "Package Symbol Wizard – Template" 对话框

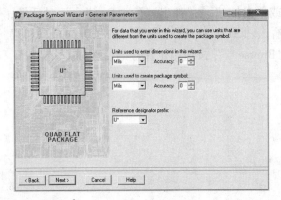

图 8-2-5 "Package Symbol Wizard—General
Parameters" 对话框

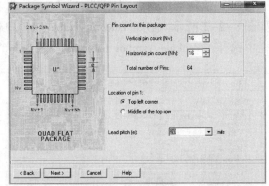

图 8-2-6 "Package Symbol Wizard—PLCC/QFP
Pin Layout" 对话框

☺ Vertical pin count（Nv）：16，表示纵向引脚数为 16。

☺ Horizontal pin count（Nh）：16，表示横向引脚数为 16。

☺ Total number of Pins：64，表示上下两引脚总数为 64。

☺ Location of pin 1：第 1 引脚的位置。

☺ Top left corner：左上角。

☺ Middle of the top row：顶行的中间。

☺ Lead pitch（e）：引脚间距。

（8）单击 "Next" 按钮，出现 "Package Symbol Wizard – PLCC/QFP Parameters" 对话框，按照图 8-2-7 所示进行设置。

☺ Terminal column spacing（e1）：列引脚间距。

☺ Terminal row spacing（e2）：行引脚间距。

☺ Package width/length（E/D）：封装宽/长。

（9）单击 "Next" 按钮，出现 "Package Symbol Wizard—Padstacks" 对话框，如图 8-2-8 所示。

☺ Default padstack to use for symbol pins：用于符号引脚的默认焊盘。

☺ Padstack to use for pin1：用于第 1 引脚的焊盘，对于 DIP 封装第 1 引脚一般为方形焊盘。

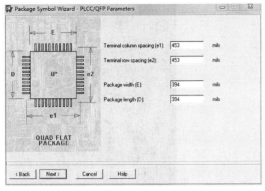

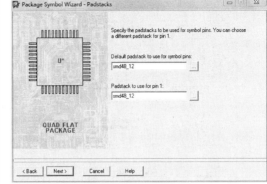

图 8-2-7　"Package Symbol Wizard—PLCC/QFP　　　图 8-2-8　"Package Symbol Wizard—Padstacks"
　　　Parameters" 对话框　　　　　　　　　　　　　　　　对话框

（10）单击文本框右侧的按钮，出现"Package Symbol Wizard Padstack Browser"对话框，如图 8-2-9 所示。

（11）选择焊盘，单击"Next"按钮，弹出"Package Symbol Wizard—Symbol Compilation"对话框，按照图 8-2-10 所示进行设置。

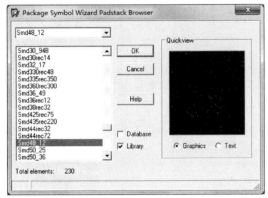

图 8-2-9　"Package Symbol Wizard Padstack　　　　图 8-2-10　"Package Symbol Wizard—Symbol
　　　Browser" 对话框　　　　　　　　　　　　　　　　Compilation" 对话框

（12）单击"Next"按钮，弹出"Package Symbol Wizard—Summary"对话框，如图 8-2-11 所示。

（13）单击"Finish"按钮，完成封装的制作，如图 8-2-12 所示。

（14）执行菜单命令"Display"→"Color/Visibility"，弹出"Color Dialog"对话框，关掉"Package Geometry"、"Place_Bound_Top"、"Dfa_Bound_Top"、"Assembly_Top"、"Components"、"Ref Des"、"Assembly_Top"，"Manufacturing"、"Ncdrill_Figure"的显示，其效果如图 8-2-13 所示。

（15）执行菜单命令"Layout"→"Labels"→"Value"，在控制面板的"Options"选项卡中设置"Active Class"为"Component Value"，设置"Active Subclass"为"Silkscreen_Top"，在绘图区域输入"＊＊＊"，设置"Text Block"为"3"，其效果如图 8-2-14 所示。

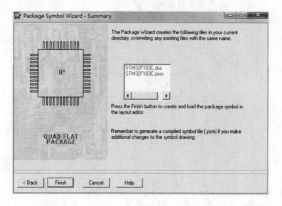

图 8-2-11　"Package Symbol Wizard—Summary" 对话框

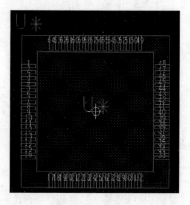

图 8-2-12　建立好的 Symbol 文件

（16）执行菜单命令 "Display" → "Color/Visibility"，弹出 "Color Dialog" 对话框，打开 "Package Geometry"、"Place_Bound_Top" 的显示；执行菜单命令 "Setup" → "Areas" → "Package Height"，选中 "Place_Bound_Top" 这个 Shape。由图 7-4-1 可知，Max height = 63 mil，将该值输入到控制面板 "Options" 选项卡的 "Max height" 栏中，如图 8-2-15 所示。

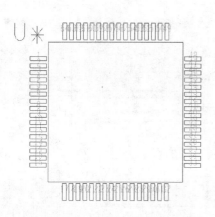

图 8-2-13　关掉部分显示元素

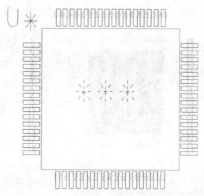

图 8-2-14　添加元器件值

图 8-2-15　设置元器件高度

（17）执行菜单命令 "Tools" → "Database Check"，弹出 "DBDoctor" 对话框，选中 "Update all DRC" 选项和 "Check shape outlines" 选项，如图 8-2-16 所示。

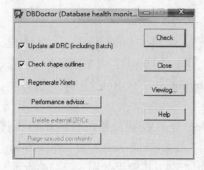

图 8-2-16　"DBDoctor" 对话框

（18）单击 "Check" 按钮，执行检查，命令窗口出现如下信息：

```
Performing DRC...
No DRC errors detected.
　Updated DRC errors：0
Done dbdoctor.
```

（19）执行菜单命令 "File" → "Save"，保存制作的封装，命令窗口提示 STM32F103C.dra 被保存，STM32F103C.psm 被建立。

2. 手工制作 IC 封装

首先按照本书第 7 章内容建立 pad60cir40d 焊盘，然后手工建立 HDR2X8 封装。

（1）打开 Allegro PCB Design GXL，执行菜单命令"File"→"New"，弹出"New Drawing"对话框，在"Drawing Type"栏中选择"Package symbol"，在"Drawing Name"栏中输入"HDR2X8.dra"，单击"Browse…"按钮，指定保存的位置 D：\Project\allegro\symbols，如图 8-2-17 所示。

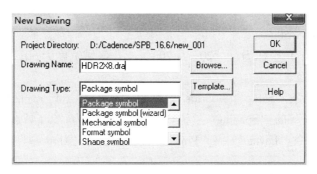

图 8-2-17　"New Drawing"对话框

（2）单击"OK"按钮进入工作区域。执行菜单命令"Setup"→"Design Parameters"，弹出"Design Parameter Editor"对话框，选择"Design"选项卡，如图 8-2-18 所示。

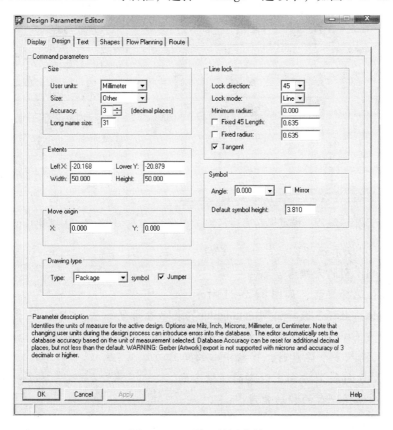

图 8-2-18　设置绘图参数

☺ Drawing Type：选择 "Package Symbol"，建立一般元器件。

☺ User Units：选择 "Millimeter"，表示使用单位为 mm。

☺ Size：选择 "Other"，自定义绘图尺寸。

☺ Accuracy：输入 3，表示有 3 位小数位。

☺ Extents。

　　↳ Left X：输入 -20。

　　↳ Lower Y：输入 -20。

　　↳ Width：输入 50。

　　↳ Height：输入 50。

表示工作区域左下角坐标为（-20，-20），工作区域宽度为 50，长度为 50

☺ 其他均为默认值。

（3）执行菜单命令 "Setup" →Grids"，弹出 "Define Grid" 对话框，如图 8-2-19 所示。设定 "Non-Etch" 的 "Spacing x" 为 "2.54"，"y" 为 "2.54"，单击 "OK" 按钮。

（4）执行菜单命令 "Layout" → "Pins"，控制面板的 "Options" 选项卡的具体设置如图 8-2-20 所示。

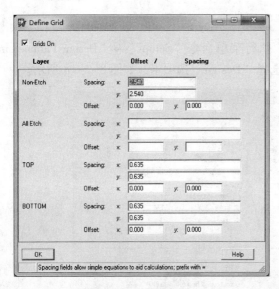

图 8-2-19　设定格点

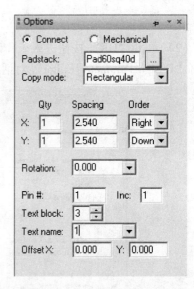

图 8-2-20　"Options" 选项卡

☺ Connect：引脚有编号。

☺ Mechanical：引脚无编号。

☺ Padstack：选择焊盘，如图 8-2-21 所示。

☺ Copy mode：坐标系选择，"Rectangular" 表示直角坐标系，"Polar" 表示极坐标系。

☺ X Qty 和 Y Qty：X 和 Y 方向上焊盘的数量。

☺ Spacing：输入多个焊盘时，焊盘中心的距离。

☺ Order：X 方向和 Y 方向上引脚的递增方向。

☺ Rotation：选择焊盘的旋转角度。

☺ Pin#：当前的引脚号。

☺ Inc：表示引脚号的增加值。

☺ Text block：文本大小。

☺ Offset X：引脚号 X 方向上的偏移量。

☺ Offset Y：引脚号 Y 方向上的偏移量。

（5）摆放 1 号引脚的焊盘，控制面板选项卡的具体设置见图 8-2-20。

（6）在命令窗口输入"x 0 0"并按"Enter"键，摆放 1 号引脚的焊盘。

（7）更改控制面板的"Options"选项卡的具体设置如图 8-2-22 所示。

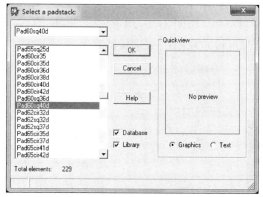

图 8-2-21　选择焊盘

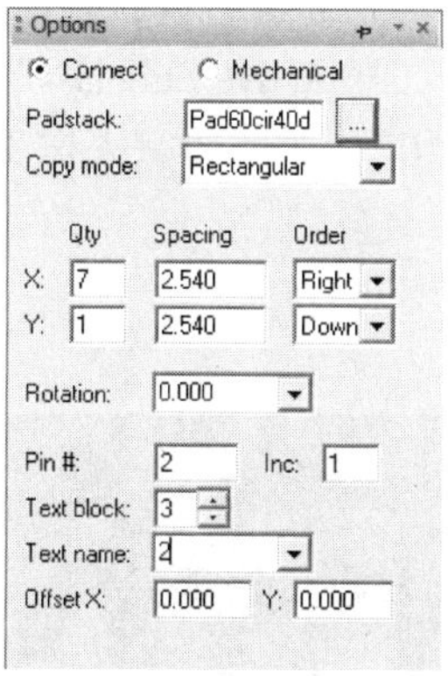

图 8-2-22　设置"Options"选项卡

（8）在命令窗口输入"x 2.54 0"并按"Enter"键，摆放 2～8 号引脚的焊盘。

（9）更改控制面板的"Options"选项卡的具体设置如图 8-2-23 所示。

（10）在命令窗口输入"x 0 -2.54"并按"Enter"键，摆放 9～16 号引脚的焊盘。摆放完成后的焊盘如图 8-2-24 所示。

（11）设定元器件外形。执行菜单命令"Setup"→"Areas"→"Package Boundary"，确认控制面板"Options"选项卡的设置，选择"Active Class"为"Package Geometry"，选择"Active Subclass"为"Place_Bound_Top"，并设定为"Segment Type"区域的"Type"栏为"Line45"，如图 8-2-25 所示。

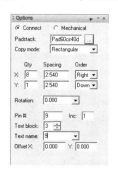

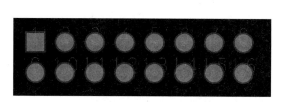

图 8-2-23　设置
"Options"选项卡

图 8-2-24　摆放完成后的焊盘

图 8-2-25　"Options"
选项卡

（12）在命令窗口分别输入"x -1.27 -1.27""ix 20.32""iy -5.08""ix -20.32""iy 5.08"命令。单击鼠标右键，从弹出的菜单中选择"Done"，添加元器件实体范围，如图 8-2-26 所示。

（13）设定元器件高度。执行菜单命令"Setup"→"Areas"→"Package Height"，

确定"Active Class"为"Package Geometry"，"Active Subclass"为"Place_Bound_Top"，选中该元器件，在控制面板的"Options"选项卡"Max height"栏中输入"11.54mm"，如图 8-2-27 所示。

（14）执行菜单命令"Display"→"Color/Visibility"，关掉"Package Geometry/Place_Bound_Top"的显示。

（15）添加丝印外形。丝印框与引脚的间距≥10mil，丝印线宽≥6mil。执行菜单命令"Add"→"Line"，确认控制面板的"Options"选项卡，选择"Active Class"为"Package Geometry"，"Active Subclass"为"Silkscreen_Top"，如图 8-2-28 所示。此处"Line width"栏设为"0"，表示线宽未定义，在输出光绘时可设定所有的未定义线宽。

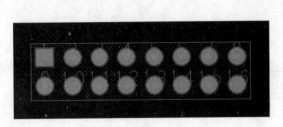

图 8-2-26　添加元器件实体范围

图 8-2-27　设定元器件高度

图 8-2-28　"Options"选项卡

（16）在命令窗口中依次输入"x -1.27 -1.27""ix 20.32""iy -5.08""ix -20.32""iy 5.08"。单击鼠标右键，从弹出的菜单中选择"Done"，添加的丝印外形如图 8-2-29 所示。

（17）添加元器件标志。执行菜单命令"Layout"→"Labels"→"RefDes"，控制面板"Options"选项卡的设定如图 8-2-30 所示。

（18）在 1 号引脚旁边单击鼠标左键→输入"J *"→单击鼠标右键→选择"Done"完成。

（19）添加装配层。执行菜单命令"Add"→"Line"，确认控制面板的"Options"选项卡，选择"Active Class"为"Package Geometry"，选择"Active Subclass"为"Assembly_Top"，如图 8-2-31 所示。

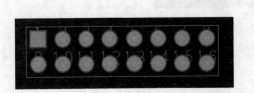

图 8-2-29　添加了丝印层

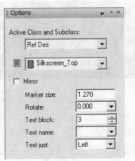

图 8-2-30　"Options"选项卡

图 8-2-31　"Options"选项卡

（20）在命令窗口中依次输入"x – 1. 27 – 1. 27""ix 20. 32""iy – 5. 08""ix – 20. 32"
"iy 5. 08"→单击鼠标右键→从弹出菜单选择"Done"，添加的装配外形如图 8-2-32 所示。

（21）添加元器件标志。执行菜单命令"Layout"→"Labels"→"RefDes"，控制面板
"Options"选项卡的设定如图 8-2-33 所示。

（22）在适当位置单击鼠标左键→输入"J *"→单击鼠标右键→选择"Done"完成，
如图 8-2-34 所示。

（23）保存元器件。执行菜单命令"File"→"Save"，保存所制作的元器件（创建时已
指定了保存目录），保存时 Allegro 会自动创建符号。若没有创建符号，执行菜单命令
"File"→"Create Symbol"即可。

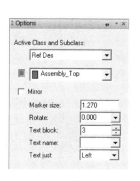

图 8-2-32　添加了装配层

图 8-2-33　"Options"
选项卡

图 8-2-34　添加了装配层
元器件序号

8.3　连接器（IO）封装的制作

1. 边缘连接器（Edge Connector）制作

图 8-3-1 所示的是所需建立的边缘连接器的尺寸图。

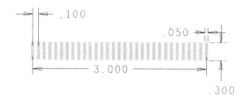

图 8-3-1　封装尺寸图

1）焊盘制作

（1）打开"Pad_Designer"对话框，选择"Layers"选项卡，设定 BEGIN LAYER 层的
参数如图 8-3-2 所示。

（2）将 BEGIN LAYER 层参数设置复制到 SOLDERMASK_TOP 层，如图 8-3-3 所示。

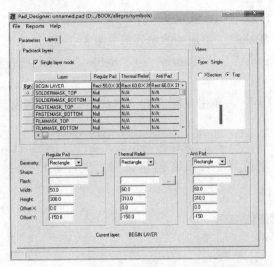 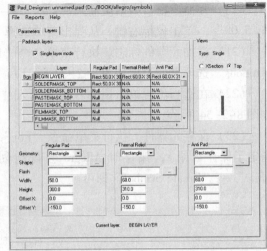

图 8-3-2 "Layers" 选项卡（BEGIN LAYER 层）　　图 8-3-3 "Layers" 选项卡（SOLDERMASK_TOP 层）

（3）执行菜单命令 "File" → "Save As"，保存焊盘至 D：\project\allegro\symbols 目录下，文件名为 "50X300edgetop"。

（4）选择 "Parameters" 选项卡，设置其参数如图 8-3-4 所示。

（5）选择 "Layers" 选项卡，发现刚刚建立的焊盘 50X300edgetop 的参数设定还在，首先将所有参数清空。设定 END LAYER 层的参数如图 8-3-5 所示。

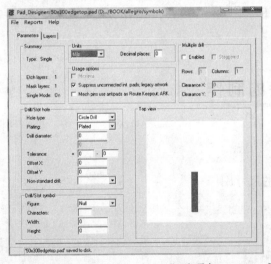 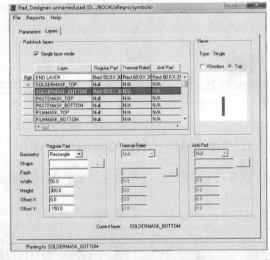

图 8-3-4 "Parameters" 选项卡　　　　　图 8-3-5 "Layers" 选项卡（SOLDERMASK_BOTTOM 层）

（6）将 END LAYER 层参数设置复制到 SOLDERMASK_BOTTOM 层。

（7）执行菜单命令 "File" → "Save As"，保存焊盘至 D：\project\allegro\symbols 目录下，文件名为 "50X300edgebottom"。

2）建立元器件封装

（1）打开 Allegro PCB Design GXL，执行菜单命令 "File" → "New"，弹出 "New Drawing" 对话框，在 "Drawing Type" 栏中选择 "Package symbol"，在 "Drawing Name" 栏中输入 "62pinedgeconn"，单击 "Browse…" 按钮，指定保存的位置 D：\project\allegro\symbols，如图 8-3-6 所示。

（2）单击"OK"按钮进入工作区域。执行菜单命令"Setup"→"Design Parameters"，弹出"Design Parameter Editor"对话框，选择"Design"选项卡，设定图纸参数，如图 8-3-7 所示。

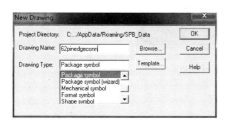

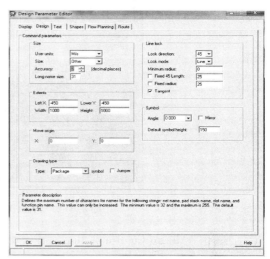

图 8-3-6　"New Drawing"对话框　　　　　图 8-3-7　设定图纸参数

（3）执行菜单命令"Setup"→"Constraints"→"Physical"，弹出"Allegro Constraint Manager"约束管理器，设定"Line Width"→"Min"为 10，"Neck"→"Min Width"为 10，如图 8-3-8 所示。

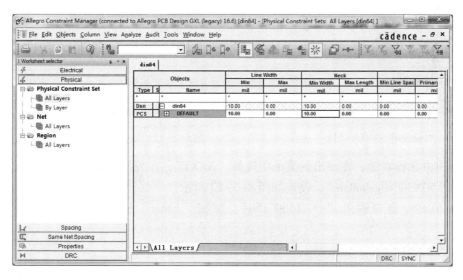

图 8-3-8　"Allegro Constraint Manager"约束管理器

（4）在"Allegro Constraint Manager"右侧表格区域向右拉动，找到"Vias"项目，单击其下"PCS"对应的"VIA"栏，弹出"Edit Via List"对话框。在"Select a via from the library"区域下拉列表中选择"PAD40CIR25D"，此时"PAD40CIR25D"出现在右侧"Via list"区域，在右侧"Via list"区域选择"VIA"，单击"Remove"按钮，如图 8-3-9 所示。

（5）单击"OK"按钮，关闭"Edit Via List"对话框。

图 8-3-9 "Edit Via List" 对话框

（6）关闭"Allegro Constraint Manager"约束管理器。

（7）单击按钮 或执行菜单命令"Layout"→"Pins"，在控制面板的"Options"选项卡中，焊盘选择"50X300edgetop"，设定如图 8-3-10 所示。

（8）在命令窗口输入"x - 1550 150"，并按"Enter"键完成添加，如图 8-3-11 所示。

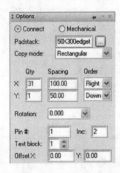

图 8-3-10 "Options"选项卡（1）　　　　　图 8-3-11 添加引脚（1）

（9）单击鼠标右键，在弹出的菜单中选择"NEXT"，在控制面板"Options"选项卡中，焊盘选择"50X300edgebottom"，设定如图 8-3-12 所示。

（10）在命令窗口输入"x - 1550 150"，并按"Enter"键完成添加，如图 8-3-13所示。

图 8-3-12 "Options"选项卡（2）　　　　　图 8-3-13 添加引脚（2）

（11）单击右键鼠标，选择 "Done"。

（12）执行菜单命令 "Layout" → "Connections"，确认控制面板 "Options" 选项卡，如图 8-3-14 所示。

（13）单击引脚 1，从引脚 1 开始布线，在命令窗口输入 "iy 150"，并按 "Enter" 键完成添加，单击鼠标右键，在弹出的菜单中选择 "Add Via"。

（14）单击鼠标右键，在弹出的菜单中选择 "Next"，这时注意到当前的布线层是在 "Bottom"，继续布线和添加过孔，如图 8-3-15 所示。

（15）执行菜单命令 "Edit" → "Copy"，设置控制面板 "Options" 选项卡，如图 8-3-16 所示；设置控制面板 "Find" 选项卡，如图 8-3-17 所示。

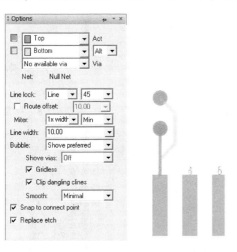

图 8-3-14　"Options" 选项卡（3）

图 8-3-15　添加过孔

图 8-3-16　设置 "Opinions" 选项卡.(1)

图 8-3-17　设置 "Find" 选项卡

（16）按住鼠标左键，拖动一个矩形框，矩形框内包括刚刚完成的布线和添加的过孔，单击矩形框内的任何一点，在命令窗口输入 "ix 100"，并按 "Enter" 键完成添加。添加效果如图 8-3-18 所示。

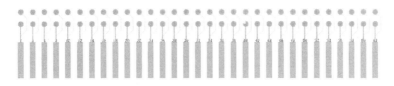

图 8-3-18　设置过孔焊盘

（17）执行菜单命令 "Setup" → "Grids"，弹出 "Define Grid" 对话框，按图 8-3-19 所示进行设置。

（18）单击 "OK" 按钮，关闭 "Define Grid" 对话框。执行菜单命令 "Add" → "Line"，设置控制面板 "Opinions" 选项卡，如图 8-3-20 所示。

（19）单击引脚 1 的下边缘，在命令窗口输入 "iy -100"，并按 "Enter" 键完成添加，单击鼠标右键，在弹出的菜单中选择 "Done"，添加完成的效果如图 8-3-21 所示。

（20）执行菜单命令 "Edit" → "Copy"，依照刚才的方法，将刚才添加的 Plating Bar（镀条）复制到其他引脚的下面，如图 8-3-22 所示。

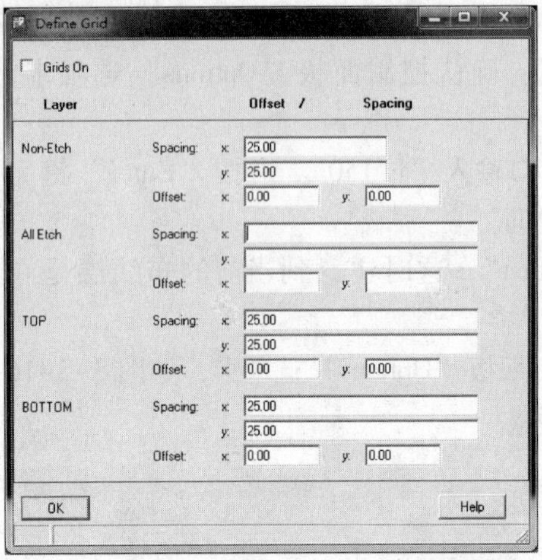

图 8-3-19　"Define Grid" 对话框

图 8-3-20　设置 "Opinions"
选项卡（2）

图 8-3-21　添加完成
的效果

（21）执行菜单命令 "Add" → "Line"，设置控制面板 "Options" 选项卡如图 8-3-23
所示。

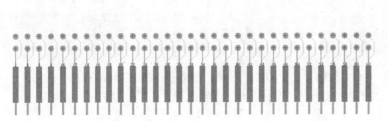

图 8-3-22　添加 Plating Bar（1）

图 8-3-23　设置 "Opinions"
选项卡（3）

（22）在刚添加的 Plating Bar 下面布一道横向的 Plating Bar，单击鼠标右键，在弹出的
菜单中选择 "Done"，添加 Plating Bar，如图 8-3-24 所示。关于添加丝印层和封装层等这里
不进行赘述，但是必须要添加元器件的 "RefDes Label"。

（23）执行菜单命令 "Layout" → "Labels" → "RefDes"，设置控制面板 "Options" 选
项卡，如图 8-3-25 所示。

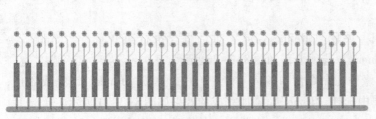

图 8-3-24　添加 Plating Bar（2）

图 8-3-25　设置 "Opinions"
选项卡（4）

（24）在适当位置单击鼠标左键，输入"ECONN ＊"，单击鼠标右键，在弹出的菜单中选择"Done"，完成添加。

（25）执行菜单命令"File"→"Save"，保存所制作的元器件。

8.4　分立元器件（DISCRETE）封装的制作

分立元器件主要包括电阻、电容、电感、二极管和三极管等，这些都是电路设计中最常用的电子元器件。现在，60％以上的分立元器件都有贴片封装。本节主要介绍直插式分立元器件和贴片式分立元器件封装的制作。

8.4.1　贴片式分立元器件封装的制作

贴片式分立元器件的侧视图与底视图如图 8-4-1 所示。其中，L 为引脚电极的长度，W 为引脚电极的宽度，H 为引脚电极的高度（其公差为 $H-b \sim H+a$，$H_{max} = H+a$）。

贴片式分立元器件的 PCB 焊盘视图如图 8-4-2 所示。

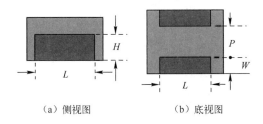

（a）侧视图　　　（b）底视图

图 8-4-1　贴片式分立元器件的侧视图与底视图

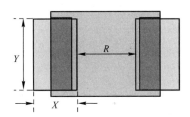

图 8-4-2　贴片式分立元器件的 PCB 焊盘视图

图中，$X = W + 2/3 \times H_{max} + 8$，$Y = L$，$R = P - 8$，单位为 mil。

0603 封装是常用的贴片封装之一，其尺寸 $L = 31\text{mil} \pm 4\text{mil}$，$H = 20\text{mil} \pm 4\text{mil}$，$W = 12\text{mil} \pm 8\text{mil}$，$P = 39\text{mil}$，则 $X = 20 + 16 + 8 = 44\text{mil}$，这里取 50mil；$Y = 35\text{mil}$，这里取 40mil；$R = 31\text{mil}$，这里取 25mil（$L$、$H_{max}$ 和 W 取最大值）。依据 Allegro 的命名规则，焊盘命名为 smd50_40。

1. 制作焊盘

（1）打开"Pad_Designer"对话框，设定"Layers"选项卡的参数，如图 8-4-3 所示。

（2）选定"Parameters"选项卡，查看参数变化及焊盘视图，如图 8-4-4 所示。

（3）执行菜单命令"File"→"Save"，保存所制作的焊盘，焊盘命名为 smd50_40。

2. 制作 0603 封装

（1）打开 Allegro PCB Design GXL，执行菜单命令"File"→"New"，弹出"New Drawing"对话框，按照图 8-4-5 所示进行设置。

 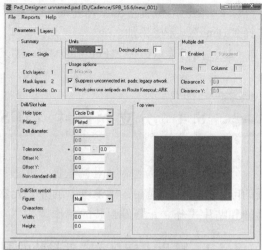

图 8-4-3 "Layers"选项卡   图 8-4-4 "Parameters"选项卡

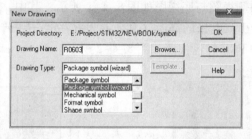

图 8-4-5 "New Drawing"对话框

（2）单击"OK"按钮，弹出"Package Symbol Wizard"对话框，选中"SMD DISCRETE"选项，如图 8-4-6 所示。

（3）单击"Next"按钮，弹出"Package Symbol Wizard – Template"对话框，如图 8-4-7 所示。单击"Load Template"按钮，添加模板。

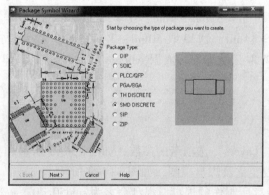 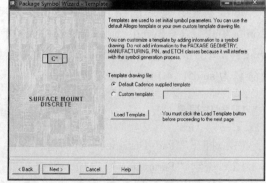

图 8-4-6 "Package Symbol Wizard"对话框   图 8-4-7 "Package Symbol
                                                      Wizard – Template"对话框

（4）单击"Next"按钮，弹出"Package Symbol Wizard – General Parameters"对话框，在 "Reference designator prefix"栏中选择"C ∗"（"C ∗"表示电容，"R ∗"表示电阻），如 图 8-4-8所示。单击"Next"按钮，弹出"Package Symbol Wizard – Surface Mount Discrete

Parameters"对话框，依据前面计算的值设置参数，如图 8-4-9 所示。

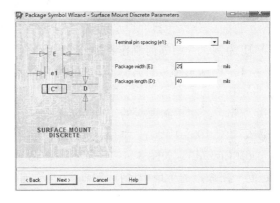

图 8-4-8　"Package Symbol
Wizard – General Parameters"对话框

图 8-4-9　"Package Symbol
Wizard – Surface Mount Discrete Parameters"对话框

（5）单击"Next"按钮，弹出"Package Symbol Wizard – Padstacks"对话框，选择焊盘 50×40，如图 8-4-10 所示。单击"Next"按钮，弹出"Package Symbol Wizard – Symbol Compilation"对话框，设置如图 8-4-11 所示。

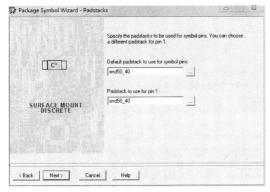
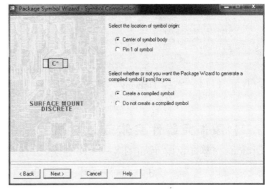

图 8-4-10　"Package Symbol
Wizard – Padstacks"对话框

图 8-4-11　"Package Symbol
Wizard – Symbol Compilation"对话框

（6）单击"Next"按钮，弹出"Package Symbol Wizard – Summary"对话框，如图 8-4-12 所示。单击"Finish"按钮，完成封装的创建，编辑后的封装如图 8-4-13 所示。

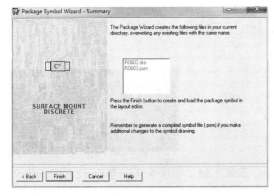
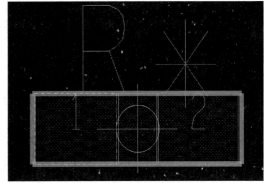

图 8-4-12　"Package Symbol Wizard – Summary"对话框　　　图 8-4-13　制作的 0603 封装

8.4.2　直插式分立元器件封装的制作

直插式分立元器件焊盘的选择与 DIP 封装类似，这里不作介绍。下面以设计中用到的 LPOT 为例，介绍如何制作直插式分立元器件的封装。

1）添加引脚　打开 Allegro PCB Design GXL，执行菜单命令"File"→"New"，弹出 "New Drawing"对话框，如图 8-4-14 所示。单击"OK"按钮，然后执行菜单命令"Layout" →"Pins"，在控制面板的"Options"选项卡中进行设定，如图 8-4-15 所示。在命令窗口 输入"x 100 0"，按"Enter"键，在控制面板的"Options"选项卡更改焊盘为 "pad50Cir32d"，如图 8-4-16 所示。在命令窗口输入"x 0 0"，按"Enter"键，单击鼠标 右键，在弹出的菜单中选择"Done"。添加的焊盘如图 8-4-17 所示。

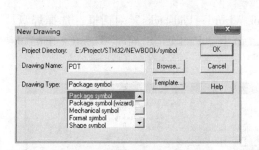
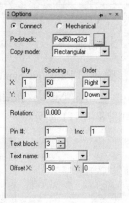
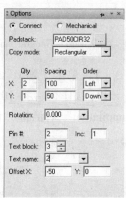

图 8-4-14　"New Drawing"对话框　　图 8-4-15　"Options"　　　图 8-4-16　"Options"
选项卡（1）　　　　　　选项卡（2）

2）添加元器件实体范围　执行菜单命令"Shape"→"Polygon"，控制面板的 "Options"选项卡设定如图 8-4-18 所示。在命令窗口依次输入命令"x 200 100""iy −200" "ix −400"'"iy 100""ix −50""iy 100""ix 250"，单击鼠标右键，在弹出的菜单中选择 "Done"，添加元器件的实体范围如图 8-4-19 所示。

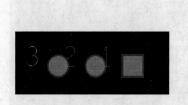

图 8-4-17　添加的焊盘　　图 8-4-18　"Options"选项卡（3）　　图8-4-19　添加的元器件实体范围

3）添加丝印层　执行菜单命令"Add"→"line"，在控制面板的"Options"选项卡中选择"Active Class"为"Package Geometry"，"Active Subclass"为"Silkscreen_Top"，如图 8-4-20 所示。依照元器件实体范围绘制丝印层，单击鼠标右键，在弹出的菜单中选择"Done"，添加的丝印层如图 8-4-21 所示。

4）添加装配层　执行菜单命令"Add"→"Line"，在控制面板的"Options"选项卡中选择"Active Class"为"Package Geometry"，Active Subclass 为"Assembly_Top"，如图 8-4-22 所示。依照丝印层绘制，单击鼠标右键，在弹出的菜单中选择"Done"，添加的装配层如图 8-4-23 所示。

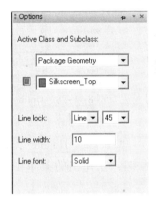
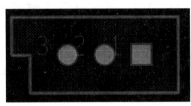

图 8-4-20　"Options"　　　　图 8-4-21　添加的丝印层　　　　图 8-4-22　"Options"

选项卡（4）　　　　　　　　　　　　　　　　　　　　　选项卡（5）

5）添加元器件 Labels

（1）添加装配层元器件序号：执行菜单命令"Layout"→"Labels"→"Ref Des"，控制面板的"Options"选项卡的设定如图 8-4-24 所示。在适当位置单击鼠标左键，在命令窗口输入"RA *"，按"Enter"键，单击鼠标右键，在弹出的菜单中选择"Done"，添加的装配层元器件序号如图 8-4-25 所示。

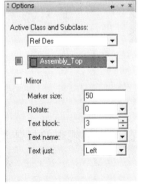

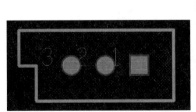

图 8-4-23　添加的装配层　　　　图 8-4-24　"Options"　　　图 8-4-25　添加的装配层元器件序号

选项卡（6）

（2）添加丝印层元器件序号：执行菜单命令"Layout"→"Labels"→"RefDes"，控制面板的"Options"选项卡的设定如图 8-4-26 所示。在适当位置单击鼠标左键，在命令窗口输入"RA *"，按"Enter"键，单击鼠标右键，在弹出的菜单中选择"Done"，添加的丝印层元器件序号如图 8-4-27 所示。

（3）添加元器件类型：执行菜单命令"Layout"→"Labels"→"Device"，控制面板的"Options"选项卡的设定如图 8-4-28 所示。在适当位置单击鼠标左键，在命令窗口输入"DEVTYPE＊"，按"Enter"键，单击鼠标右键，在弹出的菜单中选择"Done"，添加的元器件类型如图 8-4-29 所示。

图 8-4-26　"Options"
选项卡（7）

图 8-4-27　添加的丝印层元器件序号

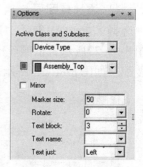
图 8-4-28　Options
选项卡（8）

6）设定元器件高度　执行菜单命令"Setup"→"Areas"→"Package Height"，控制面板的"Options"选项卡的设定如图 8-4-30 所示。单击鼠标右键，在弹出的菜单中选择"Done"，执行菜单命令"File"→"Save"，保存文件。

图 8-4-29　添加的元器件类型

图 8-4-30　"Options"选项卡（9）

8.4.3　自定义焊盘封装制作

自定义焊盘封装主要用于设计焊盘形状不规则的封装类型。下面以制作 LED 为例，介绍如何制作自定义焊盘封装。

1. 制作 SHAPE 符号

（1）打开 Allegro PCB Design GXL，执行菜单命令"File"→"New"，弹出"New Drawing"对话框，在"Drawing Type"栏中选择"Shape symbol"，在"Drawing Name"栏中输入"32x40melf"，单击"Browse…"按钮，指定存放的位置，如图 8-4-31 所示。

（2）单击"OK"按钮返回编辑界面，执行菜单命令"Setup"→"Design Parameters…"，弹出"Design Parameters Editor"对话框，选择"Design"选项卡，按照图 8-4-32 所示进行设置。单击"OK"按钮，关闭"Design Parameters Editor"对话框。

（3）执行菜单命令"Shape"→"Polygon"，确认控制面板"Options"选项卡如图 8-4-33 所示。在命令窗口输入下面命令，每输入完一次命令按一下"Enter"键，最后单击鼠标右键，在弹出的菜单中选择"Done"，如图 8-4-34 所示。

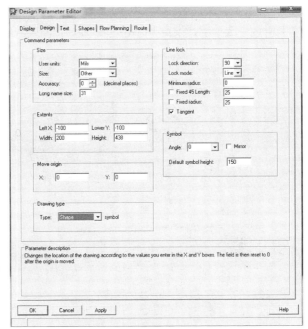

图 8-4-32　设置"Design"选项卡

图 8-4-31　"New Drawing"对话框

图 8-4-33　设置"Options"选项卡（1）

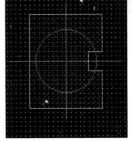

图 8-4-34　绘图结果

x −6 −20	ix 6
ix 32	iy 16
iy 16	ix −32
ix −6	iy −40
iy 8	

（4）执行菜单命令"File"→"Save"，命令窗口显示如下信息：

```
'32x40melf. dra 'saved to disk.
Symbol '60x110melf. ssm 'created.
```

2. 制作焊盘

（1）打开 Pad Designer，执行菜单命令"File"→"New"，新建焊盘至 D：\project\allegro\symbols 目录下，文件名为 32x40melf。设定"Parameters"选项卡的参数如图 8-4-35 所示。选择"Layers"选项卡，设定 BEGIN LAYER 层的"Geometry"为"Shape"。

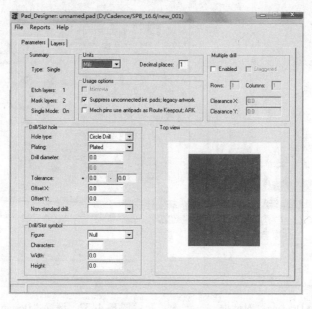

图 8-4-35　设定"Parameters"选项卡的参数

（2）单击"Shape"栏右侧的按钮，弹出"Select shape symbol"对话框，选择"32X40melf"，如图 8-4-36 所示。单击"OK"按钮，关闭"Select shape symbol"对话框。

（3）重复步骤（1）至步骤（2），依次设定 SOLDERMASK_ TOP 层和 PASTEMASK_ TOP 层，如图 8-4-37 所示。

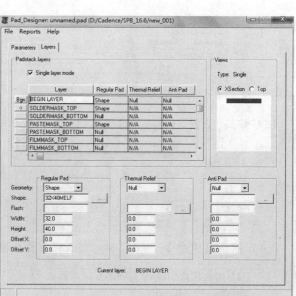

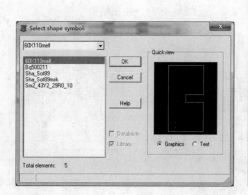

图 8-4-36　"Select shape symbol"对话框　　　　图 8-4-37　设定其他层参数

（4）执行菜单命令"File"→"Save"，保存文件。

3. 制作 LED 封装

（1）打开 Allegro PCB Design GXL，执行菜单命令"File"→"New"，弹出"New Drawing"对话框，在"Drawing Type"栏中选择"Package symbol"，在"Drawing Name"栏中输入"LED"，单击"Browse..."按钮，指定存放的位置，如图 8-4-38 所示。

（2）单击"OK"按钮返回编辑界面，执行菜单命令"Setup"→"Design Parameters..."，弹出"Design Parameters Editor"对话框，选择"Design"选项卡，设置"Size"区域的"Size"栏为"Other"，"Extents"区域的"Width"栏为 2000，"Height"栏为 2000，"Left X"栏为"−1000"，"Lower Y"栏为"−1000"，如图 8-4-39 所示。

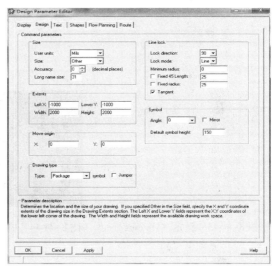

图 8-4-38　"New Drawing"对话框　　　　图 8-4-39　"Design Parameters Editor"对话框

（3）单击"OK"按钮，关闭"Design Parameters Editor"对话框。执行菜单命令"Layout"→"Pins"，控制面板的"Options"选项卡的设定如图 8-4-40 所示。

（4）在命令窗口输入"x 0 0"，按"Enter"键，在命令窗口输入"x 64 0"，按"Enter"键，添加的第 2 个引脚如图 8-4-41 所示。

（5）执行菜单命令"Edit"→"Spin"，调整第 2 个引脚，如图 8-4-42 所示。

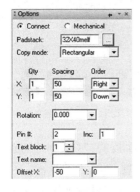

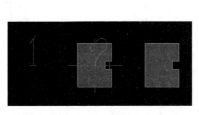

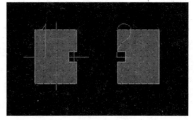

图 8-4-40　"Options"　　　　图 8-4-41　添加的第 2 个引脚　　　图 8-4-42　调整第 2 个引脚
　　选项卡（2）

（6）执行菜单命令"Shape"→"Polygon"，控制面板的"Options"选项卡的设定如图 8-4-43 所示。在命令窗口输入下面命令，每输完一次命令按一下"Enter"键，最后单击鼠标右键，在弹出的菜单中选择"Done"完成，添加的元器件实体范围如图 8-4-44 所示。

```
x  – 23 30
ix 110
iy – 60
ix  – 110
iy 60
```

（7）执行菜单命令"Add"→"Line"，在控制面板的"Options"选项卡中选择"Active Class"为"Package Geometry"，"Active Subclass"为"Silkscreen_Top"，如图 8-4-45 所示。

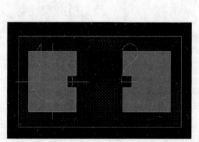

图 8-4-43　设定"Options"　　　　　图 8-4-44　添加的元器件实体范围　　　　图 8-4-45　"Options"
选项卡（3）　　　　　　　　　　　　　　　　　　　　　　　　　　　　　选项卡（4）

（8）添加丝印层，如图 8-4-46 所示。执行菜单命令"Add"→"Line"，在控制面板的"Options"选项卡中选择"Active Class"为"Package Geometry"，"Active Subclass"为"Assembly_Top"，如图 8-4-47 所示。添加装配层，如图 8-4-48 所示。

图 8-4-46　添加丝印层　　　　图 8-4-47　"Options"选项卡（5）　　　　图 8-4-48　添加装配层

（9）执行菜单命令"Layout"→"Labels"→"Ref Des"，控制面板的"Options"选项卡的设定如图 8-4-49 所示。在适当位置单击鼠标左键，在命令窗口输入"D ∗"，按"Enter"键，单击鼠标右键，在弹出的菜单中选择"Done"，添加的元器件序号如图 8-4-50 所示。执行菜单命令"Layout"→"Labels"→"RefDes"，控制面板的"Options"选项卡的设定如图 8-4-51 所示。

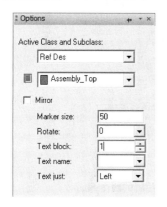

图 8-4-49　"Options"选项卡（6）　　　图 8-4-50　添加的元器件序号　　　图 8-4-51　"Options"
选项卡（7）

（10）在适当位置单击鼠标左键，在命令窗口输入"D＊"，按"Enter"键，单击鼠标右键，在弹出的菜单中选择"Done"，添加的丝印层元器件序号如图 8-4-52 所示。执行菜单命令"Layout"→"Labels"→"Device"，控制面板的"Options"选项卡的设定如图 8-4-53所示。在适当位置单击鼠标左键，在命令窗口输入"DEVTYPE＊"，按"Enter"键，单击鼠标右键，在弹出的菜单中选择"Done"，添加的元器件类型如图 8-4-54 所示。

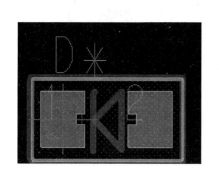

图 8-4-52　添加的
丝印层元器件序号

图 8-4-53　"Options"
选项卡（8）

图 8-4-54　添加的元器件类型

（11）执行菜单命令"File"→"Save"，保存文件。

8.4.4　使用合并 Shape 创建组合几何图形

当某些几何组合图形很难绘制时，可以利用 Allegro 提供的合并 Shape 功能。

执行菜单命令"Shape"→"Merge Shape"，可以实现 static shape 的合并。

如图 8-4-55 所示，两个 Shape（两个 Shape 必须有交叉的部分才能够合并）需要合并在一起，执行菜单命令"Shape"→"Merge Shape"，单击其中一个 Shape，再单击另一个 Shape，单击鼠标右键，在弹出的菜单中选择"Done"，即可实现两个 Shape 的合并，如图 8-4-56所示。通过这个功能，再结合以上的步骤，可以实现任意形状焊盘的制作。

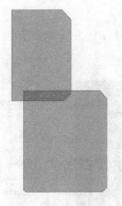 

图 8-4-55   需要合并的两个 Shape   图 8-4-56   合并后的两个 Shape

 习题

（1）建立一个 Flash 符号的热风焊盘需要哪几个步骤？

（2）为什么 SMD 焊盘要设定钢板的层面？

（3）使用 Pad Designer 建立 pad120cir65d 焊盘和 pad90×160o50×120 焊盘。

（4）如何使用符号编辑器（Symbol Editor）建立表贴封装？

（5）如何设定元器件的高度？设定元器件高度的意义是什么？

第9章 PCB 的建立

9.1 建立 PCB

9.1.1 使用 PCB 向导（Board Wizard）建立 4 层 PCB

（1）启动 Allegro PCB Design GXL，执行菜单命令"File"→"New..."，弹出"New Drawing"对话框，在"Drawing Type"栏中选择"Board（wizard）"，在"Drawing Name"栏中输入"demo_brd_wizard"，单击"Browse..."按钮，确定保存的位置，如图 9-1-1 所示。单击"OK"按钮，弹出"Board Wizard"对话框，显示使用 PCB 向导的流程，如图 9-1-2 所示。

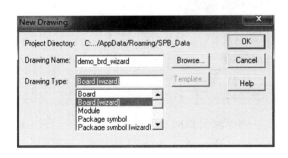

图 9-1-1 "New Drawing"对话框

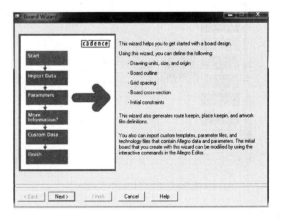

图 9-1-2 "Board Wizard"对话框

（2）单击"Next"按钮，弹出"Board Wizard – Template"对话框，选中"No"选项，表示不输入模板，如图 9-1-3 所示。单击"Next"按钮，弹出"Board Wizard – Tech File/Parameter file"对话框，选中两个"No"选项，表示不输入技术文件和参数文件，如图 9-1-4 所示。

（3）单击"Next"按钮，弹出"Board Wizard – Board Symbol"对话框，选中"No"选项，表示不输入 PCB 符号，如图 9-1-5 所示。单击"Next"按钮，弹出"Board Wizard – General Parameters"对话框，在"Units"栏中选择"Mils"，表示使用单位为 mil；在"Size"栏中选择"B"，表示图纸尺寸为 B；选中"At the center of the drawing"选项，表示以绘图中心为原点，如图 9-1-6 所示。

（4）单击"Next"按钮，弹出"Board Wizard – General Parameters（Continued）"对话框，在"Grid spacing"栏中输入 25.00，表示格点间距为 25.00mil；在"Etch layer count"栏中输入 4，表示 4 层板；选中"Generate default artwork films"选项，表示产生默认的底片

文件，如图 9-1-7 所示。单击"Next"按钮，弹出"Board Wizard - Etch Cross - section details"对话框，将"Layer2"改为"GND"，将"Layer3"改为"VCC"，将"Layer Type"改为"Power plane"，选中"Generate negative layers for Power planes"选项，表示为电源平面产生负层，如图 9-1-8 所示。

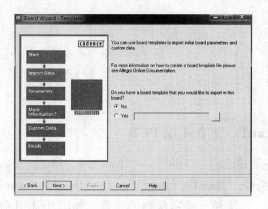

图 9-1-3   "Board Wizard - Template"对话框

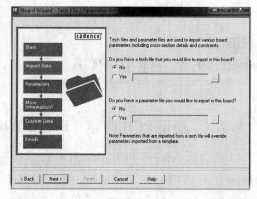

图 9-1-4   "Board Wizard - Tech File"对话框

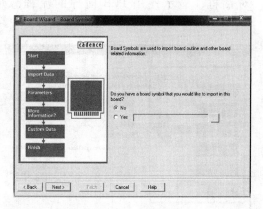

图 9-1-5   "Board Wizard -
Board Symbol"对话框

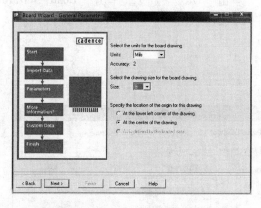

图 9-1-6   "Board Wizard -
General Parameters"对话框

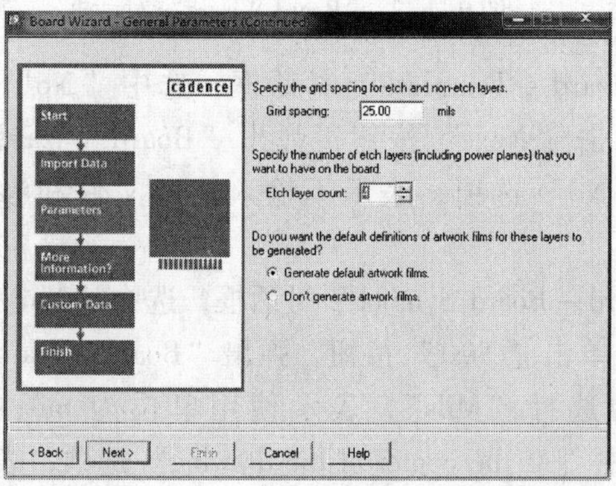

图 9-1-7   "Board Wizard - General
Parameters（Continued）"对话框

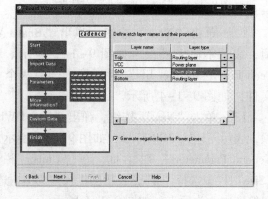

图 9-1-8   "Board Wizard - Etch
Cross - section details"对话框

（5）单击"Next"按钮，弹出"Board Wizard – Spacing Constraints"对话框，在"Minimum Line width:"栏中输入 5，表示最小线宽为 5mil；在"Minimum Line to Line spacing:"栏中输入 5，表示线与线之间最小间距为 5mil；在"Minimum Line to Pad spacing:"栏中输入 5，表示线与焊盘间最小间距为 5mil；在"Minimum Pad to Pad spacing:"栏中输入 5，表示焊盘之间最小间距为 5mil；在"Default via padstack"栏中选择"via"，如图 9-1-9 所示。单击"Next"按钮，弹出"Board Wizard – Board Outline"对话框，选中"Rectangular board"选项，表示板框为矩形，如图 9-1-10 所示。

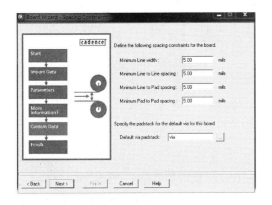

图 9-1-9　"Board Wizard –
Spacing Constraints"对话框

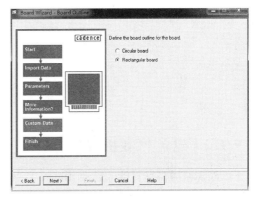

图 9-1-10　"Board Wizard –
Board Outline"对话框

（6）单击"Next"按钮，弹出"Board Wizard – Rectangular Board Parameters"对话框，在"Width"栏中输入 5000，表示 PCB 宽度为 5000mil；在"Height"栏中输入 5000，表示 PCB 高度为 5000mil；选中"Corner cutoff"选项，表示拐角切割；在"Cut length"栏中输入 400，表示拐角切割 400mil；在"Route keepin distance"栏中输入 50，表示布线允许区域与板框的距离为 50mil；在"Package keepin distance"栏中输入 100，表示允许摆放元器件区域与板框的距离为 100mil，如图 9-1-11 所示。单击"Next"按钮，弹出"Board Wizard –Summary"对话框，如图 9-1-12 所示。

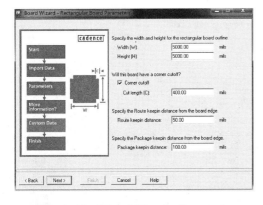

图 9-1-11　"Board Wizard – Rectangular
Board Parameters"对话框

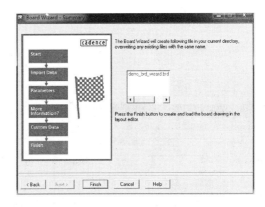

图 9-1-12　"Board Wizard – Summary"
对话框

（7）单击"Finish"按钮，完成板框设计，如图 9-1-13 所示。执行菜单命令"File"→"Save"，保存文件。

图 9-1-13 设计的板框

9.1.2 建立 PCB 机械符号

1）新建机械符号文件 启动 Allegro PCB Design GXL，执行菜单命令"File"→"New"，弹出"New Drawing"对话框，在"Drawing Type"栏中选择"Mechanical symbol"，在"Drawing Name"栏中输入"outline"，单击"Browse…"按钮，指定保存的位置，如图 9-1-14 所示。单击"OK"按钮，关闭"New Drawing"对话框，弹出编辑窗口，执行菜单命令"Setup"→"Design Parameters…"，弹出"Design Parameter Editor"对话框，具体设置如图 9-1-15 所示。单击"OK"按钮，关闭"Design Parameter Editor"对话框。

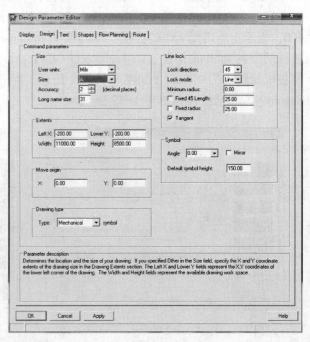

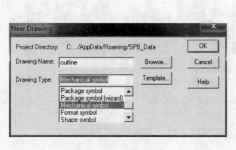

图 9-1-14 "New Drawing"对话框   图 9-1-15 设置图纸参数

2）设置格点　执行菜单命令"Setup"→"Grids"，弹出"Define Grid"对话框，在"Non – Etch"区域的"Spacing x"栏中输入 25，在"Spacing y"栏中输入 25，如图 9-1-16 所示。单击"OK"按钮，关闭"Define Grid"对话框。

3）建立板框　执行菜单命令"Add"→"Line"，在控制面板的"Options"选项卡确认"Active Class"栏为"Board Geometry"，"Active Subclass"栏为"Outline"，如图 9-1-17 所示。在命令窗口分别输入下列命令，每输完一次命令按一下"Enter"键，单击鼠标右键，从弹出菜单中选择"Done"，建立的板框如图 9-1-18 所示。

```
x – 1000 0
ix 850
iy – 200
ix 4100
iy 4500
ix – 4100
iy – 200
ix – 850
iy – 4100
```

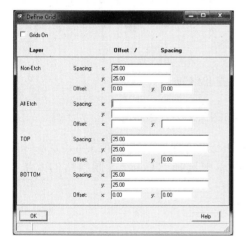

图 9-1-16　设置格点　　　　　　　图 9-1-17　"Options"　　　图 9-1-18　建立的板框
　　　　　　　　　　　　　　　　　　　选项卡（1）

【注意】原点在板框的左下角的安装孔的中心。

4）添加定位孔　执行菜单命令"Layout"→"Pins"，或者单击按钮，在控制面板的"Options"选项卡单击"Padstack"栏右侧的按钮，选择"Hole110"，如图 9-1-19 所示。设置好的"Options"页参数如图 9-1-20 所示。在命令窗口分别输入下面的命令，每输入一次按一下"Enter"键，单击鼠标右键，在弹出的菜单中选择"Done"，添加的定位孔如图 9-1-21所示。

```
x 0 0
x 3800 0
x 0 4100
```

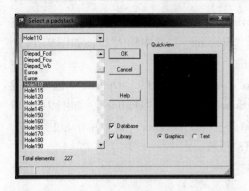

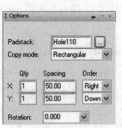

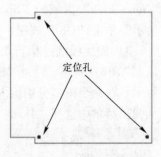

图 9-1-19　选择安装孔　　　　图 9-1-20　"Options"　　　图 9-1-21　添加的定位孔
　　　　　　　　　　　　　　　选项卡（2）

5）倾斜拐角　执行菜单命令 "Dimension" → "chamfer"（直拐角）/ "Fillet"（圆拐角），确认控制面板的 "Options" 选项卡中的 "First" 栏设为 50，如图 9-1-22 所示。命令窗口提示 "Pick first segment to be chamfered/filletted"，显示板框的左上角，如图 9-1-23 所示。

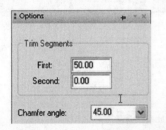

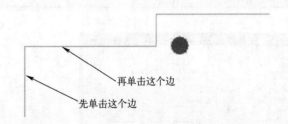

图 9-1-22　"Options" 选项卡（3）　　　　　　图 9-1-23　倾斜拐角

　　先单击直角的一边，再单击另一边，也可以用鼠标左键框住所要倾斜的直角，设定倾斜尺寸如图 9-1-24 所示。单击鼠标右键，在弹出的菜单中选择 "Done"，倾斜后的效果如图 9-1-25 所示。

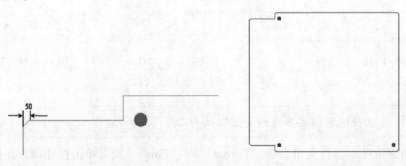

图 9-1-24　倾斜尺寸　　　　　　图 9-1-25　倾斜后的效果

6）尺寸标注

（1）执行菜单命令 "Dimension" → "Dimension Environment"，在图纸页上单击鼠标右键，弹出如图 9-1-26 所示的菜单。

☺ Done：保存次级编辑操作并退出。

☺ Oops：返回上一步。

☺ Cancel：不保存操作并退出。

☺ Next：进行下一项编辑。

☺ Select by Polygon：以多边形框选。

☺ Select by Lasso：以套索框选。

☺ Select by Path：以光标经过的路径选择。

☺ Temp Group：临时组，可用鼠标点选组件组成临时组，实现属性的群编辑和查看。

☺ Reject：回撤选择组件。

☺ Cut：剪切。

☺ Parameter：属性设置。

☺ Linear dimension：线性标注，选择后通过点选组件上的两点，来实现两点之间水平或竖直间距的标注。如果组件为线段，则直接标注线长。

☺ Datum dimension：坐标标注。选择后，"Options" 选项卡如图 9-1-27 所示。在 "Value" 栏和 "Text" 栏可输入希望标注的数值和文本，单击 "Text" 栏后的按钮 ❘ ？ ❘ ，弹出如图 9-1-28 所示的对话框，用户可参照其中的注解来输入文本。"Dimension axis" 栏可选择要标注数据的方向。选择 "Datum dimension" 后，单击选择标注坐标系的原点→单击选择 Y 轴绘线的起点，绘制好 Y 轴后→单击鼠标右键，在弹出的菜单中选择 "Next" →单击选择 X 轴绘线起点，绘制好 X 轴后→单击鼠标右键，在弹出的菜单中选择 "Next"（在绘制 X、Y 轴时，可通过添加 "Value" 和 "Text" 来加入 X、Y 轴上的标注信息）→之后通过鼠标左键来选择希望标注的点，在 "Vale" 栏和 "Text" 栏中的值为 0 时，系统会自动显示该店相对于标注坐标原点的坐标值，先 x 后 y，每个方向完成后，通过单击鼠标右键，在弹出的菜单中选择 "Next" 切换。一个标注完成后，可直接进行下一个点的标注。

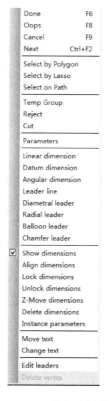

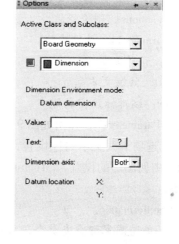

图 9-1-26　鼠标右键菜单　　　　图 9-1-27　"Options" 选项卡（4）

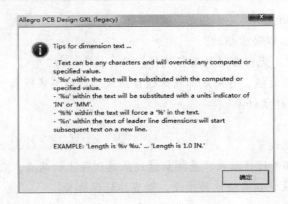

图 9-1-28 "?" 对话框

☺ Angular dimension：角度标注。选择后，首先通过鼠标左键选择所要标注夹角角的两条直线，之后选择所要标注角的两边，最后确定文字位置。在"Options"选项卡中可设置所要标注的数值和文字。

☺ Leader line：指向标注。使用鼠标选择标注点和文本位置，在"Options"选项卡中设置文字内容。

☺ Diametral Leader：直径标注。用于标注圆的直径，同样可以在"Options"选项卡中设置文本和数值。

☺ Radial leader：半径标注。同上。

☺ Balloon leader：球形标注。同"Leader line"，仅可为文本加入几何框，形状在"Parameters"中可选。

☺ Chamfer Leader：切角标注。用于标注45°切角。

☺ Show dimensions：显示模式。通过鼠标左键选择来显示标注的相关信息。

☺ Align dimensions：排列模式。通过复选来排列标注。

☺ Lock dimensions：锁定标注。

☺ Unlock dimensions：解锁标注。

☺ Z – Move dimensions：移动标注所属的层。选择后首先在"Options"选项卡中选择移动的目标层，之后点选所要移动的标注。

☺ Delete dimensions：删除标注。

☺ Instance parameters：属性修改。

☺ Move text：移动文本。

☺ Change text：修改文本。

☺ Edit leader：编辑标注指向线。

（2）选择"Parameters"，弹出如图 9-1-29 所示对话框。其中，"General"选项卡为通用设置，"Text"选项卡为文本属性设置，"Lines"选项卡为线段属性设置，"Balloons"选项卡为球形标注中何图形的设置，"Toerancing"选项卡为误差标注设置。后 4 项的内容在此就不做详细介绍。

☺ Standard conformance。

　　↪ ANSI：美国国家标准委员会，默认值为 ANSI。

　　↪ ISO：国际标准化组织。

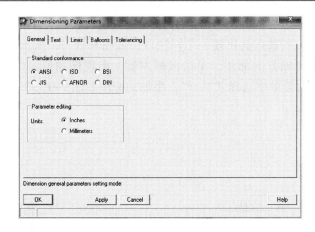

图 9-1-29　"Parameters"对话框

　　🔖 BSI：英国标准化委员会。

　　🔖 JIS：日本工业化标准。

　　🔖 AFNOR：法国规范化联合会。

　　🔖 DIN：德国工业标准。

　☺ Parameter editing。

　　🔖 Inches：以英寸为单位。

　　🔖 Millimeters：以毫米为单位。

（3）选择"Line"选项卡，修改"Extension Line"区域中的参数，如图 9-1-30 所示。单击"OK"按钮，关闭"Parameters"对话框。显示板框的左上角，单击鼠标右键，在弹出的菜单中选择"Linear dimension"，确认控制面板的"Options"选项卡"Active Class"栏为"Board Geometry"，"Active Subclass"栏为"Dimension"，"Value"、"Text"栏为空，如图 9-1-31 所示。

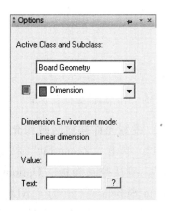

图 9-1-30　"Line"选项卡　　　　　　图 9-1-31　"Options"选项卡（5）

（4）单击板框的左边线，系统会默认标注所选直线的长度，单击鼠标右键，在弹出的菜单中选择"Reject"，所选点会出现一个标注点，如图 9-1-32 所示。单右边线上任一点，向上移动光标，选择 X 轴方向标注，单击鼠标左键，出现标注值，单击鼠标左键确认，单击鼠标右键，在弹出的菜单中选择"Next"，添加的标注如图 9-1-33 所示。

图 9-1-32　标注的起点

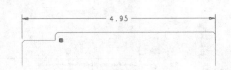

图 9-1-33　添加的标注

（5）按照同样的步骤进行其他尺寸标注，如图 9-1-34 所示。

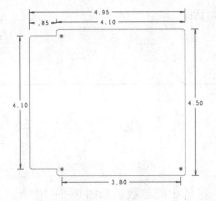

图 9-1-34　尺寸标注

7）标注斜角

（1）调整显示板框的右下角，单击鼠标右键，在弹出的菜单中选择"Chamfer Leader"，单击 45°的斜线，拖动鼠标向下移动到适当位置，单击鼠标左键确定位置，单击鼠标右键，在弹出的菜单中选择"Done"，调整后的板框右下角如图 9-1-35 所示。

（2）执行菜单命令"Add"→"Text"，确认控制面板"Options"选项卡的设置，如图 9-1-36 所示。

（3）在适当位置单击鼠标左键，在命令窗口输入"（6 places）"并按"Enter"键，单击鼠标右键，在弹出的菜单中选择"Done"，摆放的文本如图 9-1-37 所示。

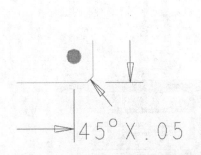

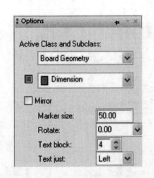

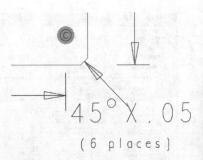

图 9-1-35　调整后的板框右下角　　图 9-1-36　"Options"选项卡（6）　　图 9-1-37　摆放的文本

8）设置允许摆放区域和允许布线区域

（1）单击"Zoom Fit"按钮显示整个 PCB，执行菜单命令"Edit"→"Z - Copy Shape"，确认控制面板"Options"选项卡的"Copy to Class"栏为"PACKAGE KEEPIN"，"Copy to Subclass"栏为"ALL"，选中"Contract"选项，在"Offset"栏中输入 70，如图 9-1-38 所示。单击板框的边界就会出现允许摆放区域，如图 9-1-39 所示。在控制面板的"Options"选项卡选择"Copy to Class"栏为"ROUTE KEEPIN"，"Copy to Subclass"栏为"ALL"，选中"Contract"选项，在"Offset"栏中输入 50，如图 9-1-40 所示。

 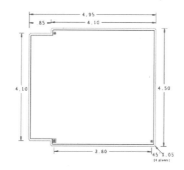 

图 9-1-38　"Options"选项卡（7）　图 9-1-39　设置允许摆放区域　图 9-1-40　"Options"选项卡（8）

（2）单击板框的边界就会出现允许布线区域，单击鼠标右键，在弹出的菜单中选择"Done"，如图 9-1-41 所示。

9）设置禁止摆放和禁止布线区域

（1）执行菜单命令"Setup"→"Areas"→"Package Keepout"，确认控制面板"Options"选项卡的"Active Class"栏为"Package Keepout"，"Active Subclass"栏为"All"，如图 9-1-42 所示。在 PCB 中间任意绘制一个矩形，如图 9-1-43 所示。

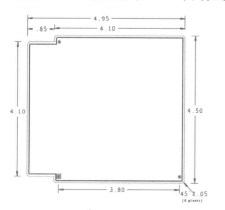  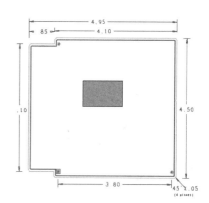

图 9-1-41　设置允许布线区域　图 9-1-42　"Options"选项卡（9）　图 9-1-43　设置禁止摆放区域

（2）单击"Zoom"相关命令，显示左下角的固定孔，执行菜单命令"Setup"→"Areas"→"Route Keepout"，确认控制面板的"Options"选项卡的"Active Class"栏为"Route Keepout"，"Active Subclass"栏为"All"，如图 9-1-44 所示。在定位孔附近绘制一个矩形，如图 9-1-45 所示。删除禁止摆放区域和禁止布线区域（上述设置的禁止摆放区域和禁止布线区域只是临时定义，作为示例讲解，本例不需要，所以必须删除它）。执行菜单命令"Edit"→"Delete"，确认控制面板"Find"选项卡"Shapes"选项被选中，如图 9-1-46 所示。单击禁止摆放区域，单击鼠标右键，在弹出的菜单中选择"Done"。

10）设置禁止过孔区域　执行菜单命令"Setup"→"Areas"→"Via Keepout"，确认控制面板"Options"选项卡的"Active Class"栏为"Via Keepout"，"Active Subclass"栏为"All"，"Segment Type"栏为"Line Orthogonal"，表示直角线，如图 9-1-47 所示。在命令窗口分别输入下列值，每输入一次按一下"Enter"键，单击鼠标右键，在弹出的菜单中选择"Done"，如图 9-1-48 所示。

    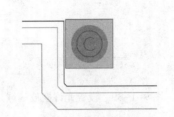   

图 9-1-44 "Options" 选项卡（10）   图 9-1-45 设置禁止布线区域   图 9-1-46 "Find" 选项卡

```
x – 900 200
iy 3700
ix 450
```

   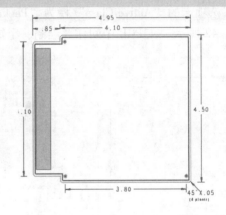

图 9-1-47 "Options" 选项卡（11）   图 9-1-48 设置禁止过孔区域

11）建立机械符号 执行菜单命令"File"→"Save"，保存 outline. dra 在目录 D：\Project \allegro\symbols 中，outline. bsm 文件同时被建立；若未建立，执行菜单命令"File"→ "Create Symbol"建立 outline. bsm 文件，建立的文件也保存在目录 D：\ Project \ allegro \ symbols 中。

9.2   建立 Demo 设计文件

到目前为止，已经建立了 Allegro PCB Editor 所需的库文件。图 9-2-1 所示的是 Allegro PCB Editor 的总体流程。首先，建立标准热风焊盘或非标准热风焊盘，使其能增加到引脚焊盘制作中；其次，在 Padstack Editor 中建立焊盘，并根据需要添加热风焊盘。在各自的编辑器中，分别建立元器件封装符号、机械符号、格式符号。所有的这些封装都将通过网络表或从库中加载到 PCB Editor 的 PCB 设计文件中。最后输出加工文件。

进行 PCB Editor 设计的第一步就是建立主设计文件，本例是建立 Demo 设计文件，如图 9-2-2 所示。

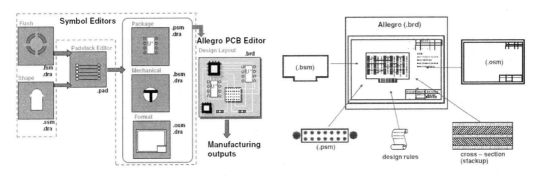

图 9-2-1　Allegro PCB Editor 的总体流程　　　　图 9-2-2　主设计文件

建立 Demo 设计文件的步骤：①设置绘图参数；②摆放机械符号；③添加格式符号；④添加封装符号；⑤设置颜色和可视性；⑥定义板层；⑦保存 PCB 模板。

1）设置绘图参数　启动 Allegro PCB Design GXL，执行菜单命令"File"→"New"，弹出"New Drawing"对话框，在"Drawing Type"栏中选择"Board"，在"Drawing Name"栏中输入"demo_brd"，单击"Browse…"按钮，确定保存的位置，如图 9-2-3 所示。单击"OK"按钮，进入编辑界面，执行菜单命令"Setup"→"Design Parameters…"，弹出"Design Parameters Editor"对话框，按照图 9-2-4 所示进行设置。

图 9-2-3　"New Drawing"对话框

2）建立板外框　选择"Add"菜单进行编辑，如图 9-2-5 所示。

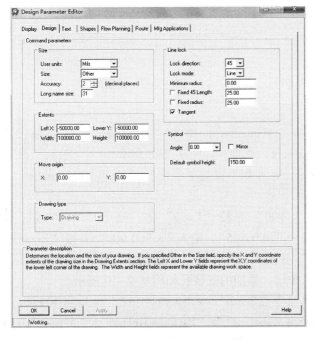

图 9-2-4　"Design Parameters Editor"对话框

图 9-2-5　"Add"菜单

☺ Line：添加直线。

☺ Arc w/Radius：设置半径的圆弧。

☺ 3pt Arc：设置直径的圆弧。

☺ Circle：圆形。

☺ Rectangle：矩形。

☺ Frectangle：长方形。

☺ Text：文字。

（1）执行菜单命令"Add"→"Line"，在控制面板的"Options"选项卡中选择"Active Class"栏为"Board Geometry"，"Active Subclass"栏为"Outline"，如图 9-2-6 所示。

（2）在命令窗口输入下列设置值，每次输入后按一下"Enter"键。

```
x  – 1000 – 1000
ix 2000
iy 2000
ix – 2000
iy – 2000
```

（3）单击鼠标右键，在弹出的菜单中选择"Done"，绘制的板框如图 9-2-7 所示。

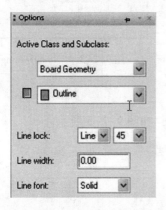

图 9-2-6　"Options"选项卡（1）

图 9-2-7　绘制的板框

3）放置安装孔

（1）执行菜单命令"Place"→"Manually"，弹出"Placement"对话框，选中"Advanced Settings"选项卡，选中"Library"选项，如图 9-2-8 所示。

（2）选择"Placement List"选项卡，在左侧下拉菜单中选择"Mechanical symbols"，选中"MTG125"，如图 9-2-9 所示。

（3）在命令窗口输入"x – 900 – 900"并按"Enter"键，选中"MTG125"，输入"x 900 – 900"并按"Enter"键，选中"MTG125"，输入"x 900 900"并按"Enter"键，选中"MTG125"，输入"x – 900 900"并按"Enter"键，单击鼠标右键，选择"Done"或在"Placement"对话框中单击"OK"按钮。添加的安装孔如图 9-2-10 所示。

4）设置允许摆放区域　执行菜单命令"Setup"→"Areas"→"Package Keepin"，确认控制面板"Options"选项卡的"Active Class"栏为"Package Keepin"，"Active Subclass"栏为"All"，"Segment Type"栏为"Line 45"，如图 9-2-11 所示。

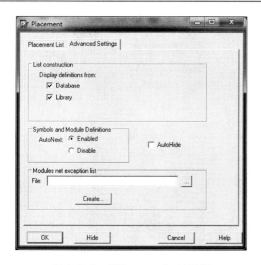

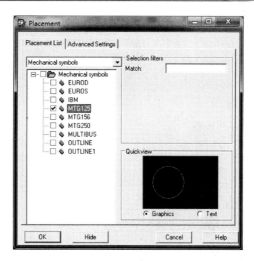

图 9-2-8 "Placement" 对话框
"Advanced Settings" 选项卡

图 9-2-9 "Placement" 对话框
"Placement List" 选项卡

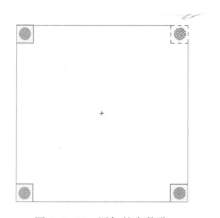

图 9-2-10 添加的安装孔

图 9-2-11 "Options" 选项卡（2）

在命令窗口中分别输入下列命令，每次输完后按一下"Enter"键，单击鼠标右键，在弹出的菜单中选择"Done"，设置的允许摆放区域如图 9-2-12 所示。

```
x –975 –800
ix 175
iy –175
ix 1600
iy 175
ix 175
iy 1600
ix –175
iy 175
ix –1600
iy –175
ix –175
iy –1600
```

5）设置允许布线区域 执行菜单命令"Setup"→"Areas"→"Route Keepin"，确认控制面板"Options"选项卡的"Active Class"栏为"Route Keepin"，"Active Subclass"栏

为"All"，"Segment Type"栏为"Line45"，如图 9-2-13 所示。

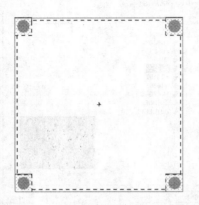

图 9-2-12　设置的允许摆放区域

图 9-2-13　"Options"选项卡（3）

在命令窗口中分别输入下列命令，每次输完后按一下"Enter"键，单击鼠标右键，在弹出的菜单中选择"Done"，设置的允许布线区域及其局部图如图 9-2-14 和图 9-2-15 所示。

```
x  -950  -800
ix 150
iy  -150
ix 1600
iy 150
ix 150
iy 1600
ix  -150
iy 150
ix  -1600
iy  -150
ix  -150
iy  -1600
```

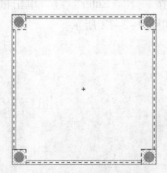

图 9-2-14　设置的允许布线区域

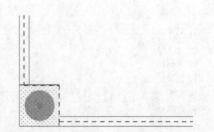

图 9-2-15　局部图

6）设置禁止布线区域　执行菜单命令"Setup"→"Areas"→"Route Keepout"，确认控制面板的"Options"选项卡"Active Class"栏为"Route Keepout"，"Active Subclass"栏为"All"，"Segment Type"栏为"Line 45"，如图 9-2-16 所示。

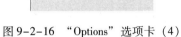

图 9-2-16　"Options"选项卡（4）

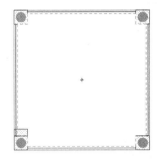

图 9-2-17　设置的禁止布线区域

在命令窗口分别输入下列命令，每次输入完命令后按一下"Enter"键，单击鼠标右键，在弹出的菜单中选择"Done"，设置的禁止布线区域如图 9-2-17 所示。

```
x - 1000  - 800
ix 200
iy 100
ix  - 200
iy  - 100
```

7）添加格式符号　执行菜单命令"Place"→"Manually"，弹出"Placement"对话框，选择"Format symbols"→"ASIZEV"，如图 9-2-18 所示。添加的格式符号如图 9-2-19 所示。

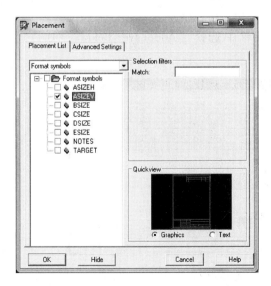

图 9-2-18　"Placement"对话框

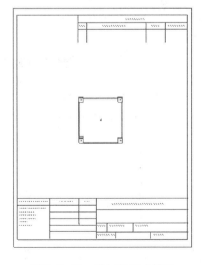

图 9-2-19　添加的格式符号

8）设置叠层　执行菜单命令"Setup"→"Subclasses"，弹出"Define Subclasses"对话框，如图 9-2-20 所示。

单击"ETCH"前面的按钮，弹出"Layout Cross Section"对话框，Top 和 Bottom 层面已

经定义为传导层（Conductor），如图 9-2-21 所示。

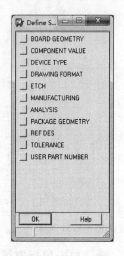

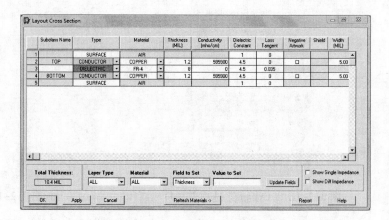

图 9-2-20　"Define
Subclasses" 对话框

图 9-2-21　"Layout Cross Section" 对话框

☺ Material：选择层面的物质材料类型。"COPPER" 表示材料为铜箔，"AIR" 表示空气，
"FR-4" 表示玻璃纤维。

☺ Layer Type：选择层面的类型。"Plane" 表示层面的类型为整片的铜箔；"Conductor"
表示层面的类型为布线的层面。

☺ Subclass Name：布线层面的名称。

☺ Negative Artwork：不勾选表示 "Positive" 正片形式，勾选表示 "Negative" 负片形
式。通常条件下，当 "Layer Type" 栏选择 "Conductor" 时，选择 "Positive"；当
"Layer Type" 栏选择 "Plane" 时，选择 "Negative"。

用鼠标右键单击 TOP 层，在出现的菜单中选择 "Add Layer Below"，插入层面，如
图 9-2-22 所示。

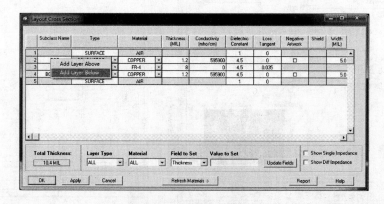

图 9-2-22　插入层面菜单

9）保存 PCB 模板　执行菜单命令 "File" → "Save"，保存文件于目录 D：\ Project \
allegro 中。

9.3　输入网络表

（1）启动 Allegro PCB Design GXL，打开 demo. brd 文件。

（2）执行菜单命令"File"→"Import"→"Logic…"，弹出"Import Logic"对话框，具体设置如图 9-3-1 和图 9-3-2 所示。

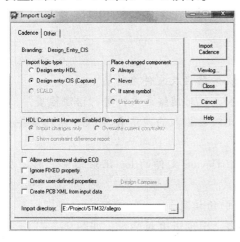

图 9-3-1　"Import
Logic"对话框"Cadence"选项卡

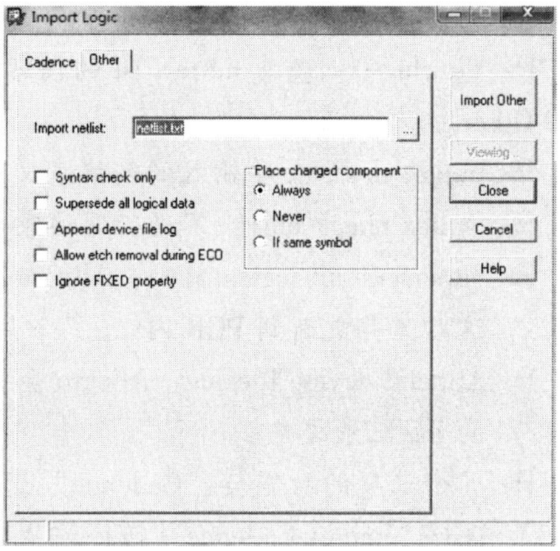

图 9-3-2　"Import
Logic"对话框"Other"选项卡

☺ Cadence。

🔖 Import logic type。

◇ Design entry HDL：读入 Concept HDL 的网络表。

◇ Design entry CIS（Capture）：读入 Orcad Capture 或 OrCAD Capture CIS 的网络表。

◇ SCALD：读入旧的 SCALD 网络表。

🔖 Place changed component。

◇ Always：无论元器件在电路图中是否被修改，该元器件均会放在原处。

◇ Never：如果元器件被修改过，Allegro 不会将它置于 PCB 中。

◇ If same symbol：如果元器件在电路图中被修改过，而封装符号没有被修改，该元器件仍会被放在原处。

🔖 HDL Constraint Manager Enabled Flow options：必须在读入 Concept HDL 的网络表时才起作用。

◇ Import changes only：仅更新 Constraint Manager 中修改过的部分。

◇ Overwrite current constraints：删除 PCB 内所有的 Constraint Manager 约束后，再读入 Constraint Manager 约束。

🔖 Allow etch removal during ECO：再次输入网络表时，Allegro 会删除多余的布线。

🔖 Ignore FIXED property：在输入网络表的过程中有固定属性的元素时，选择此项可忽略错误。

🔖 Create user-defined properties：根据网络表中的用户自定义属性在 PCB 内建立此属性的定义。

✈ Create PCB XML from input data：输入网络表过程中会产生 XML 格式文件，将来可以用 PCB Design Compare 工具与其他的 XML 格式文件比较差异。

✈ Show constraint difference report：显示差异报告。

✈ Design Compare…：启动 PCB Design Compare 工具，用于比较电路图与 PCB 的 XML 文件。

✈ Import directory：要输入的网络表的路径。

✈ Import Cadence：输入网络表，Allegro 同时会产生一个记录文件 netrev. lst，可用于查看错误信息。

✈ Viewlog…：查看 netrev. lst 的内容。

☺ Other。

✈ Import netlist：要输入的网络表文件所在的路径及文件名称。

✈ Syntax check only：不进行网络表的输入，仅对网络表文件进行语法检查。

✈ Supersede all logical data：Allegro 会先比较要输入的网络表与 PCB 内的差异，再将这些差异更新到 PCB 内。

✈ Append device file log：Allegro 会先保留 Device 文件的 log 记录文件，再附加上新的 log 记录文件。

✈ 其余选项的功能与 "Cadence" 选项卡中的相同。

（3）单击 "Import Cadence" 按钮输入网络表，出现进度对话框，如图 9-3-3 所示。当执行完毕后，若没有错误，在命令窗口中显示下列信息：

```
Starting Cadence Logic Import…
netrev completed successfully – use Viewlog to review the log file.
Opening existing drawing…
netrev completed successfully – use Viewlog to review the log file.
```

若有错误，可以查看记录文件（即 netin. log），在文件中会有错误提示。必须改正后才能正确地输入网络表。

（4）执行菜单命令 "File" → "Viewlog"，打开 netrev. lst 文件，如图 9-3-4 所示。

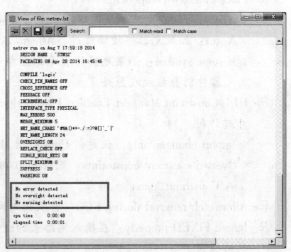

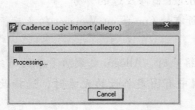

图 9-3-3　输入网络表后的进度对话框　　　　图 9-3-4　网络表的日志文件

（5）执行菜单命令"Tools"→"Reports"，弹出"Reports"对话框，在"Available Reports"栏双击"Bill of Materials Report"，使其出现在"Selected Reports"栏中，如图 9-3-5 所示。单击"Report"按钮产生报告，如图 9-3-6 所示。如果生成报告后显示不正确，可执行菜单命令"Setup"→"User Preference"，弹出如图 9-3-7 所示的"User Preference Editor"对话框，单击"Categories"中"Paths"前的"＋"号，选择"Libary"，单击右侧"psmpath/padpath"后的按钮▭，弹出如图 9-3-8 所示对话框，单击按钮▭，在新加入的路径栏选择封装或本书例程中封装存放的路径。之后再次生成报告，确认该报告是否正确。

图 9-3-5　"Reports"对话框

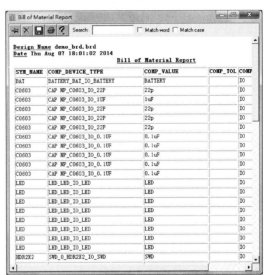

图 9-3-6　报表的内容

图 9-3-7　"User Preference Editer"

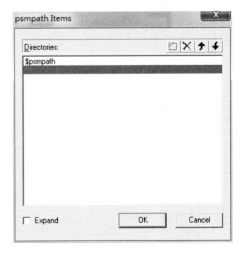

图 9-3-8　"Psmpath Items"

（6）关闭报告和"Reports"对话框，执行菜单命令"File"→"Save as"，保存文件，文件名为 demo_unplaced.brd，保存路径为 D:\Project\Allegro\demo_unplaced.brd。

习题

（1）如何使用输入坐标方法绘制板外框？

（2）如何使用机械符号编辑器建立 PCB 机械符号？

（3）如何增加布线内层？

（4）网络表的作用是什么？如何生成网络表？如何将网络表导入 Allegro？

第 10 章 PCB 设计基础

在 PCB 的设计中，PCB 的电气特性要求有很多方面，主要有低噪声、低失真度、低串扰与低电磁辐射。本章的主要目的就是介绍在 PCB 设计中所要面临的主要问题，以及如何通过布线、布局等方式来减小这些问题的发生。

在电路设计、信号及电源完整性设计的目的有如下 3 个。

☺ PCB 对外界的干扰免疫。

☺ PCB 不对外界系统造成干扰。

☺ 期望信号的质量及可靠性应予以保证。

若要实现以上 3 个目的，就要为电路添加约束条件。在 Cadence 中，电路的约束设置将在第 11 章进行讲解。约束条件又被分为电路设计问题（如背景噪声、固有噪声、失真、频率响应等）和 PCB 布局相关问题（如电磁干扰与串扰、磁场与电感耦合、电场与电容耦合、回路电感等）。本章重点介绍与 PCB 布局相关的约束。

10.1 PCB 相关问题

1. 电磁干扰与串扰问题

如图 10-1-1 所示，噪声可以由外部噪声源引入 PCB 中，同时 PCB 本身也可以成为噪声源而对外界或其自身造成影响。当外界电磁波对系统造成干扰时，就被称为 EMI（Electromagnetic Interference）问题。而另一方面，当系统本身成为 EMI 源而对外界系统造成干扰时，这种系统自身与外界系统的兼容性问题被称为 EMC（Electromagnetic Compatibility）问题。在国际上，有非常多的基于各种系统的 EMC 与 EMI 的标准，用户可以根据自己的能力选择所要服从的标准。合理的 PCB 布局/布线可有效地降低 EMI、提升 EMC。而系统间的相互影响是通过电感与电容间的电磁场耦合过来的，这也正是接下来要重点讨论的问题。

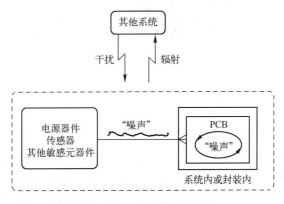

图 10-1-1　电磁干扰示意图

2. 磁场与电感耦合

如图 10-1-2 所示，通电的导线周围会产生磁场。磁场与电流的方向可以通过安培定则（用右手握住通电直导线，让大拇指指向电流的方向，那么其他四指的指向就是磁感线的环绕方向）得到。而磁场强度 B 可由下式计算得到：

$$B = \frac{\mu_0 I}{2\pi r^2} \tag{10-1}$$

式中，μ_0 为真空磁导率（$\mu_0 = 4\pi \times 10^{-7} \mathrm{H/m}$），$I$ 为导线中电流，r 为到导线的距离。

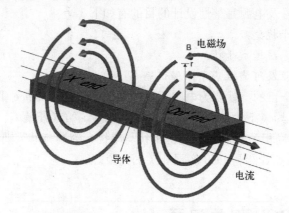

图 10-1-2　通电导线产生磁场

由麦克斯韦电磁感应定律可知，变化的磁场可以激发涡旋电场，变化的电场可以激发涡旋磁场；电场和磁场不是彼此孤立的，它们相互联系、相互激发，组成一个统一的电磁场。

如图 10-1-3 所示，当一个导线内的电流发生变化时，在其附近会激发出变化的磁场，同时在其周围的导线内会产生与第一个导线内方向相反的电流，且产生的磁场也会部分抵消第一个导线产生的磁场，这种现象称为互感现象。

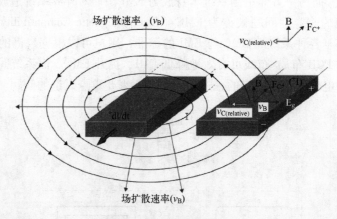

图 10-1-3　互感现象

这种由一个导线内的电压或电流变化引起相邻的导线内的电压或电流变化在 PCB 设计中称为串扰。当串扰现象发生在信号线与信号线之间时，是要避免的；而如果是发生在信号线与地回路之间，那对 PCB 设计是非常有益的，这也正是接下来要讨论的回路电感问题。

3. 回路电感

图 10-1-4 所示的是闭合回路磁场，每段导线所产生的磁场如图中箭头所示。闭合回路的自感系数 L 可由下式得到：

$$L = \mu_0 n^2 V \qquad (10-2)$$

式中，n 为线圈绕线匝数；V 为线圈所占体积；u_0 为介质相对渗透系数，在 PCB 中 $\mu_0 = 1$。由式（10-2）可知，回路中自感系数的大小是由电路几何形状所决定的，回路所占的体积越小，自感系数也越小。由图 10-1-5 所示的电路中可知，由于

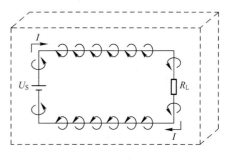

图 10-1-4　闭合回路磁场

回路占用较小的体积，获得了更小的自感系数，同时注意图中磁场箭头的方向，源路与回路的磁场相互抵消了。

> **【结论】** 如果想要通过减小回路电感来减小串扰，需要尽可能的加宽电路的回路，同时使回路尽可能靠近信号通路，以增大回路与信号间的耦合而减小串扰。而达到这个目的最简单的方式就是在 PCB 中设置地平面层，同时也可以通过将无关的信号线远离来减小串扰。

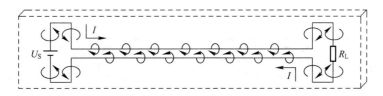

图 10-1-5　低自感系数电路

4. 电场与电容耦合

由上一小节的介绍可知，在增加回路宽度的同时，将电源与信号线靠近回路，可以有效地减小回路电感和串扰。而这样做在电场中会有什么效果呢？由图 10-1-6（a）所示可知，当导线单一存在时，会向外辐射电场，相当于信号线远离回路。由图 10-1-6（b）所示可知，当电场在两个极性相反的导体间时，电场会发生弯曲而不向外辐射，这种情况相当于将信号线或电源线贴近回路或地平面。

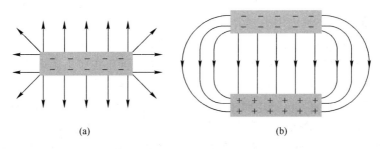

（a）　　　　　　　　　　　（b）

图 10-1-6　导体电场示意图

由此可知，同磁场中一样，在增大回路线宽的同时，将信号线与电源线贴近回路，可有效地减小电场地辐射，即减小串扰。同样，将无关的信号线远离，可增大信号线之间的阻抗，从而减小串扰。

10.2 地平面与地跳跃

1. 地平面与地跳跃

本节所讨论的地平面与之前所提到的电路中的回路实际上是等效的，即闭合电路中电流返回的通路。在 PCB 中自然涉及非常多的闭合电路，但很多闭合电路都公用一个电流回路，这就涉及公共阻抗的问题。当高功率电路或高噪声电路与低功率电路共享一个电流回路时，是一个非常麻烦的问题。

图 10-2-1 所示的是可供参考的两种回路布线方式。图 10-2-1（a）所示为并行布线，其优点是两路信号并行分离，有效地降低了信号间的相互干扰，同时信号线可直接"覆盖"于回路上，增加了回路耦合，降低了电路感抗；其缺点是布线方式较为笨拙，同时在密集电路中难以实现。图 10-2-1（b）所示为串行布线，其优点是易与实现，但其损失了分离的信号线与回路，即使信号与回路有紧密的耦合，但公共阻抗在高频率和高速电路中会造成不必要的麻烦。

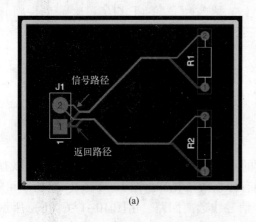
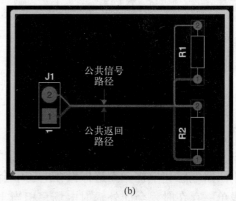

(a)　　　　　　　　　　　　　　　(b)

图 10-2-1　回路布线方式

正如之前所说的，若要回路尽可能宽且分布得尽可能广，最直接的方法就是在 PCB 中添加地平面层。但是在实际应用中，由于电源与地平面并非超导体，所以在地平面上仍存在阻抗与感抗。如图 10-2-2 中所示的实线，当电路中的开关或门电路跳变时，电源电位会有明显的降低（低电平向高电平跳变），而地平面的电位会升高（由高电平向低电平跳变），前者称之为轨道塌陷（Rail Collapse），后者称之为地跳跃（Ground Bounce）。同时，由图 10-2-2 中所示的实线可知，当电路中的 IC 没有旁路电容时，随着开关与连接点距离的增加，电平变化程度也随之增大。这种电压的变化也许对 IC 电源的影响并不大，但是在电源与变化开关之间的每一个逻辑门都会受到这个变化影响，很有可能造成错误的逻辑输入。

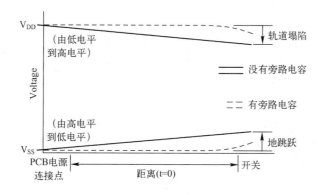

图 10-2-2　地跳跃与轨道塌陷

由图 10-2-2 中所示的虚线可知，当在电路中加入旁路电容时，这种电位的变化被明显减弱。旁路电容充当了电荷储存器，有效地减弱了电位的变化。

在数字电路中，旁路电容的主要作用为提升电源的稳定性与防治轨道塌陷和地跳跃。而在模拟电路中，旁路电容相当于一个低通滤波器，其作用是短路电源噪声。图 10-2-3 所示的是为 IC 电源引脚添加旁路电容的两种方案，虽然它们在电路结构上没有什么不同，但在高速电路与高频电路中会有非常大的区别。其中，图 10-2-3（a）更适用于模拟电路，而图 10-2-3（b）更适用于数字电路。

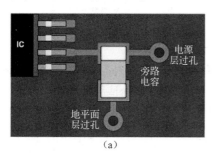
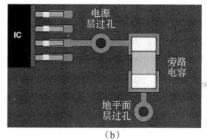

（a）　　　　　　　　　　　　　（b）

图 10-2-3　旁路电容

2. 地平面的分割

要解决在同一个 PCB 中数字电路开关噪声对模拟电路的干扰，最有效的方法就是分割铜平面，即分离模拟与数字器件且消除公共回路。图 10-2-4 给出了 4 种分割电源或铜平面的方式，可供读者参考。其中，图 10-2-4（a）所示为整体式覆铜，将一个完整的电路层作为电源、地平面或信号层，这种方式在高密度多层 PCB 中最为常见；图 10-2-4（b）所示为用于模数混合电路的分离式电源或地平面覆铜，常见于两层 PCB 中，其中最左端的铜平面为公共接口电路，另两块分别用于数字或模拟电路；图 10-2-4（c）所示为满足小部分电路或高速时钟需求的孤岛式覆铜；图 10-2-4（d）所示的方式应用于高速电路或低压电路中，将整层覆铜充当信号屏蔽层。

当在多层 PCB 中使用分离式覆铜或孤岛式覆铜时，数字电路的开关噪声将会从一个平面耦合到另一个平面，如图 10-2-5（a）和（b）所示。如果想防止平面间的电容耦合，可以在分割平面时避免平面间的相互覆盖，如图 10-2-5（c）所示；或者在平面间增加防护层，如图 10-2-5（d）所示。

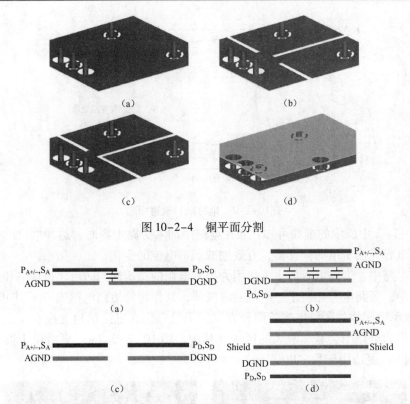

图 10-2-4　铜平面分割

图 10-2-5　平面耦合与屏蔽

在某些场合，模拟电路与数字电路的回路与参考平面不在同一层，但二者必须具有一个公共参考点，如 A/D 或 D/A 转换电路，此时所面临的问题就是如何使两个参考平面在物理上是分离的而在电气特性上是连接的。最简单的方法就是使用过孔来连接两个独立平面，如图 10-2-6（a）所示；也可以使用短路棒来达到相同的目的，如图 10-2-6（b）所示。图 10-2-4（c）中所示的孤岛覆铜也可以使用短路棒来连接。

图 10-2-6　建立公共参考点

10.3　PCB 的电气特性

1. 特征阻抗

在 PCB 中，特征阻抗通常是指导线的特征阻抗、电容、自感系数等。过去，这些数值的计算是一件非常复杂的事情，因为它们不仅与电路的几何形状、材质的电气特性有关，而且还涉及周围材质的电气特性。幸运的是，现今在网络上有非常多的阻抗计算工具可供选择，通过简单的关键词搜索即可下载非常多的阻抗计算软件。图 10-3-1 所示为 Polar 公司所推出的一款名为"CITS25"的阻抗计算软件。

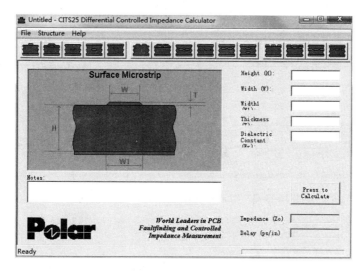

图 10-3-1 "CITS25"阻抗计算软件

在 Allegro 中，执行菜单命令"Setup"→"Cross - section"，弹出"Layout Cross Section"对话框，如图 10-3-2 所示。选中"Show Single Impedance"选项，在"Width"栏中输入线宽，在"Impedance"栏中就会自动计算出单线阻抗；同样，输入目标阻抗也会自动计算出线宽。

	Subclass Name	Type	Material	Thickness (MIL)	Conductivity (mho/cm)	Dielectric Constant	Loss Tangent	Negative Artwork	Shield	Width (MIL)	Impedance (ohm)
1		SURFACE	AIR			1	0				
2	TOP	CONDUCTOR	COPPER	1.2	595900	4.5	0	☐		5.0	130.71
3		DIELECTRIC	FR-4	8	0	4.5	0.035				
4	BOTTOM	CONDUCTOR	COPPER	1.2	595900	4.5	0	☐		5.0	131.21
5		SURFACE	AIR			1	0				

Total Thickness: 10.4 MIL
Layer Type: ALL
Material: ALL
Field to Set: Thickness
Value to Set:
Update Fields
☑ Show Single Impedance
☐ Show Diff Impedance

OK　Apply　Cancel　Refresh Materials ->　Report　Help

图 10-3-2 "Layout Cross section"对话框（1）

选中"Show Diff Impedance"选项后，"Layout Cross section"对话框如图 10-3-3 所示。在"Coupling Type"栏中可以设定差分线的耦合类型（"NONE"表示不耦合，"EDGE"表示同层耦合，"BROADSIDE"表示邻接层耦合）。在"Spacing"栏中可以设定线间距，在

"DiffZO" 栏中可以设定目标阻抗，在"Width""Spacing""DiffZ0"栏中任意输入两个参数，即可自动计算出第三个参数。

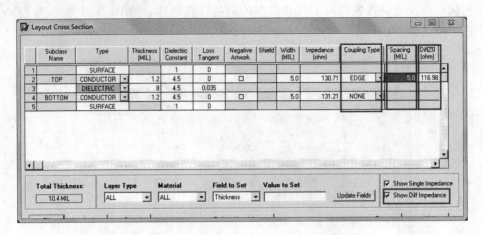

图 10-3-3 "Layout Cross section" 对话框（2）

2. 反射

在 PCB 的设计中，由于导线的自感系数、阻抗特性等自身的电气特性，在电路中会产生反射、振铃、串扰等一系列信号完整性问题。虽然这些问题在低速电路中基本可以忽略不计，但在高速电路设计中就会给工程师造成非常大的困扰。要解决这些问题，首先要考虑的就是电路的阻抗匹配问题。例如，一个人握住一个绳子的一端，而绳子的另一端空置，相当于目标阻抗无穷大，电路开路。当在绳子的一端振动产生一个波时，这个波就会向下传导。假定绳子上的摩擦力为零且没有能量损失，这个波就会被反射回来且具有相同的极性和振幅，如图 10-3-4 所示。而当绳子的另一端在墙上固定时（相当于目标阻抗为 0，电路短路），这时发送出去的波也会被反射回来，但具有完全相反的极性，如图 10-3-5 所示。

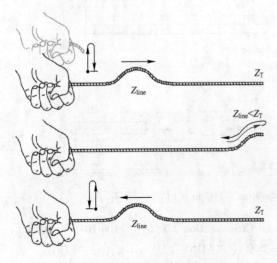

图 10-3-4 正反射示意

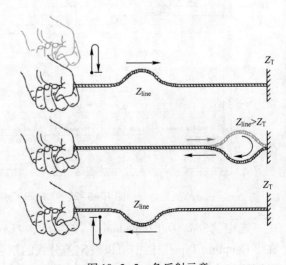

图 10-3-5 负反射示意

通过上述例子可以引入反射系数 ρ 的概念，以及表征电路中导线阻抗 Z_{line} 和目标阻抗 Z_T 与信号线上的信号反射强度间的的关系，即

$$\rho = \frac{Z_T - Z_{line}}{Z_T + Z_{line}}$$

当 $\rho = 1$ 时，即目标阻抗无穷大，信号被同极性完全反射；当 $\rho = -1$ 时，即目标阻抗为 0，信号被反极性完全反射。而最理想的情况是 $Z_T = Z_{line}$，即 $\rho = 0$，发射的信号没有被反射而完全被负载所吸收。关于负载阻抗的计算，在元器件的数据手册中都可以查到。

3. 振铃

当反射系数 ρ 不为 0 时，被反射的信号会在输入端与输出端之间被来回振荡，产生振铃效应，从而造成信号线上电压的过冲或下冲。在模拟电路中，信号在电路中来回反射，很有可能影响信号的质量，同时过冲和下冲很有可能造成电路的过载或复位。在数字电路中，过冲和下冲会影响输入信号的波形，从而产生错误逻辑信号或数据。而信号的传播速度与信号线的长度决定了振铃的强度和频率。

为了避免振铃效应，在 PCB 设计中应避免传播时间（PT）相较于信号的上升时间（RT）太大，或者导线长度（L_{trace}）相较于信号的波长（L_{SE}）太长。图 10-3-6 所示的是当传播时间相较于信号上升时间太长，且输入端输入一个阶跃信号（V(source)）时，导线上（V(drive)）的波形与负载端（V(load)）波形。通常认为，信号的传播时间应小于上升时间的 1/2 导线长度应小于信号上升沿的 1/2。但是这个条件只是临界条件，并不是最优目标。图 10-3-7 所示的是 PT = RT/2 时的反射波形。

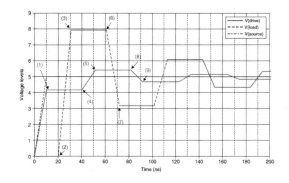

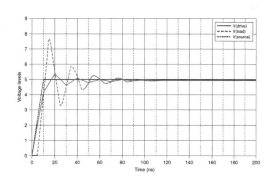

图 10-3-6　传播时间大于信号上升沿的情形　　　　　图 10-3-7　临界条件

当以上条件均无法满足时，合理的解决方式就是匹配输入、导线与输出三者的阻抗，使反射无法发生。可以通过在输入端或负载端并联、串联电阻来使输入阻抗（R_s）、导线阻抗（Z_0）和负载阻抗（R_L）相等。图 10-3-8 所示为阻抗完全匹配时没有反射的波形图。由图 13-3-8 可知，由于 $R_s = R_L$，到达负载端的电压只有输入端的 1/2，而有时这是无法满足电路需求的。此时可以通过匹配输入端与导线或者导线与负载端的阻抗来达到减小反射的目的。图 10-3-9 所示为输入端与导线阻抗匹配时的波形图。若要匹配输入端与导线上的阻抗，可以在输入端串联大小为（$Z_0 - R_s$）的电阻；若要匹配导线与负载端的电阻，可以在负载上并联大小为（$R_L Z_0$）/（$R_L - Z_0$）的电阻。

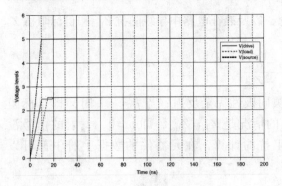

图 10-3-8　阻抗完全匹配

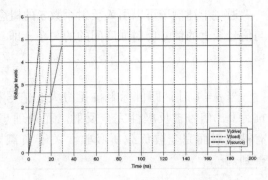

图 10-3-9　阻抗部分匹配

10.4　PCB 布局/布线注意事项

10.4.1　元器件的布局

　　元器件的布局有两个方面需要考虑，即 PCB 的生产制造方式和产品的电气特性。通常这二者是相得益彰的，但有时也会相互冲突。当冲突发生时，电气特性的考虑通常优先于生产制造的考虑，除非这样会造成机械故障。

　　在电路设计中，经常要求将相关的部件放在一起，以使布线尽可能短、尽可能为直线。但事实上，由于在数字电路中包含非常多的平行部件、分支和高速数据/地址总线，要想达到这个目的基本是不可能的。这时最有可能实现的就是使功能相近的部件放在一起，如使具有高速时钟或较快上升时间的部件放在一起，以减少相关信号线的长度。

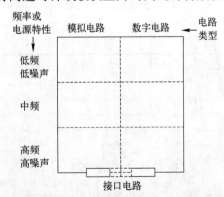

图 10-4-1　PCB 电路分布

　　在模数混合电路中，高压电路、数字电路与模拟电路在同一 PCB 上，此时应当将 PCB 分割成不同的平面，如图 10-4-1 所示。虽然 PCB 结构有可能不同，但基本理念都是将高压电路与高噪声电路尽可能靠近接口电路。

　　当采用了这种电路分布时，由于模拟电路与数字电路在同一平面上而限制了地平面的层数。如前所述，如果使用多层地平面而不使用屏蔽层，数字电路的开关噪声会被耦合到模拟电路中，这时就要采用图 10-2-4 所示的分割方式来分离模拟电路与数字电路。

　　在 PCB 元器件布局中，生产制造方式包含元器件的封装技术、焊接工艺与电气要求，这些因素决定了元器件的放置与定位。其中，元器件自身对元器件装配、审查与测试的可行性有很大影响，而对 PCB 功能性的提升并没有很大影响。

　　表 10-1 至表 10-6 列举了在元器件布局中基于生产制造方面的最小推荐距离，可供读者参考。

表 10-1 轴向 THD 元器件最小推荐距离

参 数	图 示	最小推荐距离/mil	最小推荐距离/mm
元器件与 PCB 边缘间距		$a = 75$ $b = 90$	$a = 1.9$ $b = 2.29$
元器件与元器件纵向间距		100	2.45
元器件与元器件横向间距（当元器件直径小于 100mil 时）		100	2.45
元器件与元器件横向间距（当 $D_2 > D_1 > 100$mil 时）		$a = 70 + 1/2D_1$ $b = 10 + 0.5D_1 + 1/2D_2$ （a、b 不小于 100mil）	$a = 1.78 + 1/2D_1$ $b = 0.25 + 0.5D_1 + 1/2D_2$ （a、b 不小于 2.45mm）
元器件与元器件垂直距离（当其中之一的直径大于 100mil 时）		$95 + 1/2D_1$	$2.41 + 1/2D_1$

表 10-2 径向 THD 元器件最小推荐距离

参 数	图 示	距 离
元器件与 PCB 边缘间距		r 等于 1/2 元器件直径或 1/2 元器件高，r 不小于 60mil

表 10-3 直插 IC 最小推荐距离

参 数	图 示	最小推荐距离/mil	最小推荐距离/mm
元器件与 PCB 边缘间距		$a = 100$ $b = 75$	$a = 2.54$ $b = 1.91$

续表

参　数	图　示	最小推荐距离/mil	最小推荐距离/mm
元器件与元器件横向间距	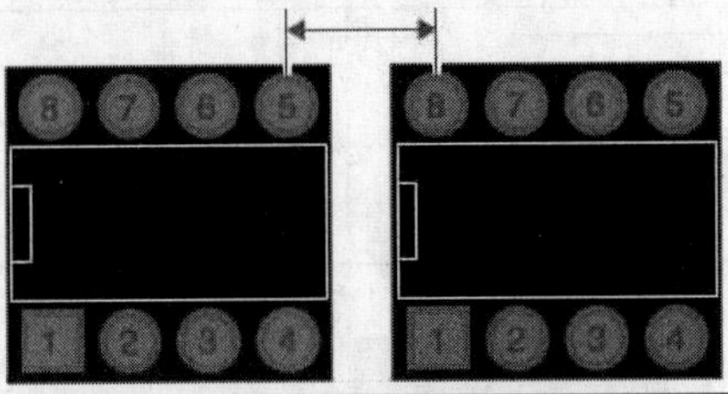	200	5.08
元器件与元器件纵向间距	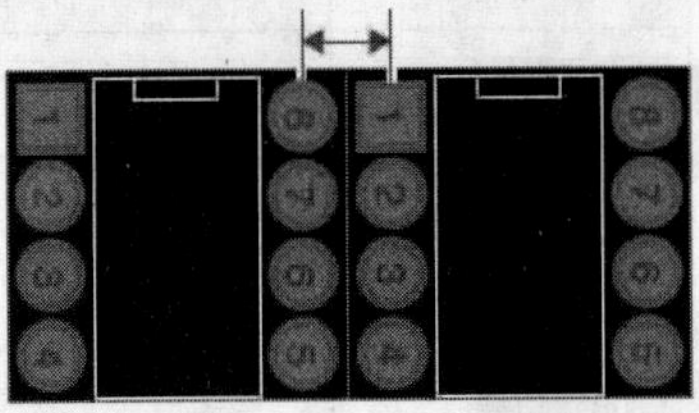	100	2.54

表 10-4　混合布局最小推荐距离

图　示	最小推荐距离/mil	最小推荐距离/mm
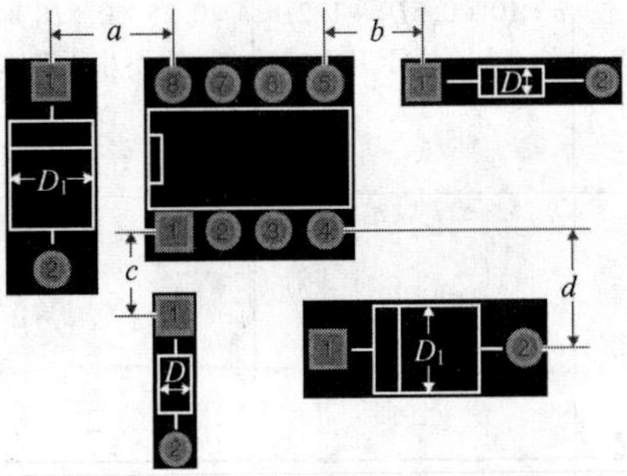	$a(D_1 > 100)$　　$115 + 1/2D_1$	$2.94 + 1/2D_1$
	$b(D < 100)$　　200	5.08
	$c(D < 100)$　　100	2.54
	$d(D_1 > 100)$　　$40 + 1/2D_1$	$1.02 + 1/2D_1$

表 10-5　贴片元器件最小推荐距离

参　数	图　示	最小推荐距离/mil	最小推荐距离/mm
元器件与 PCB 边缘间距	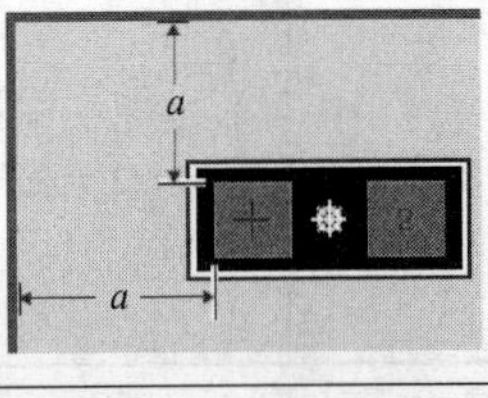	60	1.5
元器件与元器件间距	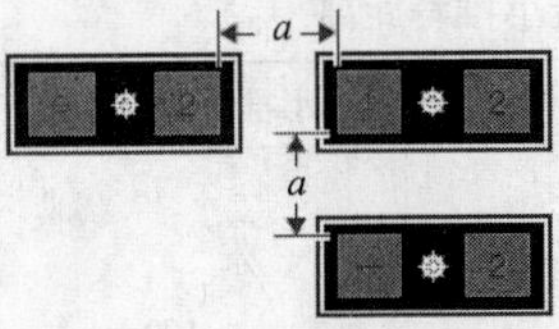	封装不小于 0603　20	0.5
焊盘与过孔	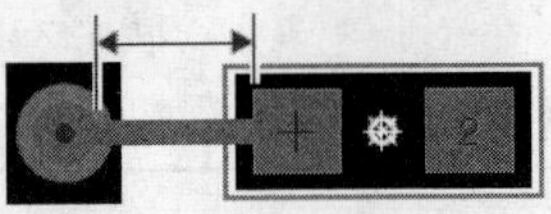	封装小于 0603　12　封装不小于 0603　20	0.3　0.5

表 10-6 贴片 IC 最小推荐距离

参　数	图　示	最小推荐距离/mil	最小推荐距离/mm
元器件与 PCB 边缘间距		60	1.5
元器件与元器件纵向间距		20	0.5
元器件与元器件横向间距		20	0.5

10.4.2 PCB 叠层设置

在设计多层 PCB 时，要考虑诸多因素，如 PCB 制造商的生产能力、PCB 的电路密度（元器件与布线）、信号的最大频率与上升/下降时间，最后还有成本计算。在设计中很少用到奇数层数的 PCB，那是因为增加一层与增加一对叠层的花费差不多，同时多出的一层可作为电源或地的平面层，而且对称的偶数层可防止 PCB 弯曲。在设置叠层时，信号层应尽可能临近平面层（最好是地平面层）以减少回路电感、电磁辐射和串扰。电源层也应该尽可能临近地平面层，这样可以帮助减少电源噪声和电磁辐射。在电源平面和信号平面中，信号平面优先临近地平面，因为可以在电源和地平面间增加旁路电容来达到相同目的。

图 10-4-2 所示为 3 种 4 层 PCB 叠层方案，其中厚度的单位为 mil，H 代表横向布线，V 代表纵向布线。

☺ 图 10-4-2（a）所示为最常用的模拟或数字电路的叠层方案，元器件与信号线在 PCB 表面，电源和地在内层，信号线布于表面有助于 PCB 的后期审查和测试。

☺ 在图 10-4-2（b）中，电源和地平面布于顶层和底层，而信号线布于内层，这样在屏蔽外界电磁辐射的同时也可以削弱内电路向外辐射的电磁波。

☺ 图 10-4-2（c）所示的方案不仅具有图 10-4-2（b）所示方案的优点，也可应用于需要正负电源的低密度模拟电路。

图 10-4-3 所示的是 3 种 6 层 PCB 叠层方案。

☺ 图 10-4-3（a）所示为不需要双电源的配置方案，它具有 4 个布线层和两个平面层。内部的两个布线层被地层屏蔽，可用于高速信号的布线。

☺ 图 10-4-3（b）所示为一种多功能的模拟电路双电源方案，它有两个完全的布线层和两个与电源共享的布线层，地层与每个信号层相邻并为内层的信号层提供屏蔽。

☺ 图 10-4-3（c）所示方案提供了非常好的电磁屏蔽，可用于高速/高频电路设计，但其缺点是仅有两层布线层。

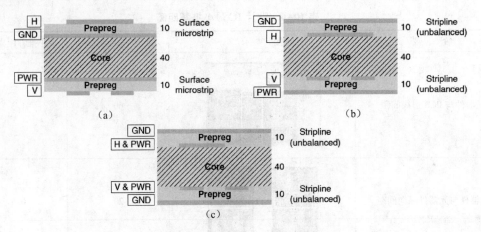

图 10-4-2　4 层 PCB 叠层设置

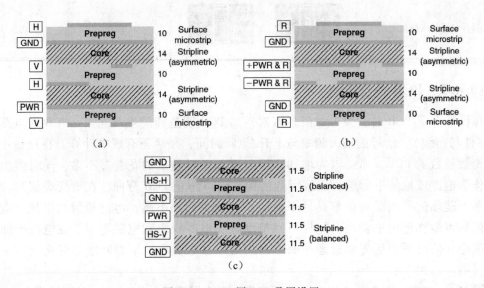

图 10-4-3　6 层 PCB 叠层设置

图 10-4-4 与图 10-4-5 所示的是 8 层 PCB 与 10 层 PCB 叠层方案。叠层方案介质的厚度对于大多数生产制造商都适用。由图 10-4-2 至图 10-4-5 可以看出，随着层数的增加，布线方式也变得灵活、多样。

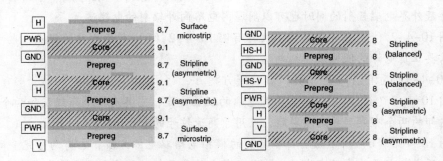

图 10-4-4　8 层 PCB 叠层方案

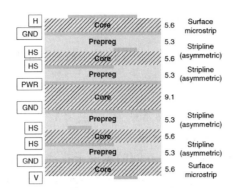

图 10-4-5　10 层 PCB 叠层方案

10.4.3　线宽和线间距

由焦耳定律（$Q = I^2R$）可知，当电流通过导线时，导线会被加热。导线越宽，意味着电阻越小，发热量也越小。为了控制发热量，需要计算最大电流所需的最小线宽，计算公式如下：

$$w = \left(\frac{1}{1.4 \times h} \right) \times \left(\frac{I}{k \times \Delta T^{0.421}} \right)^{1.379}$$

式中，w 为最小线宽，单位为 mil；h 为铜箔厚度，单位为 oz/ft^2；I 为负载电流，单位为 A；计算内层线宽时 $k = 0.024$，计算外层线宽时 $k = 0.048$；ΔT 为导线允许的最大温升值。图 10-4-6 所示为 $\Delta T = 10°C$，$h = 1\,\text{oz/ft}^2$ 时最小线宽与最大电流的对应曲线。

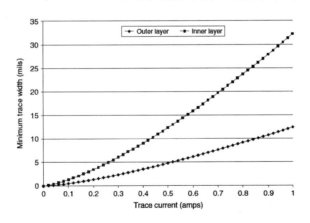

图 10-4-6　最小线宽与最大电流的对应曲线

对于导线阻抗的控制，从数字电路的角度来看，希望 PT < RT/2；从抑制反射的角度来看，希望 $L_{\text{trace}} < L_{\text{SE}}$。但是，如何证明布线是否满足要求呢？信号的上升时间与下降时间可以在芯片的数据手册中查到，而对于信号的传播时间，需要知道导线的单位延时时间 t_{pd}。如前所述，网络上阻抗计算软件同样可以计算导线的单位延时时间 t_{pd}。因此，计算信号传播时间 PT 有下式：

$$PT = L_{\text{trace}} \times t_{\text{PD}}$$

当希望 PT < RT/2 且 PT $= L_{\text{trace}} \times t_{\text{PD}}$ 时，有下式：

$$L_{\text{trace}} < \frac{\text{RT}}{2t_{\text{PD}}}$$

而对于模拟电路，决定导线长度更习惯于用信号波长而不是上升沿长度，即

$$\lambda = \frac{v_{\text{p}}}{f}$$

式中，$v_{\text{p}} = 1/t_{\text{PD}}$，$f$ 为信号最大频率。通常认为，$L_{\text{trace}} < \lambda/15$。

　　而对于线间距，Cadence 中默认线间距为两倍线宽。但对于串扰较为敏感的信号线，推荐线间距为 3 倍线宽，这样可以降低相互间的电磁干扰约 70%。并且在布线时，应尽量使用 45°拐角或圆角，因为 90°拐角容易积累电荷造成尖端放电，而且在高速电路中 90°拐角会造成反射现象。

第 11 章　设置设计约束

相对于 Allegro PCB 15.x 版本，Allegro PCB 16.5 之后的版本有一个重要的变化，那就是约束管理器（Constraint Manager）。新版本将间距约束（Spacing Rules）设置、物理约束（Physical Rules）设置及相同网络间距（Same Net Spacing）以数据表的形式放入了约束管理器中。这样做有如下 5 点好处。

☺ 从数据表中可以查看和编辑所有可用的约束。

☺ 能够查看和编辑所有约束关联下的层（Layer）。

☺ 可以方便地执行复制和粘贴操作。

☺ 可以从一个对象中提取或设置约束。

☺ 如同一个书架，便于查看。

☺ 便于打印。

在 Allegro 中，设计规则包括间距约束和物理约束。间距约束决定元器件、线段、引脚和其他的布线层保持多远的距离；物理约束决定使用多宽的线段和在布线中采用什么类型的贯穿孔；相同网络间距用于设置网络间距之间的约束规则。在网络与元器件或分组网络与元器件中采用不同的布线。

 ## 11.1　间距约束设置

1. 修改默认间距

（1）启动 Allegro PCB Design GXL，打开 demo_unplaced.brd，执行菜单命令"Setup"→"Constraints"→"Spacing…"，弹出约束管理器对话框，如图 11-1-1 所示。

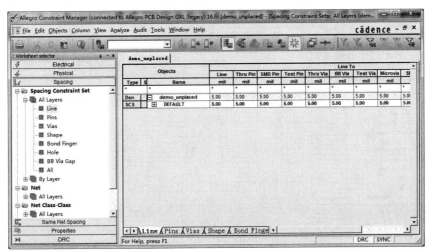

图 11-1-1　约束管理器对话框

在"Worksheet selector"栏中可以选择要设置约束类型。

☺ Electrical：电气约束。

☺ Physical：物理约束。

☺ Spacing：间距约束。

☺ Same Net Spacing：Net to Net Spacing 之间的约束规则。

☺ Properties：元器件或网络属性。

☺ DRC：DRC 错误信息。

（2）单击"Spacing Constraint Set"前面的"+"号→"All layer"，选择"Line"，如图 11-1-1 所示。图中右侧表格中的数据表示"Line"到"Line"、"Thru Pin"等的距离，默认距离为 5 mil。本例希望其默认值是 6 mil。

（3）单击数据表格中的"5.00"，将其修改为 6（按"Tab"键，可改写该值）。将"Line"栏的所有值均修改为 6 mil，如图 11-1-2 所示。在左侧"Worksheet selector"窗口中选择"All"，将所有默认间距值改为 6，如图 11-1-3 所示。

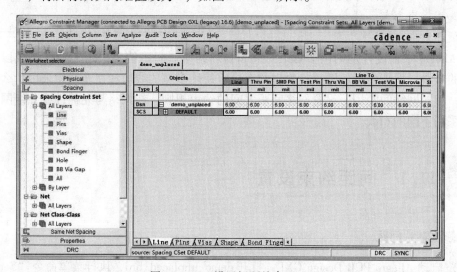

图 11-1-2　设置间距约束（1）

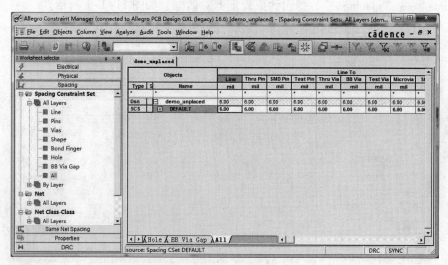

图 11-1-3　设置间距约束（2）

2. 设定间距规则

假定网络 5V 和 VCC 需要比前述设置的间距更大的间隙。在此介绍一种直接设定约束规则的方法。

（1）执行菜单命令"Objects"→"Create"→"Spacing CSet…"，在弹出的"Create Spacing CSet"对话框的"Spacing CSet"栏中输入"8 _ MIL _ SPACE"，如图 11-1-4 所示。

图 11-1-4　创建新间距规则名称

（2）单击"OK"按钮，在"Objects"栏中出现新的规则名"8_MIL_SPACE"，将表格区域的值均修改为 8，如图 11-1-5 所示。

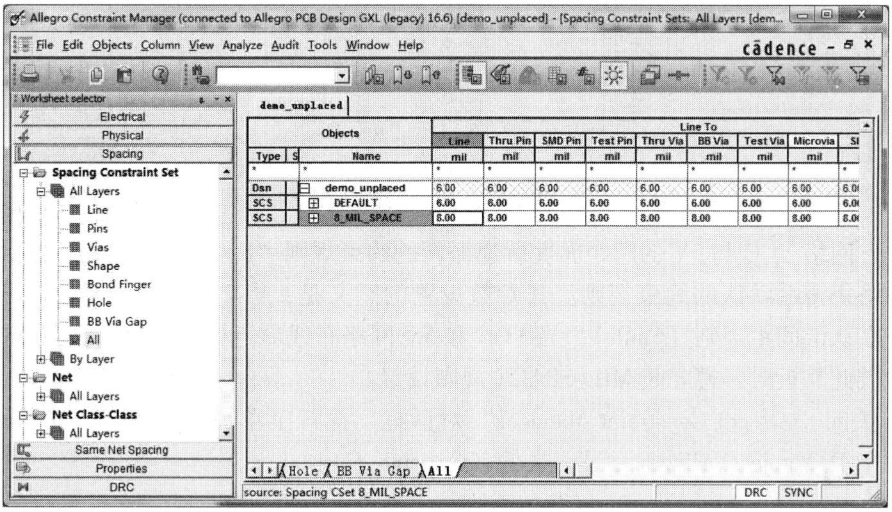

图 11-1-5　编辑约束

3. 分配约束

（1）在"Worksheet Selector"窗口中选择"Spacing"，单击"Net"前面的"+"号→"All layer"，选择"Line"，如图 11-1-6 所示。

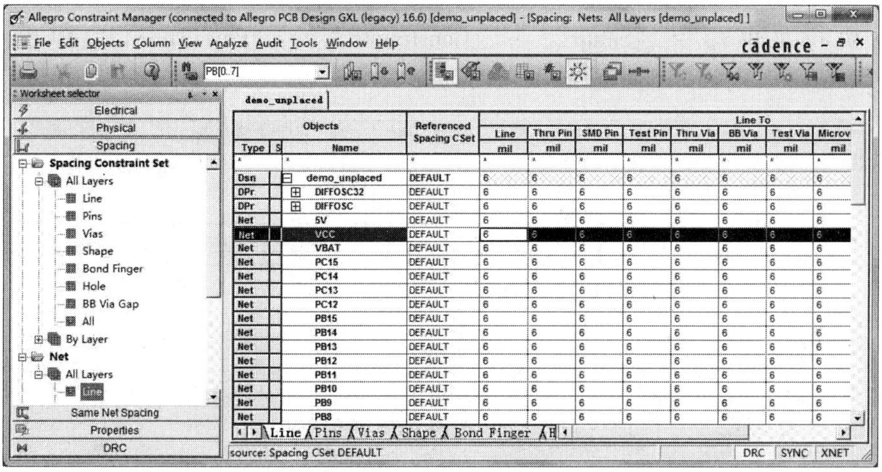

图 11-1-6　分配约束（1）

（2）在右侧工作窗口"Objects"栏下找到网络 VCC，单击其"Referenced Spacing CSet"属性，出现一个下拉框，在下拉框中选择刚刚设置的约束"8_MIL_SPACE"。同样，将网络 5V 的"Referenced Spacing CSet"属性设置为"8_MIL_SPACE"，如图 11-1-7 所示。

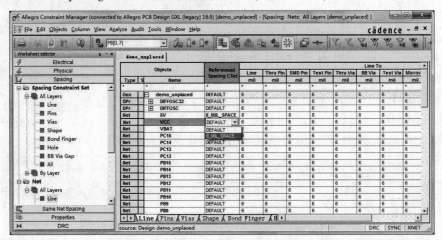

图 11-1-7　分配约束（2）

这样，网络 VCC 和 5V 的间距属性就遵循新的约束规则"8_MIL_SPACE"，而其他没有分配的网络仍遵循默认的约束规则。其参数设置的意义是，当 2 个默认网络布线彼此靠近时，遵守默认的间距规则（6mils）；当 VCC 和 5V 网络布线靠近默认网络，或者 VCC 和 5V 网络布线彼此靠近时，遵守 8_MIL_SPACE 规则设置。

（3）关闭"Allegro Constraint Manager"对话框。执行菜单命令"File"→"Save as"，保存文件于 D:\project\Allegro 目录，文件名为 demo_constraints。

11.2　物理规则设置

1. 修改默认物理规则

（1）执行菜单命令"Setup"→"Constraints"→"Physical…"，弹出"Allegro Constraint Manager"对话框，如图 11-2-1 所示。

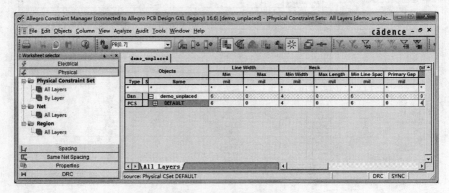

图 11-2-1　约束管理器对话框

右侧工作区中，"Line Width"表示最大/最小线宽，默认最小线宽为 5mil，但本例希望其值为 6mil。

（2）单击数据表格中的"5.00"，将其值设置为 6（按"Tab"键，可改写该值），将最小线宽修改为 6mil，如图 11-2-1 所示。

2. 设置物理规则

假定网络 VCC、5V 和 VBAT 需要比前述设置的线宽更大的线宽。在此介绍另一种先建立网络级再进行设置的方法。

（1）在 Allegro PCB Design GXL 中执行菜单命令"Edit"→"Properties"，在控制面板的"Find"选项卡中的"Find By Name"区域选择"Net"和"Name"，并输入"*V*"，如图 11-2-2 所示。

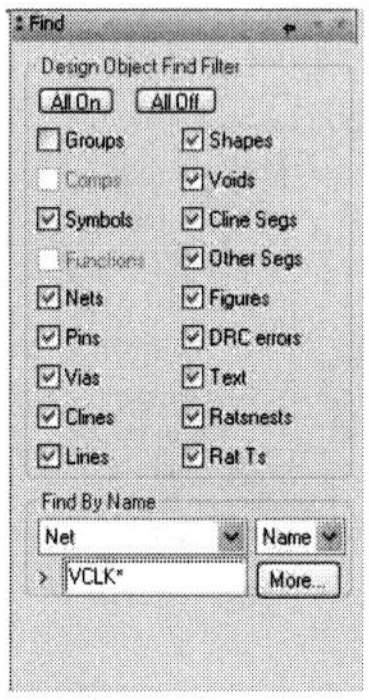

（2）按"Enter"键，弹出"Edit Property"对话框和"Show Properties"窗口，在"Edit Property"对话框中选择

图 11-2-2　"Find"选项卡

"Physical_Constraint_Set"，在右侧的"Value"栏中输入网络组名"PCS_PW"，如图 11-2-3 所示。单击"Apply"按钮，将属性添加到"Show Properties"窗口，如图 11-2-4 所示。

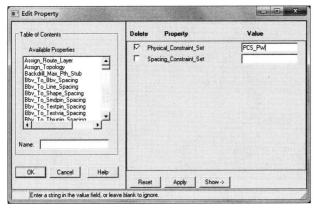

图 11-2-3　"Edit Property"对话框

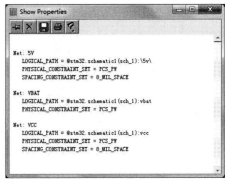

图 11-2-4　"Show Properties"窗口

现在建立了一个 PCS_PW 的网络组，VCC、5V 和 VBAT 是其成员。如果其他网络也需要同样的间隙，可以将它们添加到这个网络组中。

（3）在"Allegro Constraint Manager"对话框的"Objects"栏中出现新的规则名"PCS_PW"，选择"Line Width"中的"Min"栏，将其值修改为 8（按"Tab"键，可改写该值），如图 11-2-5 所示。

3. 分配约束

（1）在"Allegro Constraint Manager"对话框的"Physical"部分，单击"Net"→"All Layers"，如图 11-2-6 所示。

（2）在右侧工作窗口中的"Objects"栏下找到网络 VCC、5V 和 VBAT，单击其"Referenced Physical CSet"属性，出现一个下拉框，在下拉框中选择刚刚设置的约束"PCS_PW"，如图 11-2-6 所示。

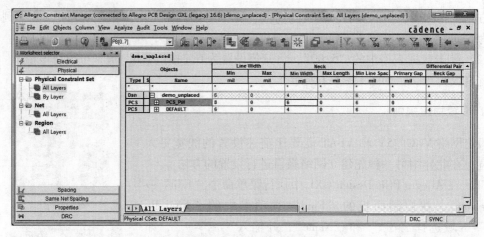

图 11-2-5　设置线宽约束

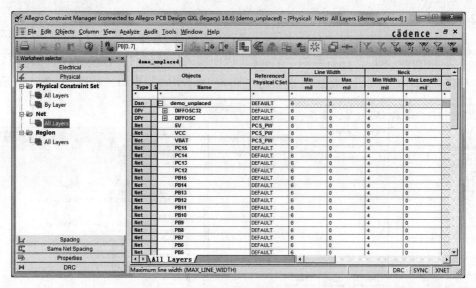

图 11-2-6　分配约束

4. 设置过孔

（1）在"Allegro Constraint Manager"对话框的"Physical"部分，单击"All Laters"，如图 11-2-7 所示。

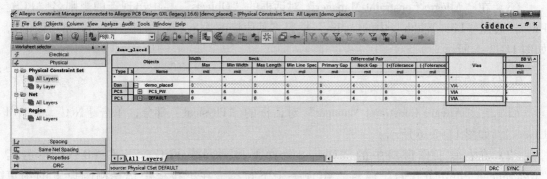

图 11-2-7　约束管理器

（2）单击"PCS_PW"项目的"Via"，弹出"Edit Via List"对话框，如图 11-2-8 所示。

（3）在"Edit Via List"对话框左侧"Select a via from the library"列表框中选择"VIA26"，此时"VIA26"出现在右侧"Via list"列表框中。在右侧"Via list"列表框中选择"VIA"，单击"Remove"按钮，如图 11-2-9 所示。

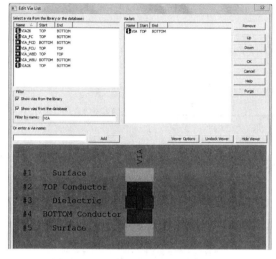

图 11-2-8　"Edit Via List"对话框

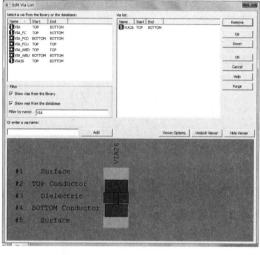

图 11-2-9　添加 VIA26 过孔

（4）单击"OK"按钮，关闭"Edit Via List"对话框。

（5）修改"DEFAULT"项目的"VIA"为 VIA26。关闭约束管理器对话框。执行菜单命令"File"→"Save"，保存文件。

11.3　设定设计约束（Design Constraints）

（1）执行菜单命令"Setup"→"Constraints"→"Modes…"，弹出"Analysis Modes"对话框，如图 11-3-1 所示。该对话框用于设置约束规则检查的内容，这些设计规则都是在全局模式下进行检查的，详解设置内容可参考 Cadence 的帮助手册。

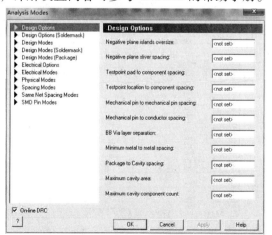

图 11-3-1　"Analysis Modes"对话框

（2）单击"OK"按钮，关闭"Analysis Modes"对话框，采用默认设置。

（3）执行菜单命令"File"→"Save"，保存文件。

 ## 11.4 设置元器件/网络属性

设置元器件/网络属性的方法多种多样，使用约束管理器也可以方便地设置元器件/网络的属性，如图11-4-1和图11-4-2所示。

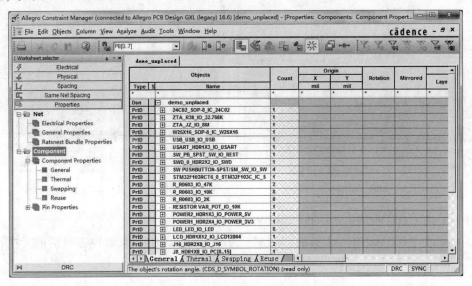

图11-4-1 设置元器件属性

图11-4-1右侧工作区间的"Objects"栏以元器件封装的形式列出了元器件，在此可以设置元器件的属性。图11-4-2右侧工作区间的"Objects"栏中列出了所有网络，在此可以设置网络的属性。

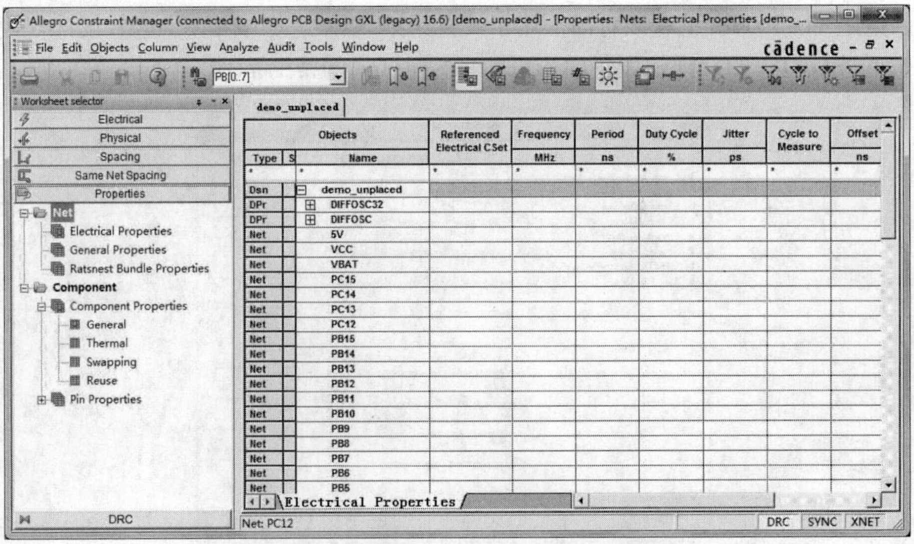

图11-4-2 设置网络属性

1. 为元器件添加属性

（1）启动 Allegro PCB Design GXL，打开"demo_constraints. brd"文件，执行菜单命令"Edit"→"Properties"，在控制面板的"Find"选项卡的"Find By Name"区域选择"Comp(or Pin)"，在文本栏中输入"J1"，如图11-4-3所示。

（2）按"Enter"键，打开"Edit Property"对话框和"Show Properties"窗口，如图11-4-4和图11-4-5所示。

图11-4-3 "Find"选项卡（1）

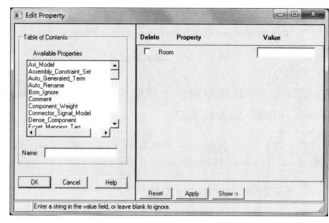

图11-4-4 "Edit Property"对话框（1）

（3）选择"Fixed"和"Hard_Location"属性，并将其设置为"True"，如图11-4-6所示。单击"Apply"按钮添加属性，新的属性出现在"Show Properties"窗口中，如图11-4-7所示。

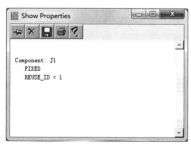

图11-4-5 "Show Properties"窗口（1）

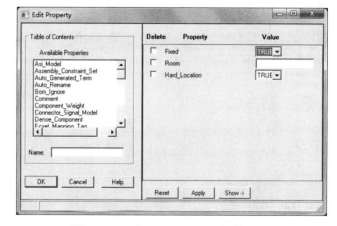

图11-4-6 "Edit Property"对话框（2）

☺ Fixed：使元器件不能被移动。

☺ Hard_Location：在元器件重命名过程中，元器件序号不能被改变。

（4）单击"OK"按钮，关闭"Edit Property"对话框和"Show Properties"窗口。

2. 为元器件添加 FIXED 属性

（1）单击按钮，确保控制面板"Find"选项卡中的"Symbols"选项被选中，如图11-4-8所示。

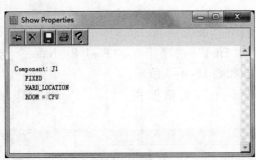

图 11-4-7 显示新的属性

图 11-4-8 "Find" 选项卡（2）

（2）在工作区域分别单击想要锁定的元器件，单击鼠标右键，在弹出的菜单中选择"Done"，FIXED 属性被添加。

> 【注意】当想删除一个元器件的 FIXED 属性时，单击图标，然后单击元器件即可。

3. 为元器件添加 Room 属性

（1）执行菜单命令"Edit"→"Properties"，在控制面板的"Find"选项卡中"Find by Name"区域选择"Comp(or Pin)"，单击"More"按钮，弹出"Find by Name or Property"对话框，如图 11-4-9 所示。

（2）在"Available objects"栏中选择元器件，元器件会出现在右侧的"Selected objects"列表框中，如图 11-4-10 所示。

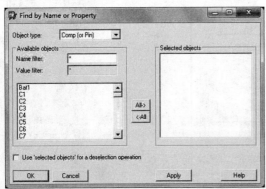

图 11-4-9 "Find by Name or Property" 对话框

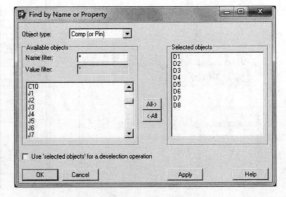

图 11-4-10 选择元器件

（3）单击"Apply"按钮，在"Edit Property"对话框选择"Room"，在"Value"栏中输入"LED"，如图 11-4-11 所示。单击"Apply"按钮，在"Show Properties"窗口中显示新添加的属性，如图 11-4-12 所示。

（4）单击"OK"按钮，关闭"Edit Property"对话框和"Show Properties"窗口。单击"OK"按钮，关闭"Find by Name or Property"对话框。单击鼠标右键，在弹出的菜单中选择"Done"，完成 Room 属性的添加。

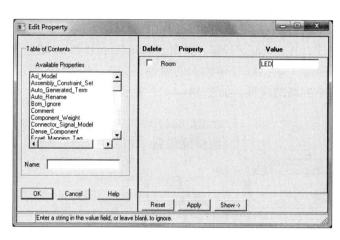

图 11-4-11 设置 Room 名称

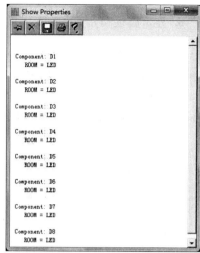

图 11-4-12 显示新添加的属性

4. 为网络添加属性

（1）执行菜单命令"Edit"→"Properties"，在控制面板的"Find"选项卡"Find By Name"区域选择"Net"，并输入"5V"，如图 11-4-13 所示。

（2）按"Enter"键，弹出"Edit Property"对话框和"Show Properties"窗口，在"Available Properties"列表框中选择"Min_Line_Width"，在右侧的"Value"栏中输入"15Mil"，如图 11-4-14 所示。

图 11-4-13 "Find"选项卡（3）

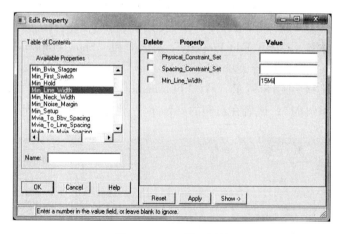

图 11-4-14 设置属性

（3）单击"Apply"按钮，将新的属性添加到"Show Properties"窗口，如图 11-4-15 所示。

（4）单击"OK"按钮，关闭"Edit Property"对话框和"Show Properties"窗口。单击鼠标右键，在弹出的菜单中选择"Done"，完成网络属性的添加。

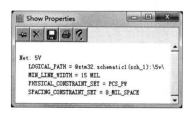

图 11-4-15 显示新添加的属性

5. 显示属性和元素

（1）执行菜单命令"Edit"→"Properties"，在控制面板的"Find"选项卡"Find By Name"区域选择"Net"，并输入"*"，按"Enter"键，弹出"Edit Property"对话框和"Show Properties"窗口。在"Edit Property"对话框显示添加的属性，如图 14-4-16 所示；在而"Show Properties"窗口中显示每个网络的属性，如图 14-4-17 所示。

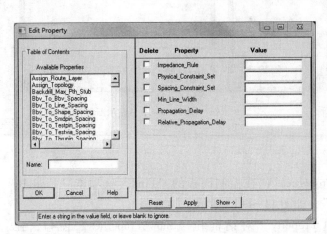

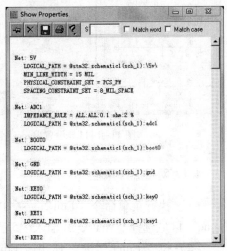

图 11-4-16　"Edit Property"对话框（3）　　　　图 11-4-17　"Show Properties"窗口（2）

（2）在"Show Properties"窗口单击"Save As"按钮，在弹出的对话框中输入"netprops"，单击"Save"按钮，将 netprops.txt 文件保存在当前目录下。单击"OK"按钮，关闭"Edit Property"对话框和"Show Properties"窗口。

（3）执行菜单命令"Display"→"Property"，弹出"Show Property"对话框，如图 11-4-18 所示。在"Information"选项卡的"Available Properties"列表框中选择"ROOM"；或者在右侧的"Name"栏中输入"ROOM"，如图 11-4-19 所示。

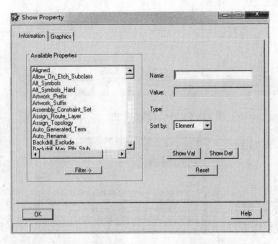

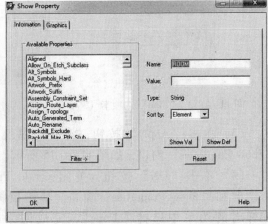

图 11-4-18　"Show Property"对话框（1）　　　　图 11-4-19　"Show Property"对话框（2）

（4）单击"Show Val"按钮，弹出"Show"窗口，显示所有的 ROOM 属性，如图 11-4-20 所示。关闭"Show"窗口。单击"OK"按钮，关闭"Show Property"对话框。

6. 删除属性

（1）执行菜单命令"Edit"→"Properties"，在控制面板的"Find"选项卡"Find By Name"区域选择"Comp（or Pin）"，并输入"J1"，按"Enter"键，弹出"Edit Property"对话框和"Show Properties"窗口，如图 11-4-21 和图 11-4-22 所示。

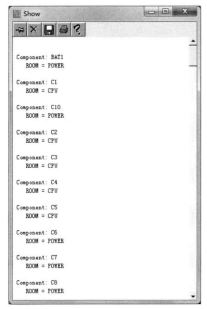

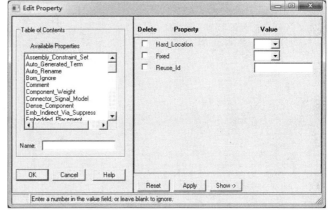

图 11-4-20　显示 ROOM 属性　　　　　　　图 11-4-21　"Edit Property"对话框（4）

（2）在右侧"Delete"栏选中"Hard_Location"选项，单击"Apply"按钮删除该属性，如图 11-4-23 所示。

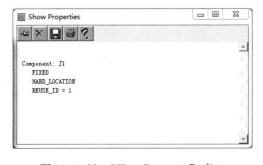

图 11-4-22　"Show Properties"窗口　　　　　图 11-4-23　删除该属性

（3）单击"OK"按钮，关闭"Edit Property"对话框和"Show Properties"窗口。

（4）执行菜单命令"File"→"Save as"，保存文件，文件名为 demo_constraints.brd。

习题

（1）物理规则设置包含哪些步骤？

（2）如何添加、修改和删除元器件或网络的属性？

（3）在诸多设计规则中，最基本的规则有哪些？

（4）当违背设计规则时，会出现 DRC 符号，下图所示的 DRC 符号表示的含义是什么？

第 12 章 布 局

在设计中，布局是一个重要的环节。布局的好坏将直接影响布线的效果，合理的布局是 PCB 设计成功的第一步。

布局的方式分为两种，即交互式布局和自动布局。通常是在自动布局的基础上用交互式布局进行调整。在布局时，还可根据布线的情况对门电路进行再分配，将两个门电路进行交换，使其成为便于布线的最佳布局。在布局完成后，还可对设计文件及有关信息进行回注，使得 PCB 中的有关信息与原理图保持一致，以便能与后续建档、更改设计同步起来；同时，对模拟电路的有关信息进行更新，以便对电路的电气性能及功能进行板级验证。

首先，要考虑 PCB 的尺寸大小，若过大，印制线路长，阻抗增加，抗噪声能力下降，成本也会增加；若过小，则散热不好，且临近布线易受干扰。其次，在确定 PCB 尺寸后，要确定特殊元器件的位置。最后，根据电路的功能单元，对电路的全部元器件进行布局。

在确定特殊元器件的位置时，要遵守以下原则。

☺ 尽可能缩短高频元器件之间的连线，设法减少其分布参数和相互之间的电磁干扰。易受干扰的元器件不能相互挨得太近，输入元器件与输出元器件应尽量远离。

☺ 某些元器件或导线之间可能有较高的电位差，应加大它们之间的距离，以免放电而导致意外短路。带强电的元器件应尽量布置在调试人员不易接触到的地方。

☺ 质量超过 15g 的元器件应当用支架加以固定，然后再焊接。那些又大又重、发热量多的元器件不宜装在 PCB 上，而应装在整机的机箱底板上，并且应考虑散热问题。热敏元器件应远离发热元器件。

☺ 对于电位器、可调电感线圈、可变电容器、微动开关等可调元器件的布局，应考虑整机的结构要求。

☺ 应留出 PCB 的定位孔和固定支架所占用的位置。

根据电路的功能单元对电路的全部元器件进行布局时，要符合以下原则。

☺ 按照电路中各个功能单元的位置，使布局便于信号流通，并使信号尽可能保持一致的方向。

☺ 以每个功能单元的核心元器件为中心，围绕它们进行布局。元器件应均匀、整齐、紧凑地排列在 PCB 上，尽量减少和缩短各个元器件之间的引线和连接。

☺ 对于高频电路，要考虑元器件之间的分布参数。一般电路应尽可能使元器件平行排列，这样不仅美观，而且便于焊接，易于批量生产。

☺ 位于 PCB 边缘的元器件，离 PCB 边缘一般不小于 2mm；PCB 的最佳形状为矩形，长宽比为 3:2 或 4:3。PCB 面尺寸大于 200mm×150mm 时，应考虑 PCB 的机械强度。

布局后，要严格进行以下检查。

☺ PCB 尺寸是否与加工图纸尺寸相符？能否符合 PCB 制造工艺要求？有无定位标志？

☺ 元器件在二维、三维空间上有无冲突？

☺ 元器件布局是否疏密有序？是否排列整齐？是否全部布完？

☺ 需经常更换的元器件能否方便地进行更换？插件板插入设备时是否方便？

☺ 热敏元器件与发热元器件之间是否有适当的距离？

☺ 可调元器件是否方便调整？

☺ 在需要散热的地方，是否装了散热器？空气流动是否通畅？

☺ 信号流程是否顺畅且互连最短？

☺ 插头、插座等与机械设计是否矛盾？

☺ 线路的干扰问题是否有所考虑？

12.1　规划 PCB

1. 设置格点

（1）启动 Allegro PCB Design GXL，执行菜单命令"File"→"Open"，打开 dome_constraints. brd 文件。

（2）执行菜单命令"Setup"→"Grids"，弹出"Define Grid"对话框，按图 12-1-1 所示进行设置。

（3）单击按钮▦可以显示或关闭格点。

（4）单击"OK"按钮，关闭"Define Grid"对话框。

2. 添加 ROOM

（1）执行菜单命令"Display"→"Color/Visibility"，或者单击按钮▦，弹出"Color Dialog"对话框，在左侧工作区中选择"Board Geometry"，选中"Top_Room"、"Bottom_Room"、"Both_Rooms"，设定相应的颜色，如图 12-1-2 所示。

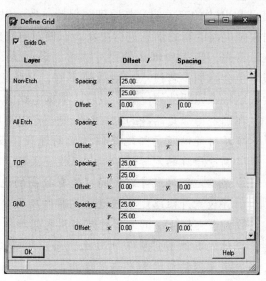

图 12-1-1　"Define Grid"对话框

（2）单击"OK"按钮，关闭"Color Dialog"对话框。

（3）执行菜单命令"Setup"→"Outlines"→"Room Outline …"，弹出"Room Outline"对话框，按图 12-1-3 所示进行设置。

☺ Command Operations。

　☞ Create：建立一个新的 Room。

　☞ Edit：编辑存在的 Room。

　☞ Move：移动存在的 Room。

　☞ Delete：删除存在的 Room。

☺ Room Name。

　☞ Name：当选中"Create"选项时，命名一个新的 Room；当选中"Edit"、"Move"或"Delete"选项时，可以从下拉列表中选择可用的 Room。

☺ Side of Board。

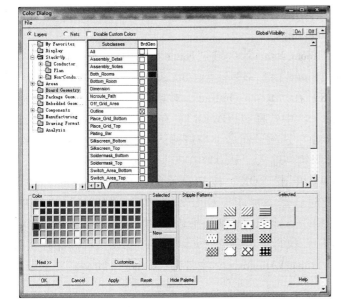

图 12-1-2　"Color Dialog" 对话框

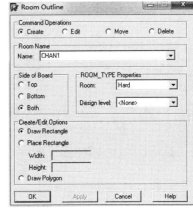

图 12-1-3　"Room Outline" 对话框

☞ Top：Room 在顶层。

☞ Bottom：Room 在底层。

☞ Both：Room 在顶层和底层。

☺ ROOM_TYPE Properties。

☞ Room。

◇ Use design value：使用整个设计设定的参数。

◇ Hard：属于该 Room 的元器件必须摆放在区域内。

◇ Soft：属于该 Room 的元器件可摆放在区域外。

◇ Inclusive：不属于该 Room 的元器件可摆放在该 Room 范围内。

◇ Hard straddle：属于该 Room 的元器件可放在区域内或跨过 Room 边界。

◇ Inclusive straddle：属于该 Room 的元器件可放在区域内或跨过 Room 边界，且不属于该 Room 的元器件也可摆放在该 Room 的范围内。

☞ Design level：可针对整个设计设定参数，可选项包括 "None" "Hard" "Inclusive" "Hard straddle" "Inclusive straddle"。

☺ Create/Edit Options。

☞ Draw Rectangle：绘制矩形并可定义矩形大小。

☞ Place Rectangle：按指定尺寸绘制矩形。

☞ Draw Polygon：允许绘制任意形状。

（4）在命令窗口输入 "x -400 -400" →按 "Enter" 键→输入 "x 450 400" →按 "Enter" 键。

（5）在 "Room Outline" 对话框中，Room Name 自动变为 "I/O"，将其类型设置为 "Inclusive"；在命令窗口输入 "x 950 950" →按 "Enter" 键→输入 "x -950 -950" →按 "Enter" 键。

（6）在 "Room Outline" 对话框中 "Room Name" 区域 "Name" 栏中选择 "LED"，在

"Side of Board" 区域选中 "Top" 选项，在命令窗口输入 "x -675 -550" →按 "Enter" 键→输入 "x -520 -4500" →按 "Enter" 键。

（7）在 "Room Outline" 对话框 "Room Name" 区域 "Name" 栏中选择 "MOM"，在命令窗口输入 "x -325 -375" →按 "Enter" 键→输入 "x 730 -950" →按 "Enter" 键。

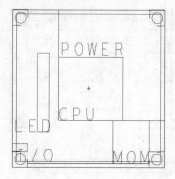

（8）在 "Room Outline" 对话框 "Room Name" 区域 "Name" 栏中选择 "POWER"，在 "Side of Board" 区域选中 "Both" 选项，在命令窗口输入 "x -400 -400" →按 "Enter" 键→输入 "x 1000 1000" →按 "Enter" 键。

（9）单击 "OK" 按钮，关闭 "Room Outline" 对话框。此时已经添加了 "CPU" "I/O" "MOM" "LED" "POWER" 5 个 Room 到板框内，如图 12-1-4 所示。

（10）执行菜单命令 "File" → "Save As"，保存文件于 D:\Project\Allegro，文件名为 "demo_ addroom"。

图 12-1-4   添加的 Room

3. 显示飞线

（1）启动 Allegro PCB Design GXL，打开 demo_placed. brd 文件。

（2）执行菜单命令 "Display" → "Show Rats" → "Component"，单击想要显示飞线的元器件 U1，如图 12-1-5 所示。

（3）执行菜单命令 "Display" → "Blank Rats" → "All"，或者单击按钮■，关闭所有的飞线显示。执行菜单命令 "Display" → "Show Rats" → "Net"，在控制面板 "Find" 选项卡的 "Find By Name" 栏中选择 "Net"，并输入 "AEN"，如图 12-1-6 所示。

（4）按 "Enter" 键，显示 ADC1 网络的飞线，如图 12-1-7 所示。

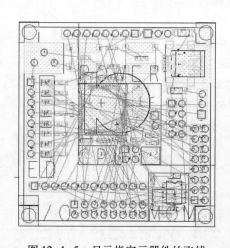

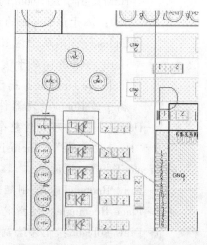

图 12-1-5   显示指定元器件的飞线   图 12-1-6   "Find"   图 12-1-7   显示 ADC1 网络的飞线

选项卡

（5）单击鼠标右键，在弹出的菜单中选择 "Done"。执行菜单命令 "Display" → "Blank Rats" → "All"，或者单击按钮■，关闭所有飞线的显示。

12.2　手工摆放元器件

1. 按照元器件序号摆放

（1）执行菜单命令"Place"→"Manually"，弹出"Placement"对话框，如图 12-2-1 所示。

☺ Placement List。

    ↪ Components by refdes：按元器件标号摆放。

    ↪ Components bynet group：按网络组摆放元器件。

    ↪ Modul instance：按实体摆放（相当于层次块）。

    ↪ Module definitions：按复合库摆放。

    ↪ Package symbols：按封装符号摆放（不包含逻辑信息）。

    ↪ Mechanical Symbols：允许摆放机械符号。

    ↪ Format Symbols：按符号格式摆放，相当于按文件后缀名摆放。

☺ Selection filters。

    ↪ Match：选择与输入的名字匹配的元素，可以使用通配符"＊"选择一组元器件，如"U＊"。

    ↪ Property：按照属性筛选。

    ↪ Room：按 Room 定义筛选。

    ↪ Part #：按元器件号筛选。

    ↪ Net：按网络筛选。

    ↪ Schematic page number：按原理图页筛选。

    ↪ Place by refdes：按元器件序号摆放。

（2）选择"Advanced Settings"选项卡，在"List construction"区域选中"Library"选项，使 Allegro 可以使用外部元器件库；选中"AutoHide"选项，使摆放时"Placement"对话框能够自动隐藏，如图 12-2-2 所示。

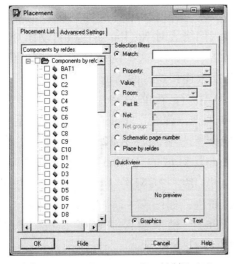

图 12-2-1　"Placement"对话框（1）

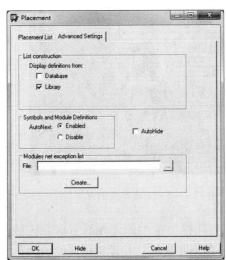

图 12-2-2　选择元器件库和自动隐藏功能

（3）在"Placement List"选项卡中选择"Components by refdes"并将其展开，在"Match"栏输入"U＊"，按"Tab"键，选中要放置的元器件"U1"，在"Quick view"区域中显示要放置的元器件的封装，如图 12-2-3 所示。

（4）此时元器件符号附着在光标上。移动鼠标，"Placement"对话框会自动隐藏。把元器件放到适当位置，单击鼠标左键放置元器件（若要把元器件放到底层，则单击鼠标右键在弹出的菜单中选择"Mirror"，然后单击鼠标左键即可）。当元器件放置完后，"Placement"对话框会自动出现，在已放置的元器件前标注一个"P"标志表示该元器件已经被摆放到 PCB 上，如在放置完"U1"后在"U1"前加了一个字母"P"，如图 12-2-4 所示。

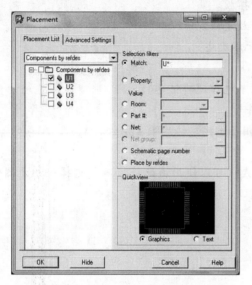

图 12-2-3　选择元器件

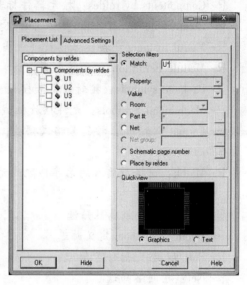

图 12-2-4　"Placement"对话框（2）

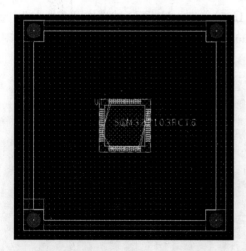

图 12-2-5　完成摆放的元器件

（5）单击"OK"按钮，关闭"Placement"对话框。完成摆放的元器件如图 12-2-5 所示。

2. 变更 GND 和 VCC 网络颜色

摆放元器件时，电源和地网络没有飞线，因为在读入网络表时 No_Rat 属性被自动添加给电源和地网络。可以为这些网络分配不同的颜色，这有助于摆放连接这些网络的分立元器件。

（1）执行菜单命令"Display"→"Color Visibility…"，弹出"Color Dialog"对话框，选中"Nets"选项，如图 12-2-6 所示。在左侧"Nets info"区域的"Filter"栏中输入"GND"，按"Tab"键，"GND"网络被选择，并设置该网络的颜色，如图 12-2-7 所示。

（2）同样，在左侧"Nets info"区域的"Filter"栏中输入"VCC"，按"Tab"键，"VCC"网路被选择，并设置该网络的颜色，如图 12-2-8 所示。

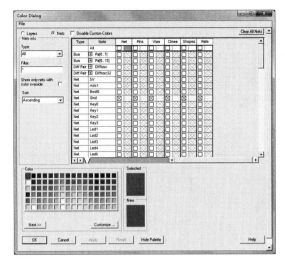

图 12-2-6　"Color Dialog"对话框

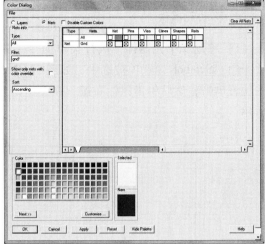

图 12-2-7　设置"GND"网络颜色

（3）单击"OK"按钮，关闭"Color Dialog"对话框。

3. 改变默认元器件方向

每次摆放元器件时，可以单击鼠标右键，在弹出的菜单中选择"Rotate"，以此来改变元器件的方向；也可以在"Design Parameter Editor"中改变元器件默认方向。

（1）执行菜单命令"Setup"→"Design Parameter…"，弹出"Design Parameter Editor"对话框，选择"Design"选项卡，将"Angle"栏设置为180.000，如图 12-2-9 所示。

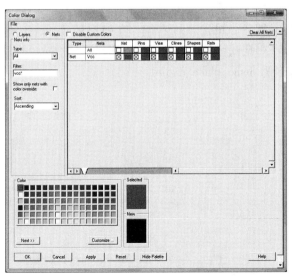

图 12-2-8　设置"VCC"网络颜色

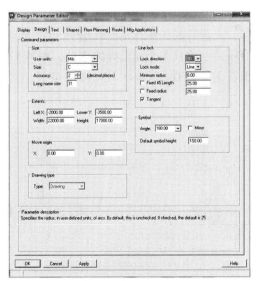

图 12-2-9　设置默认元器件方向

（2）单击"OK"按钮，退出"Design Parameter Editor"对话框。

（3）执行菜单命令"Place"→"Manually"，弹出"Placement"对话框，在"Match"栏中输入"U＊"，选择元器件 U1，将其摆放到适当位置；按照同样方法摆放 U2、U3 和 U4。单击鼠标右键，在弹出的菜单中选择"Done"。摆放后的元器件如图 12-2-10 所示。

4. 移动元器件

1）移动单个元器件　执行菜单命令"Edit"→"Move"，确保控制面板的"Find"选项卡中"Symbols"选项被选中，如图 12-2-11 所示。选中元器件 U1，移动光标，在一个新的位置单击，然后单击鼠标右键，在弹出的菜单中选择"Done"，完成移动，如图 12-2-12 所示。

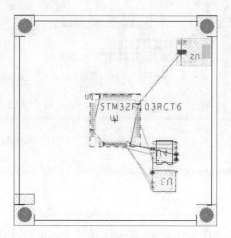

图 12-2-10　摆放后的元器件　　　　　　图 12-2-11　"Find"选项卡

2）移动多个元器件　执行菜单命令"Edit"→"Move"，确保控制面板的"Find"选项卡中"Symbols"选项被选中。单击鼠标左键框住 U3 和 U4（若选错，可单击鼠标右键，在弹出的菜单中选择"Oops"撤销动作，重新进行选择），确认选中元器件无误后再移动鼠标，元器件随光标移动，在合适的位置放置元器件，单击鼠标右键，在弹出的菜单中选择"Done"，完成多个元器件的移动，如图 12-2-13 所示。执行菜单命令"File"→"Save as"，保存文件于 D:\Project\allegro 目录下，文件名为 demo_place_m. brd。

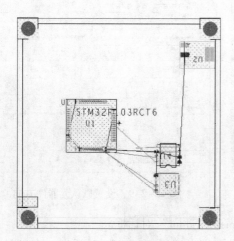

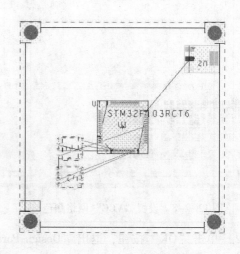

图 12-2-12　移动元器件　　　　　　　图 12-2-13　移动多个元器件

12.3 按 Room 快速摆放元器件

1. 快速摆放元器件到分配的 Room 中

（1）启动 Allegro PCB Design GXL，打开 demo_addroom. brd 文件，执行菜单命令"Setup"→"Design Parameter…"，弹出"Design Parameter Editor"对话框，在"Display"选项卡中不选中"Filled pads"选项，如图 12-3-1 所示。

（2）执行菜单命令"Place"→"Quickplace"，弹出"Quickplace"对话框，如图 12-3-2 所示。

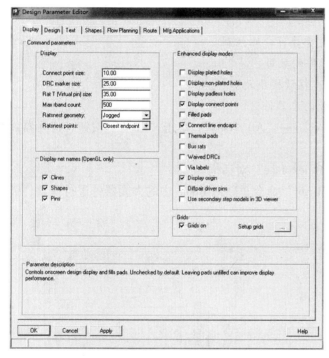

图 12-3-1 "Design Parameter Editor"
对话框（"Display"选项卡）

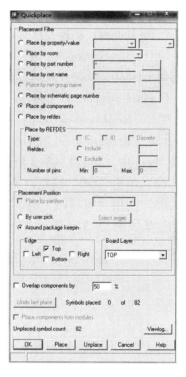

图 12-3-2 "Quickplace"
对话框（1）

☺ Placement Filter。

☞ Place by property/value：按照元器件属性和元器件值摆放元器件。

☞ Place by room：摆放元器件到 Room 中。

☞ Place by part number：按元器件名称摆放元器件于板框周围内。

☞ Place by net name：按网络名摆放。

☞ Place by schematic page number：当有一个 Design Entry HDL 原理图时，可以按页摆放元器件。

☞ Place all components：摆放所有元器件。

☞ Place by refdes：按元器件序号摆放，可以按照元器件的分类 IO、IC 和 DISCRETE

来摆放，或者是三者的任意组合。

☺ Placement Position。

   ☞ Place by partition：当有一个 Design Entry HDL 原理图时，按照分割进行摆放。

   ☞ By user pick：摆放元器件于用户单击的位置。

   ☞ Around package keepin：摆放元器件于允许摆放区域周围内。

☺ Edge。

   ☞ Top：元器件被摆放在板框的顶部。

   ☞ Bottom：元器件被摆放在板框的底部。

   ☞ Left：元器件被摆放在板框的左侧。

   ☞ Right：元器件被摆放在板框的右侧。

☺ Board Side。

   ☞ Top：元器件被摆放在顶层。

   ☞ Bottom：元器件被摆放在底层。

☺ Overlap components by：元器件重叠百分比控制。

☺ Symbols placed：显示摆放元器件的数目。

☺ Place components from modules：摆放模块元器件。

☺ Unplaced symbol count：未摆放的元器件数。

（3）执行菜单命令"Place by room"→"All rooms"，单击"Place"按钮，将元器件摆放到 Room 中，如图 12-3-3 所示。

（4）单击"OK"按钮，关闭"Quickplace"对话框。

（5）使用"Move"、"Spin"、"Mirror"命令重新对 Room 中的大元器件进行调整，调整后的效果如图 12-3-4 所示。

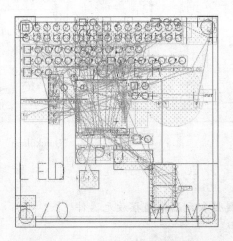
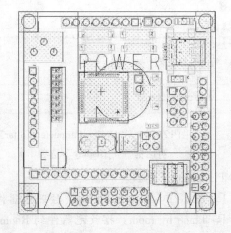

图 12-3-3   按 Room 摆放后的效果   图 12-3-4   调整后的效果

（6）执行菜单命令"File"→"Save"，保存文件。

2. 快速摆放剩余的元器件

（1）执行菜单命令"Place"→"Quickplace"，弹出"Quickplace"对话框，选中

"Place by refdes"选项，设置"Type"为"IO"，在"Edge"区域仅选中"Bottom"选项，如图 12-3-5 所示。

（2）单击"Place"按钮，将元器件摆放在板框的上部，如图 12-3-6 所示。

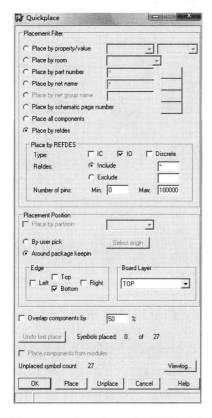

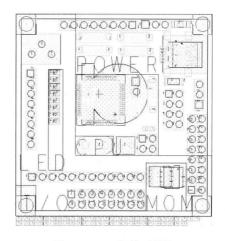

图 12-3-5 "Quickplace"对话框（2）　　　　图 12-3-6 摆放元器件

（3）使用"Move"、"Spin"、"Mirror"命令重新调整摆放的元器件的位置。执行菜单命令"Display"→"Blank Rats"→"All"，关闭所有飞线的显示，如图 12-3-7 所示。

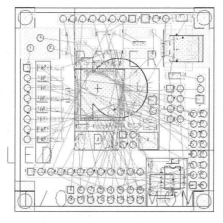

图 12-3-7 调整后的 PCB

（4）执行菜单命令"File"→"Save As"，保存 PCB 于 D：\Project\Allegro 目录，文件名为 demo_placed。

12.4 原理图与 Allegro 交互摆放

1. 原理图与 Allegro 交互设置方法

（1）启动 Capture 打开 STM32. opj 项目，执行菜单命令"Options"→"Preferences"，弹出"Preferences"对话框，在"Miscellaneous"选项卡中选中"Enable Intertool Communication"选项，如图 12-4-1 所示。

（2）打开 Demo Root Schematic \ Page1 文件。

2. Capture 和 Allegro 交互选择

（1）启动 Allegro PCB Design XL，打开 demo_ unplaced. brd 文件，使 Capture 和 Allegro 在屏幕上各占 1/2，Capture 在左侧，Allegro 在右侧，如图 12-4-2 所示。

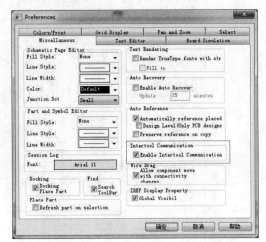

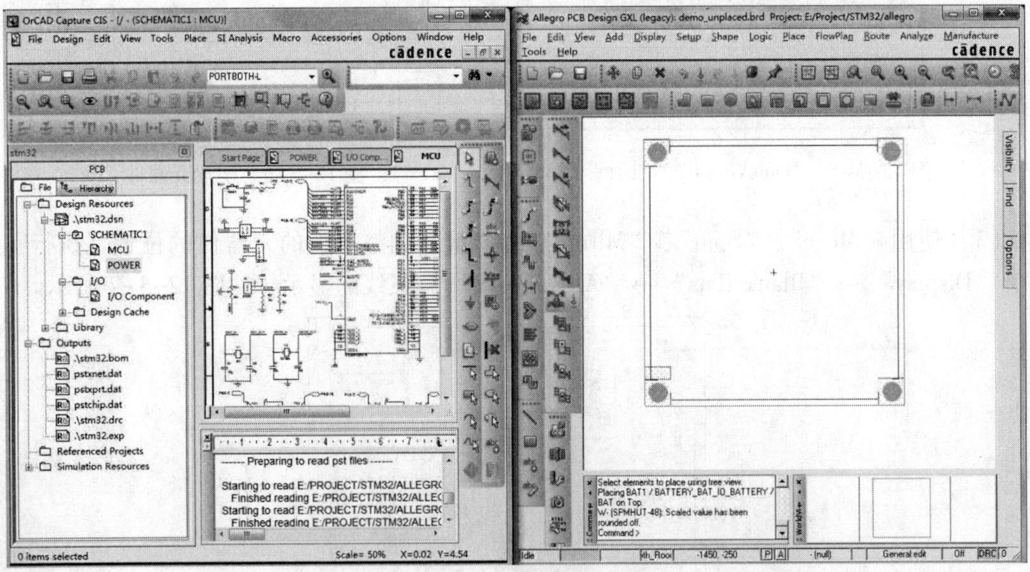

图 12-4-1 "Preferences" 对话框

图 12-4-2 调整窗口（1）

（2）在 Allegro 中选择"Zoom Fit"命令，显示整个 PCB。执行菜单命令"Place"→"Manually"，在 Capture 中单击 U1，会看到在 Allegro 中 U1 处于选中状态并随光标移动，如图 12-4-3 所示。

（3）将元器件放到适当位置后，单击鼠标右键，在弹出的菜单中选择"Done"，完成摆放，不保存。

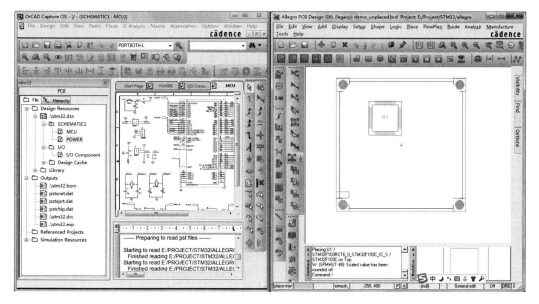

图 12-4-3 选择元器件

3. Capture 与 Allegro 交互高亮和反高亮元器件

（1）启动 Allegro PCB Design GXL，打开 demo_placed. brd 文件，使 Capture 和 Allegro 在屏幕上各占 1/2，Capture 在左侧，Allegro 在右侧，如图 12-4-4 所示。

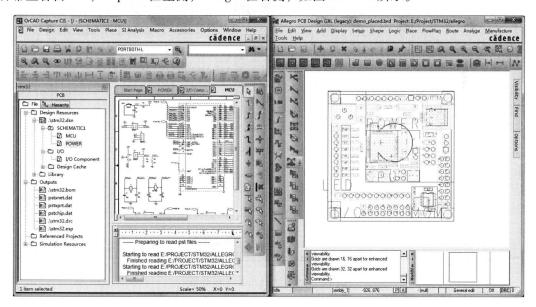

图 12-4-4 调整窗口（2）

（2）在 Allegro 中执行菜单命令 "Display" → "Highlight"，在 "Options" 选项卡选择一个模板，在 "Find By Name" 区域中选择 "Symbol（ or Pin）"，并输入 "U2"，U2 在 Allegro 工作区域高亮，同时在 Capture 中 U2 处于选中状态，如图 12-4-5 所示。单击鼠标右键，在弹出的菜单中选择 "Done"。

（3）执行菜单命令 "Display" → "Dehighlight"，在 "Find By Name" 区域中选择

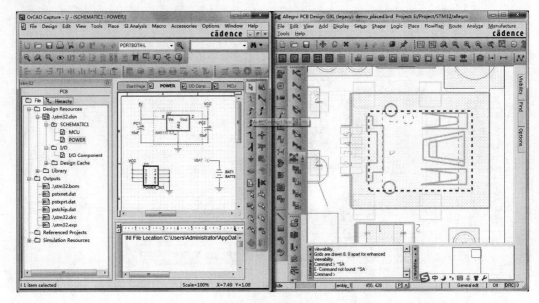

图 12-4-5　高亮元器件

"Symbol(or Pin)"，并输入"U2"，U2 在 Allegro 工作区域被反高亮，同时在 Capture 中 U2 不处于选中状态，如图 12-4-6 所示。单击鼠标右键，在弹出的菜单中选择"Done"。

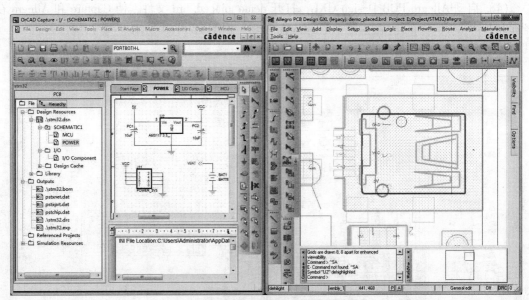

图 12-4-6　取消元器件的高亮

4. Capture 与 Allegro 交互高亮和反高亮网络

（1）在 Allegro 中执行菜单命令"Display"→"Highlight"，在"Options"选项卡中选择一个颜色，在"Find By Name"区域中选择"net"，单击"More"按钮，弹出"Find by Name or Property"对话框，如图 12-4-7 所示。

（2）在"Available objects"列表框选择"5V"，5V 网络会出现在"Selected objects"列

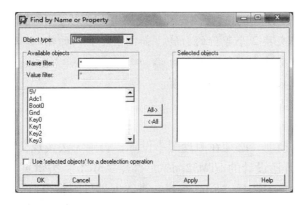

图 12-4-7　"Find by Name or Property" 对话框

表框中，单击"Apply"按钮，5V 网络在 Allegro 中高亮，在 Capture 中处于选中状态，如图 12-4-8 所示。

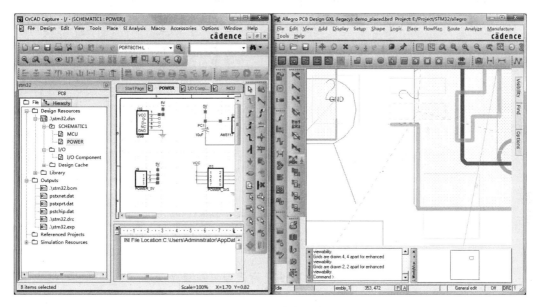

图 12-4-8　高亮网络

（3）单击"OK"按钮，关闭"Find by Name or Property"对话框。在 Allegro 中单击鼠标右键，在弹出的菜单中选择"Done"。

（4）在 Allegro 中执行菜单命令"Display"→"Dehighlight"，在"Find By Name"区域中选择"net"，并输入"5V"，按"Enter"键。单击鼠标右键，在弹出的菜单中选择"Done"，完成反高亮显示。

（5）执行菜单命令"File"→"Exit"，退出 Capture，不保存文件。

12.5　交　换

当元器件摆放后，可以使用引脚交换、门交换功能来进一步减少信号长度，并避免飞线的交叉。在 Allegro 中可以进行引脚交换、功能交换（门交换）和元器件交换。

☺ 引脚交换：允许交换 2 个等价的引脚，如 2 个与非门的输入端或电阻排输入端。

☺ 功能交换：允许交换 2 个等价的门电路。

☺ 元器件交换：交换 2 个元器件的位置。

1. 功能交换

功能交换和引脚交换前，必须在原理图中设置，否则无法实现交换。

（1）用 OrCAD 打开已设计的 STM32. dsn，打开"MCU"编辑页，选中元器件 J5，单击鼠标右键，在弹出的菜单中选择"Edit Part"，进入元器件编辑窗口。

（2）执行菜单命令"View"→"Package"，显示整个元器件的封装，如图 12-5-1 所示。

（3）执行菜单命令"Edit"→"Properties"，弹出"Package Properties"对话框，默认情况下"PinGroup"为空，根据需要添加相应的值，如图 12-5-2 所示。

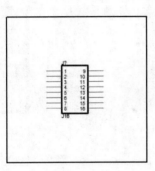
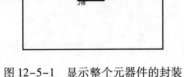

图 12-5-1　显示整个元器件的封装　　　　图 12-5-2　封装属性

> 【注意】"PinGroup"栏用于设置元器件引脚是否可以交换。在"PinGroup"栏中输入相同的数字，对应的引脚即可实现交换。"PinGroup"栏中不能输入 0（软件不支持）。

（4）单击"OK"按钮，关闭"Package Properties"对话框。

（5）关闭元器件编辑窗口，在弹出窗口中选择"Update All"，更新所有元器件。

（6）在项目管理器下执行菜单命令"Tools"→"Create Netlist"，弹出"Create Netlist"对话框，按图 12-5-3 所示进行设置。注意，"Create or Updata PCB Editor Board（Netrev）"选项必须被选中，"InputBoard"栏和"Output Board"栏选择"demo_Placed. brd"即可。

（7）单击"确定"按钮，弹出提示保存对话框，单击"确定"按钮，弹出"Progress"对话框，如图 12-5-4 所示。

（8）生成网络表（"Progress"对话框消失）后，自动打开"Cadence Product Choices"对话框，选择"Allegro PCB Design GXL"，单击"OK"按钮，出现更新网络表后的 PCB。之后执行菜单命令"Display"→"Show Rats"→"All"。

（9）执行菜单命令"Display"→"Element"，在控制面板的"Find"选项卡中仅选择"Functions"选项，如图 12-5-5 所示。

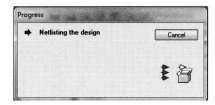

图 12-5-3 "Create Netlist" 对话框 　　图 12-5-4 "Progress" 对话框

（10）单击 J5 的引脚部分，弹出 J5 的"Show Element"对话框，如图 12-5-6 所示。

图 12-5-5 设置"Find"页参数 　　图 12-5-6 "Show Element"对话框

（11）执行菜单命令"Place"→"Swap"→"Functions"，单击 J5 的一个有飞线的引脚，可交换的引脚就会高亮显示，如图 12-5-7 所示。单击高亮显示的引脚中的一个，单击鼠标右键，在弹出的菜单中选择"Done"，完成功能交换，如图 12-5-8 所示。

2. 引脚交换

执行菜单命令"Place"→"Swap"→"Pins"，单击 J5 的一个引脚，单击另一个引脚，单击鼠标右键，在弹出的菜单中选择"Done"，完成引脚交换。引脚交换前的图如图 12-5-9（a）所示，交换后的图如图 12-5-9（b）所示。

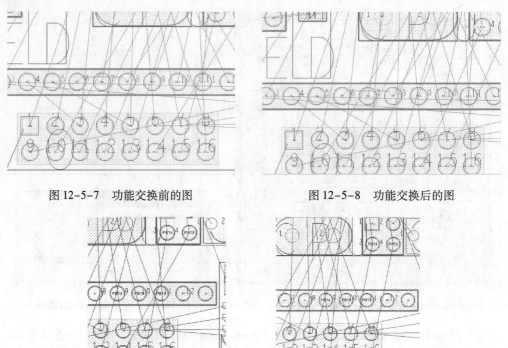

图 12-5-7 功能交换前的图   图 12-5-8 功能交换后的图

（a）交换前   （b）交换后

图 12-5-9 引脚交换前、后的图

3. 元器件交换

（1）执行菜单命令"Display"→"Show Rats"→"All"，显示所有飞线，使用"Zoom in"命令显示"LED"，如图 12-5-10 所示。

（2）执行菜单命令"Place"→"Swap"→"Components"，在控制面板的"Options"选项卡中输入要交换的元器件序号，如图 12-5-11 所示。也可以直接单击 D1，再单击 U2，交换后的图如图 12-5-12 所示。单击鼠标右键，在弹出的菜单中选择"Cancel"。

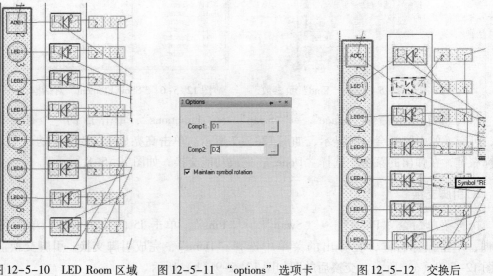

图 12-5-10 LED Room 区域   图 12-5-11 "options"选项卡   图 12-5-12 交换后

4. 自动交换

（1）执行菜单命令"Place"→"Autoswap"→"Parameters"，弹出"Automatic Swap"对话框。在运行自动交换前，必须设置交换参数，在这个对话框中允许设置交换通过次数，以及是否允许 Room 间的交换。每次交换时，功能交换和引脚交换都会发生，先运行功能交换，再运行引脚交换。具体设置如图 12-5-13 所示。

图 12-5-13　设置交换参数

（2）执行菜单命令"Place"→"Autoswap"→"Design"，对整个设计进行交换操作。在"Automatic Swap"对话框中单击"Swap"按钮，进行交换。自动交换前的图如图 12-5-14 所示，自动交换后的图如图 12-5-15 所示。还可以按"Room"和"Window"进行交换。

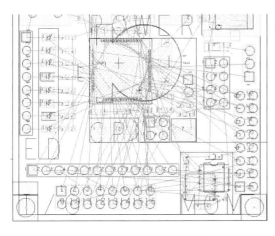

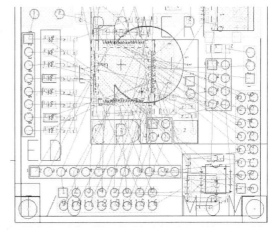

图 12-5-14　自动交换前的图　　　　　　　图 12-5-15　自动交换后的图

（3）执行菜单命令"Tools"→"Reports"，弹出"Reports"对话框。在"Available Reports"列表框中双击"Function Pin Reports"，使其出现在"Selected Reports"列表框中，如图 12-5-16 所示。

（4）单击"Reports"按钮，弹出"Function Pin Report"窗口，如图 12-5-17 所示。

（5）关闭"Function Pin Report"窗口。单击"Close"按钮，关闭"Reports"对话框。

（6）执行菜单命令"File"→"Save As"，保存文件于 D:\Project\Allegro 目录，文件名为 demo_autoswap。

图 12-5-16 "Reports" 对话框

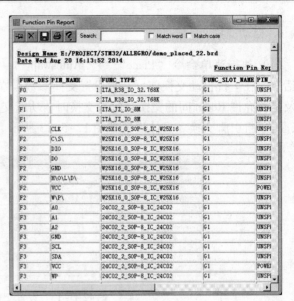

图 12-5-17 "Function Pin Report" 窗口

12.6 排列对齐元器件

在 PCB 布局时，Allegro 也提供了像 Capture 一样的非常方便的元器件排列对齐功能。

（1）启动 Allegro PCB Design GXL，打开 demo_placed. brd 文件。切换到如图 12-6-1 所示的视图。

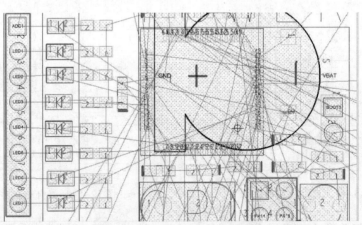

图 12-6-1 demo_placed. brd 视图

（2）单击鼠标右键，在弹出的菜单中选择 "Application Mode" → "Placement Edit"，切换布局模式。

（3）单击鼠标右键，在弹出的菜单中选择 "Selecton Set" → "Select by Lasso"，切换到绘制线选择模式。

（4）执行菜单命令 "Display" → "Color Visibility…"，关闭 "Board Geometry" → "outline" 的显示。

（5）选择 R4 ～ R11 八个元器件，在元器件上单击鼠标右键，在弹出的菜单中选择"Align Components"，可以看到 R4 ～ R11 被水平等间距摆放，如图 12-6-2 所示，"OPtions"页面如图 12-6-3 所示。在"Alignment Direction"区域中可以选择对齐的方向（水平或垂直）；在"Alignment Edge"区域中选择对齐方式（顶部/向左、中心、底部/向右）；在"Spacing"区域中选中"Equal spacing"选项可设置元器件间距，也可以通过加/减按钮做细微调整。

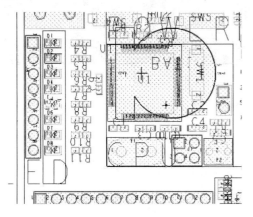 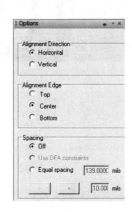

图 12-6-2　对齐后的元器件　　　　图 12-6-3　"Options"选项卡

（6）调整完成后，单击鼠标右键，在弹出的菜单中选择"Done"。D1 ～ D8 读者可自行练习。之后关闭 Allegro，系统提示是否保存更改，在此单击"否"按钮。

12.7　使用 PCB Router 自动布局

1. 打开 PCB Router 自动布局工具

（1）启动 Allegro PCB Design GXL，打开 demo_constrains. brd 文件。

（2）执行菜单命令"Route"→"PCB Route"→"Route Editor"，弹出"Allegro PCB Route"界面，如图 12-7-1 所示。

（3）执行菜单命令"File"→"Placement Mode"，或者在工具栏单击按钮，将工作模式切换为布局模式。

（4）执行菜单命令"Autoplace"→"Setup"，弹出"Placement Setup"对话框，如图 12-7-2 所示。

（5）在"Placement Setup"对话框中将"PCB Placement Grid"栏设置为 50。

（6）选择"Alignment"选项卡，按图 12-7-3 所示进行设置。

（7）单击"OK"按钮，关闭"Placement Setup"对话框。

2. 布局大元器件

（1）执行菜单命令"Autoplace"→"Initplace Large Components"，弹出"Initplace Large Components"对话框，按图 12-7-4 所示进行设置。

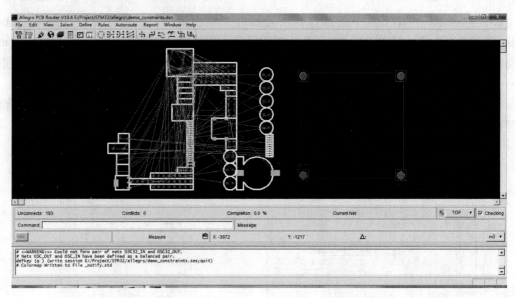

图 12-7-1 "Allegro PCB Route" 界面

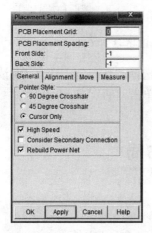

图 12-7-2 "Placement Setup" 对话框

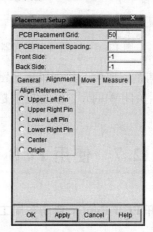

图 12-7-3 设置 "Alignment" 选项卡

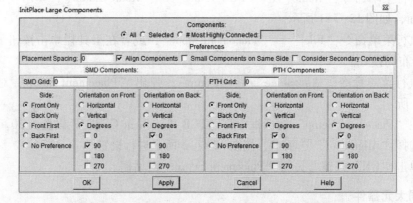

图 12-7-4 "Initplace Large Components" 对话框

（2）单击 "OK" 按钮，开始自动布局，布局结果如图 12-7-5 所示。

（3）执行菜单命令 "Autoplace" → "Interchange Components"，弹出 "Interchange

Components"对话框，按图 12-7-6 所示进行设置。该设置将对大元器件自动布局进行最优处理。

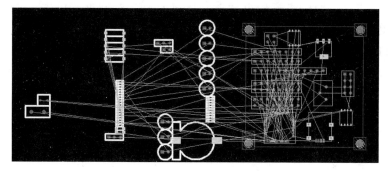

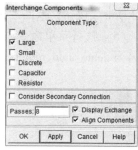

图 12-7-5　自动对大元器件进行布局　　　　　　图 12-7-6　"Interchange
　　　　　　　　　　　　　　　　　　　　　　　　　　Components"对话框

3. 布局小元器件

（1）执行菜单命令"Autoplace"→"Initplace Small Components"→"All"，弹出"Initplace All Small Components"对话框，按图 12-7-7 所示进行设置。

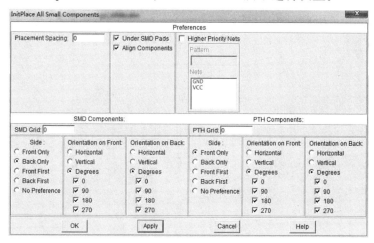

图 12-7-7　"Initplace All Small Components"对话框

（2）单击"Apply"按钮，会对小元器件进行布局，布局后的结果如图 12-7-8 所示。

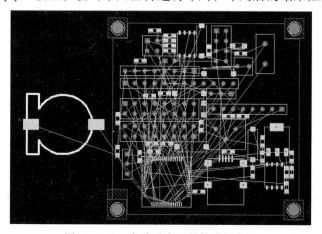

图 12-7-8　自动对小元器件进行布局

（3）单击"OK"按钮，关闭"Initplace All Small Components"对话框。

（4）执行菜单命令"File"→"Quit"，弹出"Save And Quit"对话框，单击"Save And Quit"按钮，返回"Allegro PCB Design"界面。

（5）执行菜单命令"File"→"Save as"，保存文件于 D：\ Project \ Allegro 目录，文件名为 demo_auto_router_place。

 习题

（1）如何规划 PCB？

（2）如何高亮显示网络？

（3）如何为预摆放元器件分配元器件序号？

（4）如何建立 Room 属性？如何给元器件分配 Room 属性？如何摆放有同样 Room 属性的元器件？

第13章 敷 铜

13.1 基本概念

1. 正片和负片

创建敷铜区域有两种方法，即负片（Negative Image）和正片（Positive Image），这两种方法各有利弊，如图 13-1-1 所示。

1）负片（Negative Image）

【优点】当使用 vector Gerber 格式时，artwork 文件要求将这一敷铜区域分割得更小，因为没有填充这一多边形的数据。这种敷铜区域的类型更加灵活，可在设计进程的早期创建，并提供动态的元器件放置和布线。

【缺点】必须为所有的热风焊盘（Thermal Relief）建立 flash 符号。

2）正片（Positive Image）

【优点】Allegro 以所见即所得方式显示，即在看到实际的正的敷铜区域的填充时看到阻焊盘（Anti‑Pad）和热风焊盘（Thermal Relief），无需特殊的 flash 符号。

【缺点】如果不是生成 rasterized 输出，Artwork 文件要求将敷铜区域划分得更大，因为需将向量数据填充到多边形。同时，也需要在创建 artwork 文件前不存在形状（Shape）填充问题。改变元器件的放置并重新布线后，必须重新生成形状。

在进行敷铜操作前，先看一下"Shape"菜单，如图 13-1-2 所示。

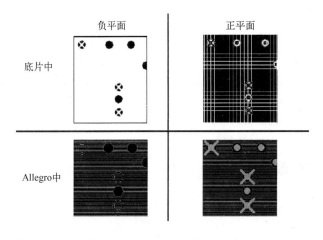

图 13-1-1 负片（Negative Image）和正片（Positive Image）

图 13-1-2 "Shape"菜单

☺ Polygon：添加多边形。

☺ Rectangular：添加矩形。

☺ Circular：添加圆形。

☺ Select Shape or Void：选择 Shape 或 Void。

☺ Manual Void：手工 Void。

☺ Edit Boundary：编辑形状。

☺ Delete Islands：删除孤立形状，删除没有连接网络的形状。

☺ Change Shape Type：改变形状的形态，就是指动态和静态形状。

☺ Merge Shapes：合并相同网络的形状。

☺ Check：检查形状，生成底片需要此项检查。

☺ Compose Shape：组成形状，将用线绘制的多边形变成形状。

☺ Decompose Shape：解散形状，由形状产生线。

☺ Global Dynamic Params…：设置形状的全局参数。

2. 动态铜箔和静态铜箔

☺ 动态铜箔在布线或移动元器件、添加 Via 时，能够产生自动避让效果。而静态铜箔必须要手动设置避让。

☺ 动态铜箔有 7 个属性，均以"DYN＊"开头，这些属性是"附着"在 PIN 上的，而且这些属性对静态的铜箔不起作用。

☺ 动态铜箔可以在编辑时使用空框的形式表示，选中"Options"选项卡中相应的选项即可，如图 13-1-3 所示。静态铜箔却没有这个功能，如图 13-1-4 所示。

    图 13-1-3   动态铜箔的选项   图 13-1-4   静态铜箔的选项

☺ 二者有不同的参数设置表。动态铜箔的参数设置表的启动方法是，执行菜单命令"Shape"→"Global Dynamic Params"，或者选择铜箔后再单击鼠标右键，从弹出的菜单中选择"Paraments"，不过这里设置的是该铜箔的局部参数。静态铜箔参数设置表的启动方法是，选择静态铜箔，单击鼠标右键，从弹出的菜单中选择"Paraments"，如图 13-1-5 所示。

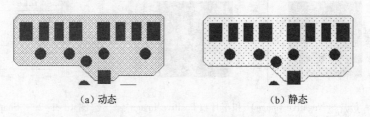

      （a）动态   （b）静态

图 13-1-5   动态和静态铜箔显示效果

13.2 为平面层建立形状（Shape）

1. 显示平面层

（1）启动 Allegro PCB Design GXL，打开 demo_placed 文件，设置布线格点为 5。

（2）单击控制面板的"Visibility"选项卡，按图 13-2-1 所示进行设置。

（3）执行菜单命令"Display"→"Color/Visibility…"，弹出"Color Dialog"对话框，选择"Stack-Up"，设置"GND"的"Pin"、"Via"、"Etch"为蓝色；设置"VCC"的"Pin"、"Via"、"Etch"为紫色。选择"Areas"，仅选中"Route Keepin"选项（取消其他选项的选中状态）。单击"OK"按钮，确认设置。

（4）执行菜单命令"Display"→"Dehighlight"，选择控制面板的"Options"选项卡，选中"Nets"，框住整个图，取消 VCC 和 GND 网络的高亮，以便于看到热风焊盘。

2. 为 Top GND 建立形状

（1）执行菜单命令"Shape"→"Polygon"，在控制面板的"Options"选项卡中设置"Active Class"为"Etch"，"Active Subclass"为"VCC"，设置"Shape Fill"区域"Type"栏为"Dynamic copper"，设置网络为"GND"，如图 13-2-2 所示。

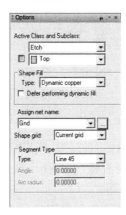

图 13-2-1 "Visibility"选项卡   图 13-2-2 "Options"选项卡（一）

（2）调整画面显示 PCB 的左上角，使其足够区分板框和布线允许边界，约在 Route Keepin 内 10mil（即相距两个格点），开始添加形状，如图 13-2-3 所示。

（3）使用 Zoom 和 Pan 命令确保多边形的顶点。如果绘制错了，可以单击鼠标右键，从弹出的菜单中选择"Oops"命令，撤销再重新绘制。为了确保起点和终点一样，当接近终点时，单击鼠标右键，从弹出的菜单中选择"Done"，这样就自动形成一个闭合的多边形。还可以使用菜单命令"Edit"→"Shape"来改变边界，添加好的形状如图 13-2-4 所示。

3. 为 Bottom GND 建立形状

（1）执行菜单命令"Edit"→"Z-Copy"，按图 13-2-5 所示设置控制面板的"Options"选项卡。

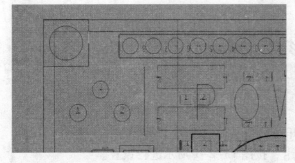
图 13-2-3　添加形状

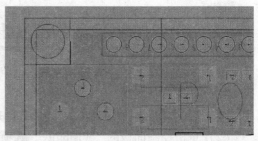
图 13-2-4　添加好的形状

（2）单击刚添加的"GND Shape"，单击鼠标右键，从弹出的菜单中选择"Done"。

（3）在控制面板的"Visibility"选项卡中关掉 TOP 层的显示。

（4）执行菜单命令"Shape"→"Select Shape or Void"，选择"GND Shape"，单击鼠标右键，从弹出的菜单中选择"Assign Net"，在控制面板的"Options"选项卡中选择网络名为"Gnd"，如图 13-2-6 所示。

图 13-2-5　"Options"选项卡（二）　　　　图 13-2-6　"Options"选项卡（三）

（5）单击鼠标右键，从弹出的菜单中选择"Done"完成。

（6）在控制面板的"Visibility"选项卡中关闭 VCC 和 GND 层的显示，打开 TOP 和 BOTTOM 层的显示。

（7）执行菜单命令"File"→"Save as"，保存 PCB 文件于 D：\Project\Allegro 目录下，文件名为 demo_plane。

13.3　分割平面

1. 使用 Anti Etch 分割平面

（1）启动 Allegro PCB Design GXL，打开 demo_plane. brd。

（2）设置所有 5V 网络为紫色，执行菜单命令"Display"→"Color/Visib-ility"，弹出"Color Dialog"对话框，选择"Stack-Up"中的"Through_All"和"Anti Etch"的交点，如图 13-3-1 所示。

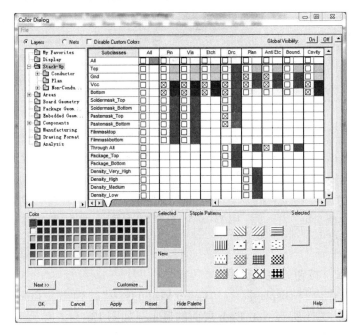

图 13-3-1　"Color Dialog"对话框（一）

（3）在控制面板的"Visibility"选项卡中关闭 Top 层的显示，打开 Bottom 层显示。执行菜单命令"Add"→"Line"，在控制面板的"Options"选项卡中设置"Active Class"为"Anti Etch"，"Active Subclass"为"Bottom"，"Line width"为 20，如图 13-3-2 所示。

（4）添加分割线来分割所有的 5V 引脚，必须确保分割线的起点和终点都在 Route Keepin 的外面，如图 13-3-3 所示。单击鼠标右键，从弹出的菜单中选择"Done"。

图 13-3-2　"Options"选项卡（一）

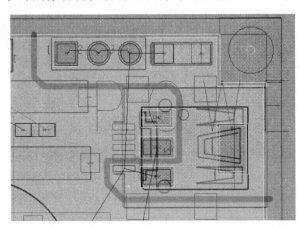

图 13-3-3　添加分割线

（5）执行菜单命令"Edit"→"Split Plane"→"Create"，弹出"Create Split Plane"对话框，按图 13-3-4 所示进行设置。

（6）单击"Create"按钮，切换到要分割出的 5V 区域，并弹出"Select net"对话框，选择 5V 网络，如图 13-3-5 所示。

（7）单击"OK"按钮，切换到 Gnd 区域，并弹出"Select net"对话框，选择 Gnd 网络，如图 13-3-6 所示。

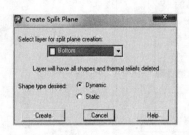
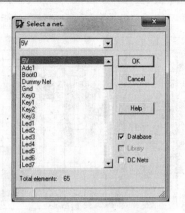

图 13-3-4　"Create Split　　　　图 13-3-5　选择 5V 网络　　　　图 13-3-6　选择 GND 网络
Plane"对话框

（8）单击"OK"按钮，完成分割。

（9）执行菜单命令"Display"→"Color/Visibility…"，弹出"Color Dialog"对话框，选择"Stack-Up"，关闭所有 Anti Etch 层面的显示，如图 13-3-7 所示。

（10）单击"OK"按钮，关闭"Color Dialog"对话框。使用"Zoom By Points"命令，可以清楚地显示隔离带区域，其上的"5V"为网络名称，如图 13-3-8 所示。

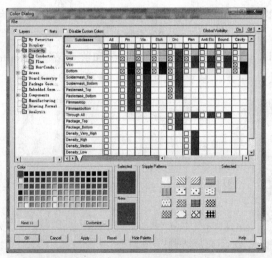
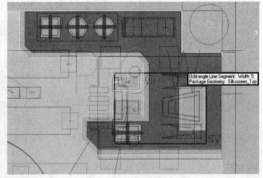

图 13-3-7　"Color Dialog"对话框（二）　　　　图 13-3-8　显示隔离带区域

【注意】焊盘和热风焊盘没被隔离带破坏（若隔离带破坏了焊盘或热风焊盘，即隔离带穿过了焊盘或热风焊盘，则需要移动元器件，使焊盘或热风焊盘完整）。

（11）执行菜单命令"File"→"Save as"，保存 PCB 文件于 D:\Project\Allegro 目录下，文件名为 demo_split1。

【注意】如果 PCB 需要分割平面时，分割必须在布线前完成。

2. 使用添加多边形的方法分割平面

1）建立动态形状

（1）启动 Allegro PCB Design GXL，打开 demo_placed_swap. brd。

（2）设置 VCC 网络为红色，设置 Gnd 为黄色，5V 为紫色。

（3）在控制面板的"Visibility"选项卡中关闭 Top 层的显示，打开 Bottom 层的显示。

（4）执行菜单命令"Setup"→"Cross‒Section…"，设置 Bottom 层的底片格式为"Positive"，如图 13‒3‒9 所示。

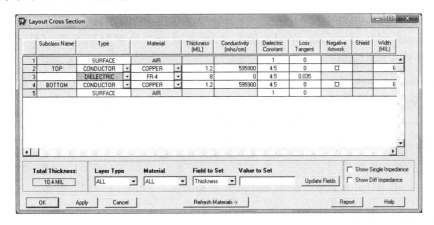

图 13‒3‒9　"Layout Cross Section"对话框

（5）执行菜单命令"Shape"→"Global Dynamic Parameters…"，弹出"Global Dynamic Shape Parameters"对话框，在"Shape fill"选项卡中设置填充方式，在"Dynamic fill"区域选中"Rough"选项，其他取默认值，如图 13‒3‒10 所示。

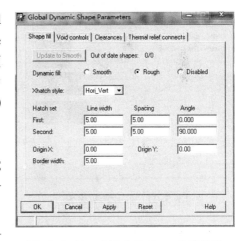

☺ Dynamic fill

　　☞ Smooth：自动填充、挖空。运行 DRC 时，在所有的动态形状中，产生底片输出效果的形状外形。

　　☞ Rough：产生自动挖空的效果，但仅是大体的外形，没有产生底片输出效果。

图 13‒3‒10　全局动态 Shape 参数设置

　　☞ Disabled：不执行填充、挖空。运行 DRC 时，特别是在做大规模改动或 netin、gloss、testprep、add/replace vias 等操作时可提高速度。

☺ Xhatch style：填充方式设置。

　　▌ Vertical：仅有垂直线。

　　▌ Horizontal：仅有水平线。

　　▌ Diag_Pos：仅有 +45°线。

　　▌ Diag_Neg：仅有 -45°线。

　　▌ Diag_Both：有 +45°和 -45°线。

▩ Hori_Vert：有水平线和垂直线。

Custom：用户自定义。

> **【注意】** 只有在添加形状时，在"Options"选项卡的"Shape Fill"区域的"Type"栏中选择"Static crosshatch"，才会以该方式填充。

（6）选择"Void controls"选项卡，设置避让控制，设置"Artwork format"栏为"Gerber RS274X"，其他取默认值，如图 13-3-11 所示。

☺ Artwork format：底片格式，有 Gerber 4x00、Gerber 6x00、Gerber RS274X、Barco DPF、MDA 和 non_Gerber 六种格式。

☺ Minimum aperture for gap width：最小的镜头直径，仅对网格应用（Gerber RS274X、Barco DPF、MDA 和 non_Gerber）。

☺ Minimum aperture for artwork fill：仅对网格应用（Gerber 4x00 和 Gerber 6x00）。

☺ Suppress shapes less than：在自动避让时，当形状小于该值时自动删除。

☺ Create pin voids：以行（排）或单个的形式避让多个焊盘。

☺ Acute angle trim control：仅在非矢量光绘格式（Gerber RS274X、Barco DPF、MDA 和 non_Gerber）时使用。

☺ Snap voids to hatch grid：voids 在 hatch 的格点上，如图 13-3-12 所示。

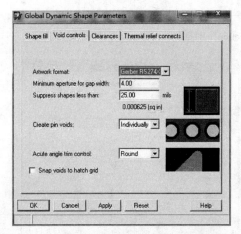

图 13-3-11　底片参数设置

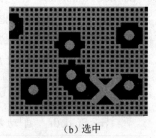

（a）未选中　　　　（b）选中

图 13-3-12　"Snap voids to hatch grid"效果

（7）选择"Clearances"选项卡，设置铜箔和组件的间隔值，在"Shape/rect"栏中"Oversize value"输入 20，如图 13-3-13 所示。

☺ DRC：使用 DRC 间隔值。

☺ Thermal/Anti：使用热风焊盘和阻焊盘定义的间隔值进行清除。

☺ Oversize Value：在默认间隔值上增加该值。

（8）选择"Thermal relief connects"选项卡，设置同名网络和引脚的连接方式，如图 13-3-14 所示。

☺ Thru pins。

　▷ Orthogonal：直角连接。

　▷ Diagonal：斜角连接。

图 13-3-13　全局动态形状参数设置对话框　　　图 13-3-14　热风焊盘参数设置

　　📌 Full contact：完全连接。

　　📌 8 way connect：8 方向连接。

　　📌 None：不连接。

　　📌 Best contact：以最好的方式连接。

　　☺ Smd pins 和 Vias：同 Thru pins 的设置。

　　☺ Minimum connects：最小连接数。

　　☺ Maximum connects：最大连接数。

　　（9）单击"OK"按钮，关闭"Global Dynamic Shape Parameters"对话框。

　　（10）执行菜单命令"Display"→"Color/Visibility…"，弹出"Color Dialog"对话框，选择"Areas"，选中"Rte Ki"；选择"Stack-Up"，设置 Bottom 层的"Pin"、"Via"、"Etch"为蓝色。单击"OK"按钮，关闭"Color Dialog"对话框。

　　（11）执行菜单命令"Edit"→"Z-Copy"，设置控制面板的"Options"选项卡，如图 13-3-15 所示。

　　（12）单击"Route Keepin"边框，在允许布线区域内出现 Bottom 层的形状，单击鼠标右键，从弹出的菜单中选择"Done"完成，如图 13-3-16 所示。

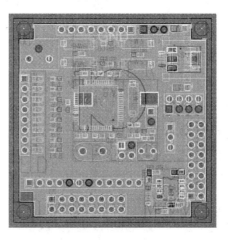

图 13-3-15　"Options"选项卡（二）　　　图 13-3-16　添加 GND 平面

（13）执行菜单命令"Shape"→"Select Shape or Void"，单击刚添加的形状，该形状会高亮→单击鼠标右键，从弹出的菜单中选择"Assign Net"，设置控制面板的"Options"选项卡，如图 13-3-17 所示。

（14）单击鼠标右键，从弹出的菜单中选择"Done"完成。

2）编辑动态 Shape

（1）执行菜单命令"Setup"→"Design Parameters…"，弹出"Design Parameter Editor"对话框，"Display"选项卡的设置如图 13-3-18 所示。

图 13-3-17　"Options"
选项卡（三）

图 13-3-18　"Design Parameter Editor"
对话框（"Display"选项卡）

（2）单击"OK"按钮，调整画面显示左下角，浏览挖空焊盘的 Rough 模式，如图 13-3-19 所示。

（3）执行菜单命令"Shape"→"Select Shape or Void"，单击刚建立的形状，这个形状会高亮显示（边界呈虚线段）。当光标位于边界时，可以拖曳光标修改边界，如图 13-3-20 所示。

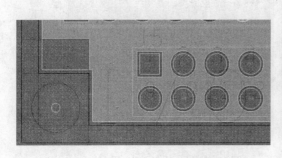

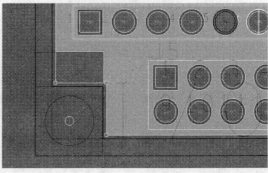

图 13-3-19　显示 Rough 模式

图 13-3-20　显示形状边界

（4）单击鼠标右键，从弹出的菜单中选择"Parameters"，弹出"Global Dynamic Shape Parameters"对话框，在"Clearances"选项卡中设置"Thru pin"的"Oversize value"栏为15，如图13-3-21所示。

> 【注意】当编辑一个形状实体时，不能在"Dynamic Shape Instance Parameters"对话框修改 Shape Fill 和 Artwork。

（5）单击"OK"按钮，关闭"Global Dynamic Shape Parameters"对话框。单击鼠标右键，从弹出的菜单中选择"Done"，会看到间隙值又大了15mil，DRC值和热风焊盘已经调整到新的设置，如图13-3-22所示。

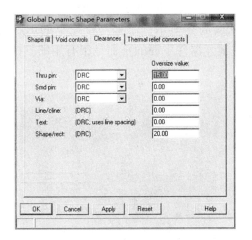

图 13-3-21　"Global Dynamic Shape Parameters"

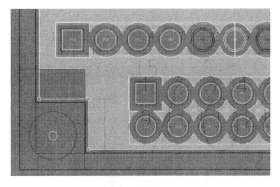

图 13-3-22　孔间隙变大

3）分割建立的 GND 平面层

（1）调整画面，显示高亮的 Gnd。

（2）执行菜单命令"Shape"→"Polygon"，在控制面板的"Options"选项卡中设置"Active Subclass"为"Bottom"，"Assign net name"为"5V"，如图13-3-23所示。

（3）绘制多边形（注意，不能超过 Route Keepin），绘制好后单击鼠标右键，从弹出的菜单中选择"Done"，如图13-3-24所示。

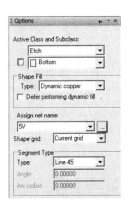

图 13-3-23　"Options"选项卡（四）

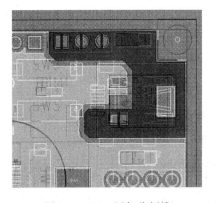

图 13-3-24　添加分割线

（4）由于该形状的优先级较低，需要提高其优先级。执行菜单命令"Shape"→"Select Shape or Void"，单击小的形状（单击刚添加的形状边界），单击鼠标右键，从弹出的菜单中选择"Raise Priority"；单击鼠标右键，从弹出的菜单中选择"Done"。

（5）执行菜单命令"Edit"→"Move"，在控制面板的"Options"选项卡中仅选择"Shapes"，单击小的形状并移动，能看到较高优先级的影响，如图 13-3-25 所示。

（6）将图 13-3-24 和图 13-3-25 相比较可以看出，当移动高优先级的形状时，高优先级的形状会推挤低优先级的形状，并保持隔离带不变。单击鼠标右键，从弹出的菜单中选择"Done"。

4）添加和编辑 Void

（1）单击"Zoom Fit"（F2）命令，显示整个 PCB。执行菜单命令"Shape"→"Manual Void"→"Circular"，单击较大的形状，这个形状会高亮显示，添加一个挖空的形状的边界，可作任意小的图形。这对于清除 RF 电路或关键元器件下面的平面是很有用的。挖空的形状如图 13-3-26 所示。

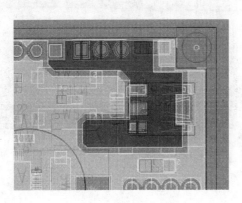

图 13-3-25　移动小的形状

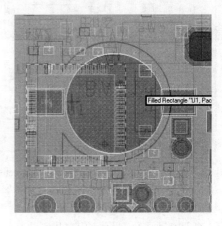

图 13-3-26　挖空的形状

（2）执行菜单命令"Shape"→"Manual Void"→"Move"，选中该 Void，移动这个形状到适当位置，单击鼠标左键。单击鼠标右键，从弹出的菜单中选择"Done"。执行菜单命令"Shape"→"Manual Void"→"Copy"，选中该 Void，移动光标到适当位置，单击鼠标左键。单击鼠标右键，从弹出的菜单中选择"Done"。执行菜单命令"Shape"→"Manual Void"→"Delete"，分别选中这两个 Void，单击鼠标右键，从弹出的菜单中选择"Done"，删除这两个形状。

（3）还可以通过修改全局参数来编辑 Void，调整显示通过孔元器件 J8，执行菜单命令"Shape"→"Global Dynamic Parameters"，弹出"Global Dynamic Shape Parameters"对话框，在"Void controls"选项卡中更改设置，如图 13-3-27 所示。单击"Apply"按钮，会看到 J8 所有的焊盘的 Void 连在一起，如图 13-3-28 所示。将"Create pin voids"栏改为"Individually"，单击"OK"按钮。

5）改变 Shape 的类型

（1）执行菜单命令"Shape"→"Change Shape Type"，在控制面板的"Options"选项卡中将"Shape Fill"区域的"Type"栏修改为"To static solid"，如图 13-3-29 所示。单击大的形状，弹出如图 13-3-30 所示的提示信息。

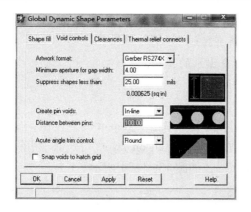

图 13-3-27　设置"Void controls"页参数

图 13-3-28　Void 连在一起

图 13-3-29　"Options"选项卡（五）

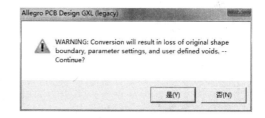

图 13-3-30　提示信息

（2）单击"是"按钮。单击鼠标右键，从弹出的菜单中选择"Done"。执行菜单命令"Shape"→"Change Shape Type"，在控制面板的"Options"选项卡中将"Shape Fill"区域的"Type"栏修改为"To dynamic copper"。单击大的形状，单击鼠标右键，从弹出的菜单中选择"Done"。

6）删除孤铜

（1）执行菜单命令"Shape"→"Delete Islands"，弹出如图 13-3-31 所示提示信息，询问是否要改变形状为"Smooth"。单击"是"按钮，热风焊盘的连接方式已改变，从 2 个变为 4 个，孤铜将高亮显示并出现在控制面板的"Options"选项卡中，如图 13-3-32 所示。

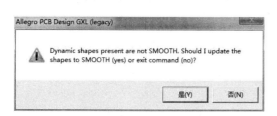

图 13-3-31　提示信息

图 13-3-32　"Options"选项卡（六）

☺ Process layer：需要处理的层，即有孤铜的层。

☺ Total design：孤铜的数量，层上的所有孤铜。

☺ Delete all on layer：删除所有系统检查出来的孤铜。

☺ Current Island：逐个查看孤铜进行手动删除。

☺ Report…：产生关于孤铜的报告。

（2）单击"First"按钮，允许逐个删除孤铜。单击"Report…"按钮，出现孤铜的报告，如图 13-3-33 所示。关闭该报告，单击"Delete all on layer"按钮，删除所有的孤铜。单击鼠标右键，从弹出的菜单中选择"Done"，如图 13-3-34 所示。

图 13-3-33　生成孤铜的报告

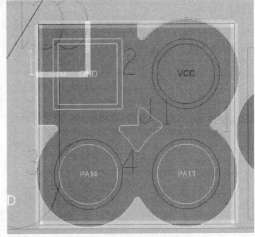

图 13-3-34　删除孤铜

（3）执行菜单命令"File"→"Save as"，保存 PCB 文件于 D：\Project\Allegro 目录，文件名为 demo_split2。

13.4　分割复杂平面

复杂平面是指在敷铜区域内的敷铜区域，可以先定义整个 PCB 的实平面，然后再用 Anti Etch 将其分成 2 个部分。如果产生的底片格式是 RS274X，复杂平面可以被定义在正片或负片模式；如果产生的底片格式是 Gerber4X 或 Gerber6X，复杂平面仅能被定义为正片模式。当定义负片的复杂平面时，在底片控制中必须选择"Suppress Shape fill"，为形状内的负形状添加填充线。复杂平面策略如图 13-4-1 所示。

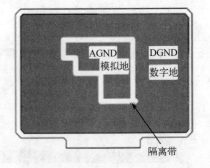

图 13-4-1　复杂平面策略

1. 定义复杂平面并输出底片

（1）启动 Allegro PCB Design GXL，打开 demo_split2.brd 文件。执行菜单命令"Setup"→"Design Parameters…"，弹出"Design Parameter Editor"对话框，在"Display"选项卡

中选中"Filled pads"选项和"Grids on"选项；在控制面板的"Visibility"选项卡中确保 Bottom 层显示。

（2）设置所有的 5V 网络为紫色，设置所有的 VCC 网络为红色。显示 VCC 网络的飞线，并更改飞线的颜色为红色。执行菜单命令"Shape"→"Polygon"，在控制面板的"Options"选项卡中确保"Active Class"为"Etch"，"Active Subclass"为"Bottom"，"Shape Fill"区域的"Type"栏为"Dynamic copper"，分配的网络名为"Vcc"，如图 13-4-2 所示。

（3）绘制多边形。注意，形状不能重叠任何过孔，但是可以不管 SMD 焊盘，因为是在 Bottom 层编辑，当绘制完形状时没有出现隔离带，可以选中形状后单击鼠标右键，从弹出的菜单选择"Raise Priority"，也可以首先绘制多个形状后执行菜单命令"Shape"→"Merge Shape"来合并多个形状。添加的形状如图 13-4-3 所示。

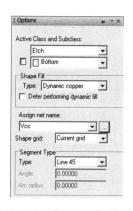

图 13-4-2　"Options"选项卡

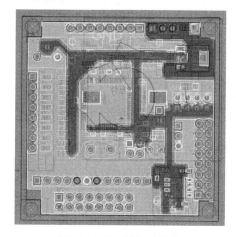

图 13-4-3　添加的形状

（4）执行菜单命令"Display"→"Status…"，弹出"Status"对话框，单击"Update to Smooth"按钮，可以看到热风焊盘已改变，有尽可能多的不超过规范的开口。执行菜单命令"Manufacturing"→"Artwork"，弹出"Artwork Control Form"对话框，在"Film Control"选项卡中选择"Bottom"，如图 13-4-4 所示。单击"Create Artwork"按钮，生成 Photoplot. log 文件，如图 13-4-5 所示。

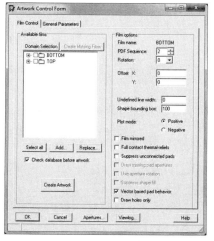

图 13-4-4　"Artwork Control Form"对话框

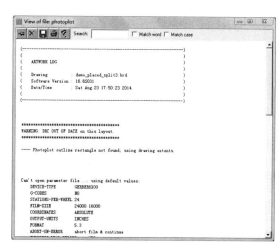

图 13-4-5　报表的内容

（5）关闭 Photoplot. log 文件和"Artwork Control Form"对话框。执行菜单命令"File"→"Save as"，保存 PCB 文件于 D：\Project\Allegro 目录，文件名为 demo_complex。

 习题

（1）正片和负片各有何优缺点？

（2）敷铜有何意义？如何对地层进行敷铜？

（3）为何要分割平面？分割平面有哪几种方法？

（4）孤铜有何影响？如何删除孤铜？

（5）如何对信号层进行敷铜？

第14章 布　　线

在 PCB 设计中，布线是完成产品设计的重要步骤，可以说前面的准备工作都是为它而做的。在整个 PCB 设计中，以布线的设计过程限定最高、技巧最细、工作量最大。PCB 布线分为单面布线、双面布线及多层布线 3 种。布线的方式也有两种，即自动布线和交互式布线。在自动布线前，可以用交互式布线预先对要求比较严格的线进行布线。

 ## 14.1　布线的基本原则

印制电路板（PCB）的设计质量对其抗干扰能力影响很大。因此，在进行 PCB 设计时，必须遵守 PCB 设计的基本原则，并应符合抗干扰设计的要求，使电路获得最佳的性能。

（1）印制导线的布设应尽可能短，在高频回路中更应如此；同一元器件的各条地址线或数据线应尽可能保持一样长；印制导线的拐弯应呈圆角，因为直角或尖角在高频电路和布线密度高的情况下会影响电气性能；当双面布线时，两面的导线应互相垂直、斜交或弯曲走线，避免相互平行，以减小寄生耦合；作为电路的输入和输出用的印制导线应尽量避免相邻且平行，最好在这些导线之间加地线。

（2）PCB 导线的宽度应满足电气性能要求而又便于生产。最小宽度主要由导线与绝缘基板间的黏附强度和流过的电流值决定，但最小不宜小于 0.2mm，在高密度、高精度的印制线路中，导线宽度和间距一般可取 0.3mm；导线宽度在大电流情况下还要考虑其温升，单面板实验表明，当铜箔厚度为 50 μm、导线宽度为 1 ～ 1.5mm、通过电流为 2A 时，温升很小，一般选用 1 ～ 1.5mm 宽度导线即可满足设计要求而不致引起温升；印制导线的公共地线应尽可能粗，通常使用大于 2mm 的线条，这在带有微处理器的电路中尤为重要，因为当地线过细时，由于流过的电流的变化，地电位变动，微处理器时序信号的电平不稳，会使噪声容限劣化；在 DIP 封装的 IC 脚间布线时，可采用 "10—10 与 12—12" 原则，即当两引脚间通过两根线时，焊盘直径可设为 50mil、线宽与线距均为 10mil；当两引脚间仅通过一根线时，焊盘直径可设为 64mil、线宽与线距均为 12mil。

（3）印制导线的间距：相邻导线间距必须满足电气安全要求，而且为了便于操作和生产，间距也应尽量宽。最小间距至少要能适合承受的电压，包括工作电压、附加波动电压及其他原因引起的峰值电压。如果有关技术条件允许导线之间存在某种程度的金属残粒，则其间距就会减小。因此设计者在考虑电压时，应把这种因素考虑进去。当布线密度较低时，信号线的间距可适当加大，对高、低电平悬殊的信号线应尽可能地缩短长度且加大间距。

（4）PCB 中不允许有交叉电路，对于可能交叉的线条，可以用 "钻"、"绕" 两种办法来解决，即让某布线从别的电阻、电容、三极管引脚下的空隙处钻过去，或者从可能交叉的某条布线的一端绕过去。在特殊情况下，如果电路很复杂，为简化设计，也允许用导线跨接的方式解决交叉电路问题。

（5）印制导线的屏蔽与接地：印制导线的公共地线应尽量布置在 PCB 的边缘部分。在

PCB 上，应尽可能多地保留铜箔作为地线，这样得到的屏蔽效果比一长条地线要好，传输特性和屏蔽作用也将得到改善，另外还起到了减小分布电容的作用。印制导线的公共地线最好形成环路或网状，这是因为当在同一 PCB 上有许多集成电路时，由于图形上的限制产生了接地电位差，从而引起噪声容限的降低，当设计成回路时，接地电位差将减小。另外，接地和电源的图形应尽可能与数据的流动方向平行，这是抑制噪声能力增强的秘诀；多层 PCB 可采取其中若干层作为屏蔽层，电源层、地线层均可视为屏蔽层，一般地线层和电源层设计在多层 PCB 的内层，信号线设计在内层或外层。注意，数字区与模拟区应尽可能进行隔离，并且数字地与模拟地要分离，最后接于电源地。

14.2　布线的相关命令

　Add Connect：手工布线。

　Slide：推挤布线。

　Delay Tune：延时调整。

　Custom Smooth：平滑布线。

　Vertex：改变线段的转角。

　Create Fanout：扇出。

　Spread Between Voids：避让问题区域。

　Auto Route：自动布线。

布线命令工具按钮如图 14-2-1 所示。

图 14-2-1　布线命令工具按钮

14.3　定义布线的格点

当布线命令被执行时，如果格点可见，则布线的格点会自动显示出来，所有的布线会自动跟踪格点。如果设置了布线格点，并且格点可视，但仍不能看到格点，应在控制面板的"Options"选项卡中设置"Active Class"为"Etch"。

（1）启动 Allegro PCB Design GXL，打开 demo_placed. brd 文件。

（2）执行菜单命令"Setup"→"Grids"，弹出"Define Grid"对话框，定义所有布线层的间距值，如图 14-3-1 所示。

（3）选中"Grids On"选项，在"All Etch"中"Spacing x"栏和"y"栏均输入 5，如图 14-3-2 所示。

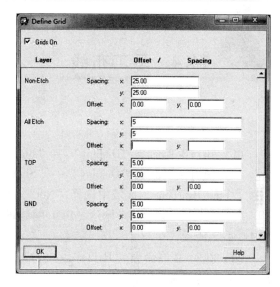

图 14-3-1　"Define Grid" 对话框　　　　　　　　图 14-3-2　设置固定格点

【注意】每次输入值后按"Tab"键，不要按"Enter"键。所有布线层的间距都和 "All Etch" 设置一样。本例中使用的布线格点为 5mil。

（4）单击"OK"按钮，关闭"Define Grid"对话框。

（5）还可以在"Define Grid"对话框中设置可变格点，如图 14-3-3 所示。

（6）使用"Zoom In"命令，使格点清晰地显示出来，如图 14-3-4 所示。

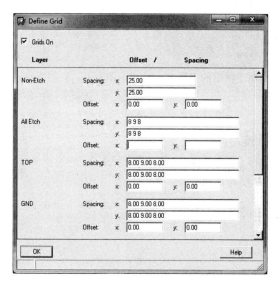

图 14-3-3　设置可变格点

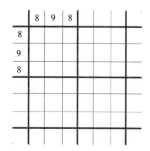

图 14-3-4　使格点清晰地显示出来

（7）大的格点间距为 25mil，两个大的格点之间有两个小格点，从一个大格点出发到相邻大格点，从左到右、从上到下的间距分别为 8、9、8。

14.4 手工布线

1. 添加连接线

（1）执行菜单命令"Display"→"Blank Rats"→"All"，关掉飞线的显示。

（2）执行菜单命令"Display"→"Show Rats"→"Net"，在控制面板的"Find"选项卡的"Find By Name"区域中选择"Net"，并输入"ADC1"，如图14-4-1所示。

（3）按"Enter"键，显示 ADC1 网络的飞线，使用"Zoom Out"命令查看网络，如图14-4-2所示。

（4）执行菜单命令"Route"→"Connect"，在控制面板的"Options"选项卡中按图14-4-3所示进行设置。

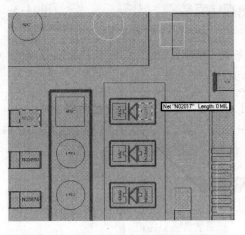

图14-4-1 "Find"选项卡　　图14-4-2 显示 ADC1 网络的飞线　　图14-4-3 "Options"选项卡（一）

☺ Act（active subclass）：当前层。

☺ Alt（alternate subclass）/WL：切换到的模式。

☺ Via：过孔选择。

☺ Net：空网络，当布线开始后显示当前布线的网络。

☺ Line lock：线的形状和引脚。

　　↝ Line：直线。

　　↝ Arc：弧线。

　　↝ Off：无拐角。

　　↝ 45：45°拐角。

　　↝ 90：90°拐角。

☺ Route offset：拐角偏移量（角度），选中后可进行任意角度布线。

☺ Miter：拐角的设置，若选择"1x width"和"Min"，表示斜边长度至少为一倍线宽。

☺ Line width：线宽。

☺ Bubble：自动避线。

↪ Off：不自动避线。

↪ Hug only：新的布线"拥抱"存在的布线，存在的布线不变。

↪ Hug preferred：新的布线"拥抱"存在的布线，存在的布线改变。

↪ Shove preferred：存在的布线被推挤。

☺ Shove vias：推挤 Via 的模式。

↪ Off：不推挤 Via。

↪ Minimal：最小幅度推挤 Via。

↪ Full：完整地推挤 Via。

☺ Smooth：自动调整布线。

↪ Off：不自动调整布线。

↪ Minimal：最小幅度地自动调整布线。

↪ Full：完整地自动调整布线。

☺ Gridless：无格点布线。

☺ Snap to connect point：表示从 Pin、Via 的中心原点引出线段。

☺ Replace etch：允许改变存在的布线的，不用删除命令，在布线过程中，若在一个存在的布线上添加布线，旧的布线会被自动删除。

（5）单击 Ra1 的引脚作为起点，可以看到这个引脚是一个通过孔的引脚，并且这个网络所连接的引脚会高亮显示，然后在顶层布线。移动光标布线向目标引脚移动，如图 14-4-4 所示。当布线过程中单击了错误的位置时，可以单击鼠标右键，从弹出的菜单中选择"Oops"来取消操作。

（6）到达目标引脚后，单击鼠标左键，飞线不见了。单击鼠标右键，从弹出的菜单中选择"Done"完成，如图 14-4-5 所示。

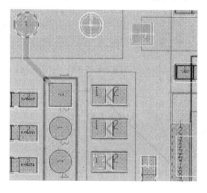

图 14-4-4　开始布线

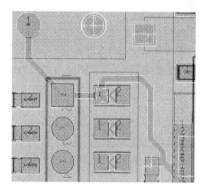

图 14-4-5　完成布线

2. 删除布线

（1）执行菜单命令"Edit"→"Delete"，在控制面板的"Find"选项卡中，单击"All Off"按钮，然后仅选中"Clines"选项，如图 14-4-6 所示。

> 【注意】在使用删除命令时，默认情况下"Find"选项卡中所有选项都被选中，这就使得删除时会把一些不该删除的项目错误地删除掉。作为一般方法，应先关掉所有项目，再选中需要删除的项目。

（2）单击刚才已布的线 ADC1，网络被高亮显示。单击鼠标右键，从弹出的菜单中选择"Done"，即删除布线，同时该网络的飞线也显示出来。

3. 添加过孔

（1）执行菜单命令"Route"→"Connect"，设置控制面板的"Options"选项卡，如图 14-4-7 所示。

> 【注意】如果"Bottom"前面的小方框为白色，单击它，它会自动变为蓝色（蓝色是为底层布线设置的颜色）。

（2）单击 J7 的 5V 引脚，向着 5V 平面方向添加一个线段，当到达想要添加过孔的位置时，双击鼠标左键添加过孔，如图 14-4-8 所示。此时会发现控制面板"Options"选项卡中的"Alt"与"Act"交换，当前层变为 Bottom 层，Net 显示正在布线的网络为 5V，如图 14-4-9 所示。

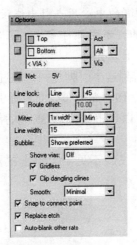

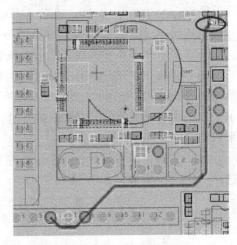

图 14-4-6　删除布线　　　　图 14-4-7　"Options"　　　　图 14-4-8　添加过孔
　　　　　　　　　　　　　　　选项卡（二）

当执行"Add Connect"命令时，还可以单击鼠标右键，从弹出的菜单（见图 14-4-10）中选择"Add Via"来添加过孔。

☺ Done：布线停止，回到 Idle 状态。

☺ Oops：撤销上一步的操作。

☺ Cancel：取消正在运行的指令。

☺ Next：布线停止，改布其他线。

☺ Reject：当有两个对象重叠在一起时，放弃现有的选取，改选其他。

☺ Add Via：添加过孔。

☺ Change Active Layer：变更当前层。

☺ Change Alternate Layer：变更转换层，设置后，添加过孔后在该层继续布线。

☺ Swap Layers：布线层切换（Act 层切换到 Alt 层）。

☺ Neck Mode：改变下一段线的线宽为物理规则设置中设置的"Minimum Neck Width"
　　栏的值。

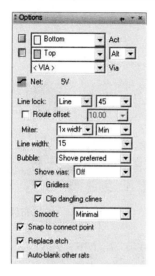

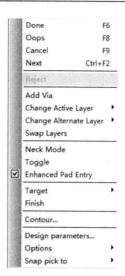

图 14-4-9　"Options"选项卡（三）　　　图 14-4-10　"Add Connect"命令的右键菜单

☺ Toggle：引出线角度切换（先直线后斜线或先斜线后直线）。

☺ Enhanced Pad Entry：增强焊盘进入。

☺ Target

　　⤷ New Target：允许选择一个新的飞线的引脚，默认为最接近的引脚。

　　⤷ No Target：尾段的飞线不显示。

　　⤷ Route from Target：从目标引脚开始布线。

　　⤷ Snap Rat T：移动飞线 T 点的位置。

☺ Finish 自动布完同层未布线段。

此时添加的过孔是按照预设的过孔来添加的，是 Allegro 默认的过孔。也可以根据需要添加其他过孔（在控制面板的"Options"选项卡的"Via"栏可以选择要使用的过孔）。如果添加过孔时提示无可用过孔，就必须重新预设过孔。

（3）目标引脚是一个顶层的表贴元器件的引脚，所以还需要添加一个过孔才能完成布线，连接到目标引脚后，单击鼠标右键，从弹出的菜单中选择"Done"完成，如图 14-4-11 所示。

4. 使用 Bubble 选项布线

（1）执行菜单命令"Display"→"Show Rats"→"Net"，单击 J7 的引脚 9，该网络的飞线显示出来。使用"Zoom By Points"命令显示该飞线的区域，如图 14-4-12 所示。

（2）执行菜单命令"Route"→"Connect"，在控制面板的"Options"选项卡的"Bubble"栏中选择"Shove Preferred"，"Shove Vias"栏中选择"Full"，"Smooth"

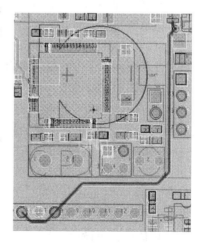

图 14-4-11　完成布线

栏中选择"Full"，单击 J7 的引脚 9，确保当前层是 Top 层，开始向 PB14 网络移动光标，已存在的布线被推挤，如图 14-4-13 所示。

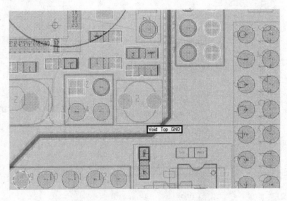

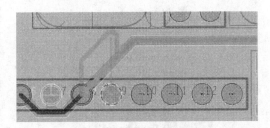

图 14-4-12　显示飞线区域　　　　　　　　　　图 14-4-13　推挤布线

【注意】只有当"Bubble"栏选择为"Shove Preferred"时，才能推挤过孔。

（3）单击鼠标右键，从弹出的菜单中选择"Cancel"。执行菜单命令"File"→"Exit"，退出程序，不保存更改。

14.5　扇出（Fanout By Pick）

在 PCB 设计中，从 SMD 的引脚引出一小段布线后再打过孔的方式称作扇出（Fanout）。在扇出设计阶段，要使自动布线工具能对元器件引脚进行连接。表面贴装元器件的每个引脚至少应有一个过孔，以便在需要更多的连接时，PCB 能够进行内层连接、在线测试（ICT）和电路再处理。

（1）启动 Allegro PCB Design GXL，打开 demo_placed.brd 文件。

（2）执行菜单命令"Route"→"PCB Router"→"Fanout By Pick"。若要使用默认设置，直接单击元器件即可；若要修改设置，单击鼠标右键，从弹出的菜单中选择"Setup"，弹出"SPECCTRA Automatic Router Parameters"对话框，如图 14-5-1 所示。

在此对话框中，可以设置扇出的方向、过孔的位置、最大的信号线长度、圆弧形导线、扇出的格点、引脚的类型、是否与其他的扇出共享等条件。

（3）单击"OK"按钮，单击要扇出的对象 U1（确认在"Find"选项卡中选中"Comps"选项），弹出进度对话框，如图 14-5-2 所示。

（4）单击鼠标右键，从弹出的菜单中选择"Results"，可以查看执行的历史情况，如图 14-5-3 所示。

（5）单击"Close"按钮，关闭"Automatic Router Results"对话框。单击鼠标右键，从弹出的菜单中选择"Done"完成，如图 14-5-4 所示。

（6）执行菜单命令"File"→"Save As"，保存 PCB 文件于 D:\Project\Allegro 目录，文件名为"demo_fanout"。

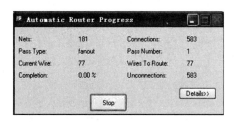

图 14-5-1 "SPECCTRA Automatic Router Parameters" 对话框

图 14-5-2 进度对话框

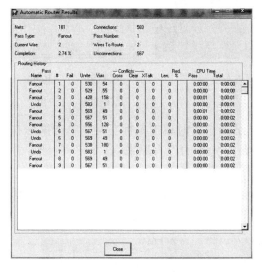

图 14-5-3 扇出运行记录

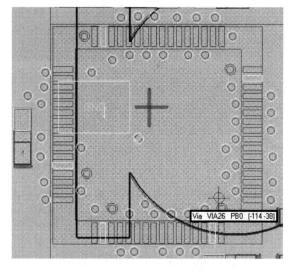

图 14-5-4 扇出元件

14.6 群组布线

群组布线包括总线布线，就是一次布多个线，可以使用一个窗口选择连接线、过孔、引脚或飞线来进行群组布线，也可以切换到单线模式布线。群组布线时，允许打过孔。只有在 Allegro PCB Design XL 中或更高版本中才可以使用鼠标右键功能来改变线间距（从当前的间距到最小 DRC 间距或用户定义的间距）。当进行差分对布线时，差分对依据指定的差分对间距，不依据非差分对布线的间距。

（1）启动 Allegro PCB Design GXL，打开 demo_ fanout2. brd 文件。

（2）执行菜单命令"Display"→"Show Rats"→"Net"，在控制面板的"Find"选项卡的"Find by name"栏中输入"PA *"，按"Enter"键。单击鼠标右键，从弹出的菜单中选择"Done"。

（3）执行菜单命令"Route"→"Connect"，设置控制面板的"Options"选项卡，如图 14-6-1 所示。

（4）框选住 U1 下方显示飞线的 4 个引脚的扇出，向外拉线，如图 14-6-2 所示。

（5）单击鼠标右键，从弹出的菜单中选择"Route Spacing"，弹出"Route Spacing"对话框，选中"Minimum DRC"选项，如图 14-6-3 所示。

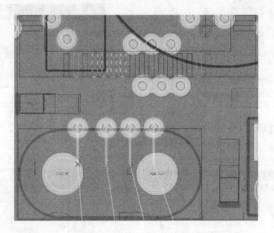

图 14-6-1　"Options"
选项卡　　　　　　　　　图 14-6-2　开始群组布线　　　　　　图 14-6-3　"Route
　　　　　　　　　　　　　　　　　　　　　　　　　　　　　　Spacing"对话框

（6）单击"OK"按钮，向目标引脚拉线，到达适当位置时单击鼠标左键。单击鼠标右键，从弹出菜单中选择"Single Trace Mode"，现在跟踪光标的仅有原来有"×"的线，并且除这根线外，其余的布线全部处于高亮状态，如图 14-6-4 所示。

（7）单击鼠标右键，从弹出菜单中选择"Change Control Trace"，单击最上面的线，如图 14-6-5 所示。

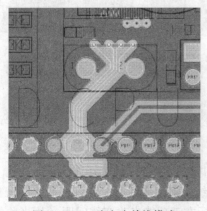
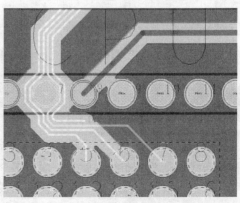

图 14-6-4　改变为单线模式　　　　　　　图 14-6-5　改变控制的布线

（8）沿着飞线的指示逐根地布线，将其连接到 SMD 焊盘上。当布完一根线时，会自动切换到下一根线，布完所有 VD[7..0] 的线，会发现这些线看起来并不太美观，夹角有直角的也有锐角的，先不用管这些，后面还要进行优化调整。布好的线如图 14-6-6 所示。

（9）执行菜单命令 "File" → "Save as"，保存 PCB 文件于 D:\Project\Allegro 目录，文件名为 "demo_busroute"。

（10）在许多软硬板结合的设计中，当沿飞线布线时，由于在软板布线转角的过程需要采用曲线的布线方法来保证与板框弯曲度的一致性，曲线半径的布线并不都是固定的角度，特别是对非 90°弯曲布线。在理想情况下，布线有单一和多路两种布线模式，曲线轮廓被锁定在当前布线状态或相邻的渐变状态，可从添加连接命令，使用弹出菜单来访问轮廓。可以使用可选的附加间隙来增加线外部的间隙。打开 demo_fanout2.brd 文件，执行菜单命令 "Route" → "Connect"，单击鼠标左键开始布线，再单击鼠标右键，从弹出菜单中选择 "Contour"，弹出 "Contour" 对话框，如图 14-6-7 所示。根据布线模式的需要选择 "Route Keepin" 或 "Connect Line"，并设置 Extra Gap 的具体数值，如图 14-6-8 所示。

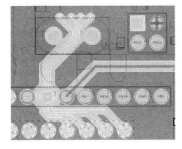

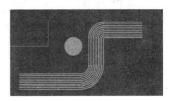

| 图 14-6-6　群组布线完成 | 图 14-6-7　设置转角曲线布线 | 图 14-6-8　转角曲线布线 |

（11）执行菜单命令 "Route" → "Connect"，在 "Options" 选项卡的 "Line Lock" 区域设置为 "Arc" "45"。在 U1 上对 PA4 布线，如图 14-6-9 所示。

（12）之后对 PA5～PA7 组群布线，单击鼠标右键，从弹出的菜单中选择 "Contour"，弹出 "Contour" 对话框，选中 "Connect Line" 选项，单击 "OK" 按钮。单击 PA4 的布线，会发现只能顺着 PA4 的方向布线而无法自由布线，在此单击鼠标右键，从弹出的菜单中选择 "Contour"，即可取消跟随属性。布线后的效果如图 14-6-10 所示。如果在 "Contour" 对话框中，选中 "Route Keepin" 选项，基本与此相似，只是需要事先绘制好 "Route Keepin" 区域，在此就不再赘述。

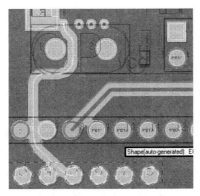

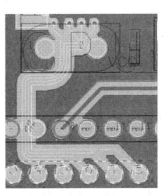

图 14-6-9　对 PA4 布线　　　　　　　　图 14-6-10　Contour 演示

（13）执行菜单命令"Route"→"Slide"，选中圆弧后，拖曳鼠标，改变圆弧的半径角度，直至获得所需要的半径，如图 14-6-11 所示。

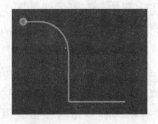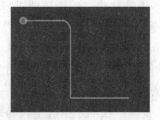

图 14-6-11　改变圆弧半径曲线布线

（14）执行菜单命令"Route"→"Slide"，选中圆弧后，拖曳鼠标，改变与焊盘或端口相连的直线的布线角度，单击鼠标右键，执行菜单命令"Options"→"Corners"→"90 degree/45 degree/Arc/off"，设置角度，其效果如图 14-6-12 所示。

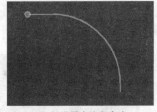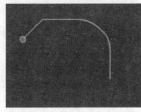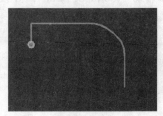

（a）设置直线段角度　　　　（b）设置角度45°　　　　（c）设置角度90°

图 14-6-12　改变与焊盘或端口相连直线的布线角度

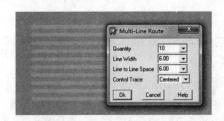

图 14-6-13　Multi-Line 布线

（15）若不与焊盘相连，在板面空白处进行多条同时布线，其操作与群组布线相类似，即执行菜单命令"Route"→"Connect"，单击鼠标右键，选择"Multi-Line Generator"，单击鼠标左键，弹出"Multi-Line Route"对话框，设置布线数量、布线宽度、布线间距，然后按照需要的方向连接到焊盘或端口上，如图 14-6-13 所示。

14.7　自动布线的准备工作

1. 浏览前面的设计过程中定义的规则

（1）启动 Allegro PCB Design GXL，打开 demo_split3.brd 文件。

（2）执行菜单命令"Edit"→"Properties"，在控制面板的"Find"选项卡中仅选中"Nets"选项，在"Find By Name"区域选择"Property"和"Name"，如图 14-7-1 所示。

（3）单击"More"按钮，弹出"Find by Name or Property"对话框，在"Available objects"列表中选择属性，使其出现在"Selected objects"列表中，如图 14-7-2 所示。

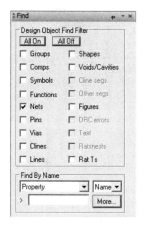 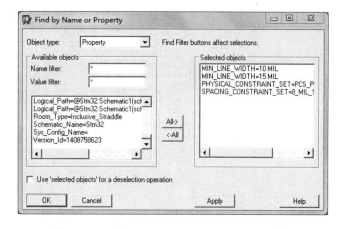

图 14-7-1　"Find" 选项卡　　　　　　图 14-7-2　"Find by Name or Property" 对话框

（4）单击 "Apply" 按钮，弹出 "Show Properties" 窗口，在此列出网络的相关属性，如图 14-7-3 所示。

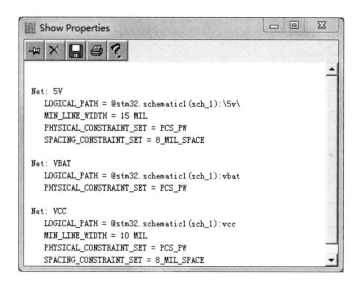

图 14-7-3　"Show Properties" 窗口

（5）关闭 "Show Properties" 窗口和 "Find by Name or Property" 对话框。

2. 设定电气规则

（1）启动 Allegro PCB Design GXL，打开 demo_split3. brd 文件。

（2）执行菜单命令 "Setup" → "Constraints" → "Electrical …"，弹出 "Allegro Constraint Manager" 对话框，如图 14-7-4 所示。

（3）在左侧选择区域选择 "Electrical Constraint Set" → "Routing" → "Min/Max Propagation Delays"，在右侧工作区域 "Objects" 下的 "CLKDLY" 的 "Min Delay" 设为 1500，"Max Delay" 设为 2000（注意：如果单位不是 mil，可以单击图中标志按钮将其改变为 mil），如图 14-7-5 所示。

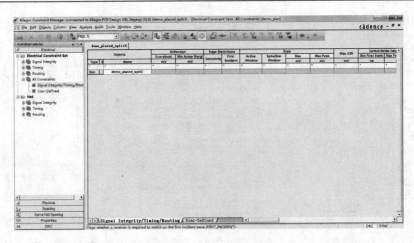

图 14-7-4　约束管理器

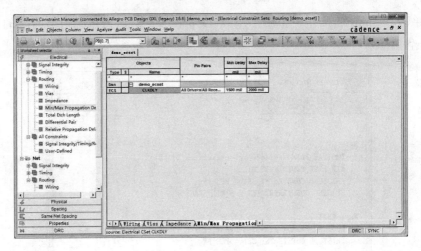

图 14-7-5　设置约束

（4）在左侧选择区域选择"NET"→"Routing"→"Min/Max Propagation Delays"，在右侧工作区域找到网络"DIFFOSC *"、"ADC1"，将其"Referenced Electrical CSet"设置为"CLKDLY"，其中"ADC1"的具体设置如图 14-7-6 所示。

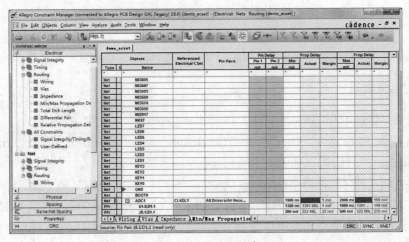

图 14-7-6　分配约束

（5）关闭"Allegro Constraint Manager"对话框。

（6）执行菜单命令"Setup"→"Constraints"→"Modes…"，弹出"Analysis Modes"对话框，选择"Electrical Modes"标签页。

（7）单击"All on"按钮，选中所有的约束，如图 14-7-7 所示。

（8）单击"OK"按钮，关闭"Constraint Modes and Opt…"对话框。

（9）执行菜单命令"File"→"Save as"，保存 PCB 文件于 D：\Project\allegro 目录，文件名为"demo_ecset"。

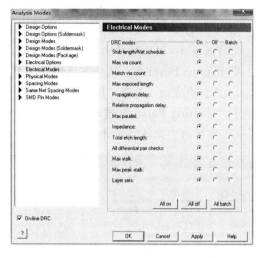

图 14-7-7 约束检查模式

 # 14.8 自动布线

1. 使用 Auto Router 自动布线

Allegro 的自动布线功能是利用外部的自动布线软件 Auto Router 来实现的。Auto Router 是一个功能十分强大的自动布线软件，Allegro 在将 PCB 传送到 Auto Router 时，会一并将设置在 PCB 中的属性及设计规范全部传送给 Auto Router。

（1）启动 Allegro PCB Design GXL，打开 demo_ecset.brd 文件。

（2）执行菜单命令"Route"→"PCB Router"→"Route Auto matic…"，或单击按钮 ，弹出"Automatic Router"对话框如图 14-8-1 所示。

【"Router Setup"选项卡】通过设置一系列的参数来定义一个高标准的布线策略。

☺ Strategy

    ✍ Specify routing passes：在"Routing Passes"选项卡中使用具体的布线规则文件，文件后缀为".do"。

    ✍ Use smart router：在"Smart Router"选项卡中使用智慧型布线工具。

    ✍ Do file：使用 Do 文件布线。

> 【注意】当选择其中一种布线模式时，相应的对话框就会被激活。例如，选中"Use smart router"选项，Smart Router 就会被激活。

☺ Options。

    ✍ Limit via creation：限制使用过孔。

    ✍ Enable diagonal routing：允许使用斜线布线。

    ✍ Limit wraparounds：限制绕线。

    ✍ Turbo Stagger：最优化斜线布线。

↪ Protect existing routes：保护已存在的布线。

☺ Wire grid：布线的格点。

☺ Via grid：过孔的格点。

☺ Routing Direction：选择布线的走向。如果"TOP"选择"Horizontal"，表示 TOP 层布线呈水平方向；如果"BOTTOM"选择"Vertical"，表示 BOTTOM 层布线呈垂直方向。

【"Routing Passes"选项卡】 仅当选中"Router Setup"选项卡中的"Specify routing passes"选项时，此选项卡才有效，如图 14-8-2 所示。

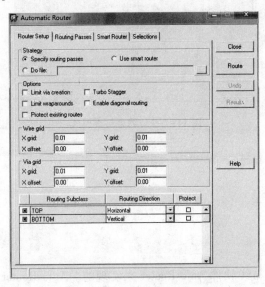

图 14-8-1　"Automatic Router"对话框（"Router Setup"选项卡）

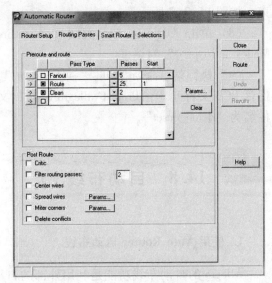

图 14-8-2　"Automatic Router"对话框（"Routing Passes"选项卡）

☺ Preroute and route：指定布线的动作。

☺ Post Route

  ↪ Critic：精确布线。

  ↪ Filter routing passes：过滤布线途径。

  ↪ Center wires：中心导线。

  ↪ Spread wires：展开导线。

  ↪ Miter corners：布线时使用 45°拐角。

  ↪ Delete conflicts：删除冲突。

单击"Params…"按钮，弹出"SPECCTRA Automatic Router Parameters"对话框，在此可以设置更多的参数，如图 14-8-3 所示。

☺ Fanout：扇出的参数设置。

☺ Bus Routing：总线布线，选择直角布线还是斜角布线。

☺ Seed Vias：通过增加一个贯穿孔把单独的连线切分为两个更小的连线。

☺ Testpoint：设置测试点产生的相关参数。

☺ Spread Wires：在导线与导线、导线与引脚之间添加额外的空间。

☺ Miter Corners：设置在什么情况下需要把拐角变成斜角。

☺ Elongate：绕线布线设置以满足时序规则。

【"Smart Router"选项卡】仅当选中"Router Setup"选项卡中的"Use smart router"选项时，此选项卡才有效，如图14-8-4所示。

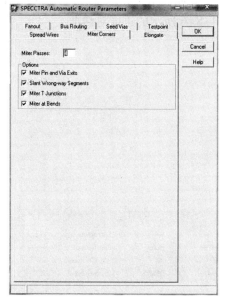

图 14-8-3　"SPECCTRA Automatic
Router Parameters"对话框

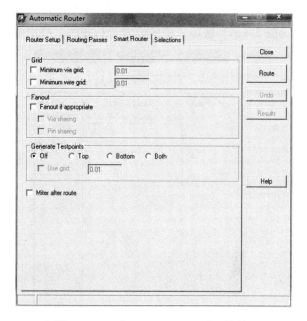

图 14-8-4　"Automatic Router"对话框
("Smart Router"选项卡)

☺ Grid

    ↬ Minimum via grid：定义最小的过孔格点（默认值为0.01）。

    ↬ Minimum wire grid：定义最小的布线格点（默认值为0.01）。

☺ Fanout

    ↬ Fanout if appropriate：扇出是否有效。

    ↬ Via sharing：共享过孔。

    ↬ Pin sharing：共享引脚。

☺ Generate Testpoints。

    ↬ Off：不产生测试点。

    ↬ Top：在顶层产生测试点。

    ↬ Bottom：在底层产生测试点。

    ↬ Both：在两个层面产生测试点。

    ↬ Milter after route：布线后布斜线。

【"Selections"选项卡】选择要布线的网络或元器件，如图14-8-5所示。

☺ Objects to route：选择布线的模式。

    ↬ Entire design：对整个设计布线。

    ↬ All selected：选择网络或元器件进行布线。

    ↬ All but selected：给未选择的网络或元器件进行布线。

☺ Available objects：显示可用的网络或元器件。

    ↬ Object type：选择布线时，可以选择网络或元器件进行布线。

↳ Filter：可供选择的网络或元器件。

↳ Selected Objects：显示已选的网络或元器件。

（3）全部选用默认参数。单击"Route"按钮，按照"Routing Passes"选项卡和"Router Setup"选项卡中的设置进行布线，弹出如图 14-8-6 所示的进度对话框。

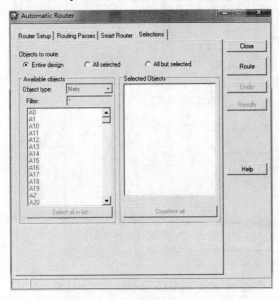

图 14-8-5 "Automatic Router"对话框
（"Selections"选项卡）

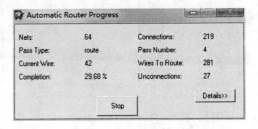

图 14-8-6 进度对话框

（4）布线完毕后，回到"Automatic Router"对话框，可看到已完成的布线。如果不满意，可以单击"Undo"按钮撤销操作，重新设置参数，然后再进行布线。当对布线满意后，单击鼠标右键，从弹出的菜单中选择"Done"完成，如图 14-8-7 所示。

（5）执行菜单命令"Edit"→"Delete"，在控制面板的"Find"选项卡中仅选中"Clines"和"Vias"选项，如图 14-8-8 所示。

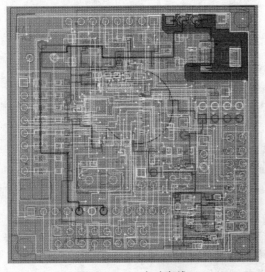

图 14-8-7 自动布线

图 14-8-8 "Find"选项卡

（6）框选整个 PCB，单击鼠标右键，从弹出的菜单中选择"Done"完成。

（7）执行菜单命令"Route"→"PCB Router"→"Automatic Router"或单击按钮，弹出"Automatic Router"对话框，在"Router Setup"选项卡的"Strategy"区域选中"Use smart router"选项，并选中"Enable diagonal routing"选项；在"Smart Router"选项卡选中"Miter after route"选项，单击"Route"按钮开始布线，弹出进度对话框。单击"Details"按钮，可看到布线过程的详细信息，如图 14-8-9 所示。

（8）单击"Summary"按钮，隐藏布线信息。当"Completion"显示"100%"时，回到"Automatic Router"对话框，若对当前设置的布线不满意，可以单击"Undo"按钮，撤销布线，然后重新设置进行布线。单击鼠标右键，从弹出的菜单中选择"Done"完成，如图 14-8-10 所示。

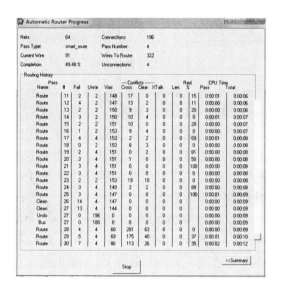

图 14-8-9　进度对话框

图 14-8-10　自动布线

（9）执行菜单命令"File"→"Save as"，保存 PCB 于 D:\Project\Allegro 目录下，文件名为 demo_autoroute。

（10）执行菜单命令"File"→"Exit"，退出程序，不保存文件。

2. 对指定网络或元器件布线（Route Net(s) by Pick）

（1）启动 Allegro PCB Design GXL，打开 demo_ecset.brd 文件。

（2）执行菜单命令"Route"→"PCB Router"→"Route Net (s) By Pick"，单击鼠标右键，从弹出的菜单中选择"Setup"，弹出"Automatic Router"对话框，选择"Routing Passes"选项卡，选中"Critic"和"Miter corners"选项，如图 14-8-11 所示。此对话框与自动布线的对话框基本相同，只是少了"Route"、"Undo"、"Result"3 个按钮。

（3）单击"Close"按钮，关闭"Automatic Router"对话框。

（4）在控制面板的"Find"选项卡的"Find By Name"栏中选择"Net"，单击"More"按钮，弹出"Find by Name or Property"对话框，选择网络 OSC_IN、OSC_OUT、OSC32_INO、SC32_OUT（这都是前面设置约束的网络），如图 14-8-12 所示。

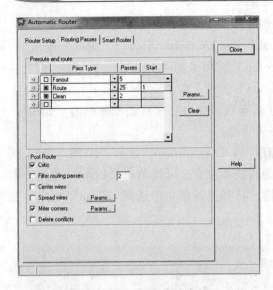

图 14-8-11　设置布线参数

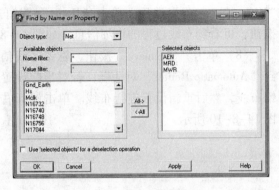

图 14-8-12　选择网络

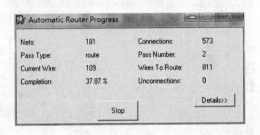

图 14-8-13　进度对话框

（5）单击"Apply"按钮，弹出布线进度对话框，如图 14-8-13 所示。

（6）布线完成后，单击鼠标右键，从弹出的菜单中选择"Done"完成，会看到这 4 个网络的布线（双层布线，满足约束条件），如图 14-8-14 所示。

（7）执行菜单命令"Route"→"PCB Route"→"Route Net(s) By Pick"，在控制面板的"Find"选项卡中选中"Comps"或"Symbols"选项，单击元器件 U1→单击鼠标右键，从弹出的菜单中选择"Done"，布完线的图如图 14-8-15 所示。

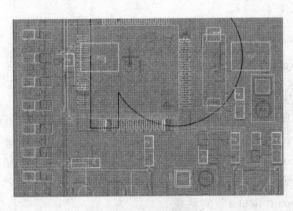

图 14-8-14　已布的线

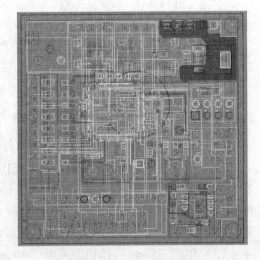

图 14-8-15　布完线的图

（8）执行菜单命令"File"→"Save as"，保存 PCB 文件于 D:\Project\allegro 目录，文件名为 demo_pickroute。

14.9　控制并编辑线

14.9.1　控制线的长度

1. 绕线布线（Elongation By Pick）

布线有设定长度或等长要求时，若长度不足，会以绕线的方式增加布线的长度，以符合长度的设计要求，此方式称为绕线（Elongation）。

（1）启动 Allegro PCB Design GXL，打开 demo_ecset. brd 文件。

（2）执行菜单命令"Display"→"Show Rats"→"Net"，在控制面板的"Find"选项卡中选中"Nets"选项，在"Find By Name"栏中选择"Net"，并输入"ADC1"，按"Enter"键，显示飞线，单击鼠标右键，从弹出的菜单中选择"Done"。

（3）执行菜单命令"Route"→"Connect"，为 ADC1 网络手工布线，确认控制面板的"Options"标签页如图 14-9-1 所示。

（4）单击 U1 的引脚，往目标的 RA1 引脚布线。单击鼠标右键，从弹出的菜单中选择"Done"，如图 14-9-2 所示。

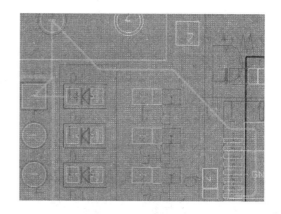

图 14-9-1　"Options"选项卡（一）　　　　　图 14-9-2　布好的线

（5）由于这条线不满足先前设定的"1000 ～ 1500mil"时序要求，所以肯定有 DRC 显示。如果看不到 DRC 标志，有可能是因为 DRC 标志尺寸小被遮盖住了，可以增加 DRC 标志尺寸或不显示填充的焊盘来查看 DRC 标志；或者可能是电气规则的 DRC 检查没有开启。

（6）执行菜单命令"Route"→"PCB Router"→"Elongation By Pick"，单击鼠标右键，从弹出的菜单中选择"Setup"命令，弹出"SPECCTRA Automatic Router Parameters"对话框，按图 14-9-3 所示进行设置。在此对话框中可以设定绕线的形状、间距、幅度大小等条件。

（7）单击"OK"按钮，关闭"SPECCTRA Automatic Router Parameters"对话框。

（8）单击 ADC1 网络，弹出"Automatic Router Progress"的对话框，如图 14-9-4 所示。

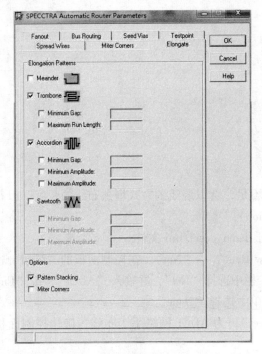

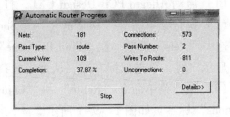

图 14-9-3　"SPECCTRA Automatic Router　　　　图 14-9-4　进度对话框
Parameters" 对话框

（9）当进度对话框中"Completion"项显示为"100%"时，会看到绕线后的图，如图 14-9-5 所示。单击鼠标右键，从弹出的菜单中选择"Done"。

（10）使用"Undo"命令撤销 Elongation By Pick 动作至图 14-9-2 所示的状态。

（11）执行菜单命令"Setup"→"User Preference"，弹出"User Preferences Editor"对话框，在"Categories"栏中选择"Route"→"Connect"，确保"allegro_dynam_timing"栏为"on"或空，"allegro_dynam_timing_fixedpos"选项被选中，如图 14-9-6 所示。

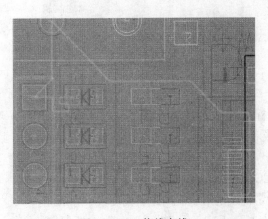

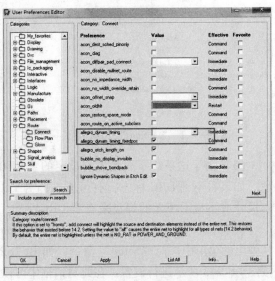

图 14-9-5　绕线布线　　　　　　　　　　　图 14-9-6　"User Preferences
Editor" 对话框

（12）单击"OK"按钮，对 ADC1 网络重新布线。执行菜单命令"Route"→"Delay Tune"，控制面板的"Options"选项卡如图 14-9-7 所示。

（13）在 ADC1 的 D1 与 J8.1 的布线上单击，控制面板下面的延迟窗口中显示延迟数据，如图 14-9-8 所示。

（14）单击鼠标左键确定位置。单击鼠标右键，从弹出的菜单中选择"Done"完成，如图 14-9-9 所示。当移动线时，必须显示绿色才能确定；当延时小于最小值或大于最大值时，动态时序会显示为红色。

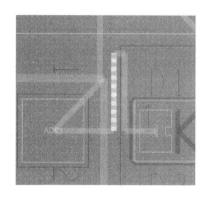

图 14-9-7 "Options" 选项卡（二）　　　图 14-9-8 延迟数据的含义　　　图 14-9-9 绕线布线

（15）执行菜单命令"Setup"→"Constraints"→"Electrical…"，弹出"Allegro Constraint Manager"对话框，在左侧的"Electrical"栏中"Net"→"Routing"→"Min/Max Propagation Delay"，如图 14-9-10 所示。

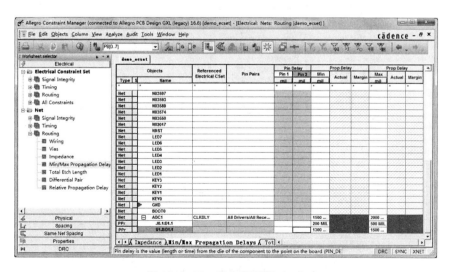

图 14-9-10 约束管理器（一）

（16）在右侧选择 ADC1。单击鼠标右键，从弹出的菜单中选择"Analyze"，"Objects"栏显示 ADC1 网络的引脚连接状态，并且显示约束的 Actual 和 Margin，如图 14-9-11 所示。

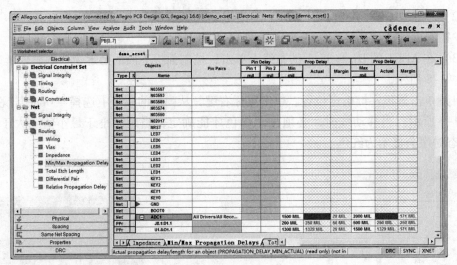

图 14-9-11　分析延时

（17）关闭"Allegro Constraint Manager"对话框。

2. 实时显示布线长度

（1）执行菜单命令"Setup"→"User Preference"，弹出"User Preferences Editor"对话框，在"Categories"栏中选择"Route"→"Connect"，选中"allegro_etch_length_on"选项，如图 14-9-12 所示。

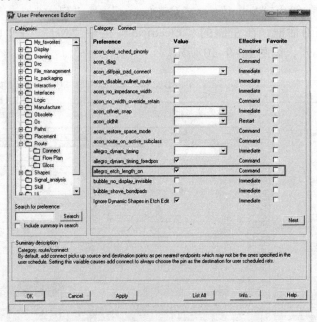

图 14-9-12　"User Preferences Editor"对话框

（2）单击"OK"按钮，关闭"User Preferences Editor"对话框。

（3）执行菜单命令"Route"→"Connect"，控制面板的"Options"选项卡的设定如图 14-9-13 所示。

（4）单击 U1 的引脚，沿着飞线指示的方向向目标引脚拉线，会看到 Meter 显示布线长度，如图 14-9-14 所示。

图 14-9-13　"Options"
选项卡（三）

图 14-9-14　实时显示布线长度

（5）到达目标引脚后，单击鼠标左键确认。单击鼠标右键，从弹出的菜单中选择"Done"完成。

（6）执行菜单命令"File"→"Save as"，保存 PCB 文件于 D：\Project\allegro 目录，文件名为"demo_delaytune"。

3. 显示分布参数

Allegro 允许查看 PCB 上布线的分布参数，如阻抗、电导、电容、传输延迟和电阻等。分布电阻和分布电容会减慢系统的运行频率。在叠层设置中，至少要设定一个平面层为 Shield，在 PCB SI 工具中有一个计算工具可以帮助确定布线的宽度以获得期望的阻抗。如果改变布线的宽度、布线所在的层、层的厚度、叠层设置，都会改变分布参数。

（1）执行菜单命令"Display"→"Parasitic"，在控制面板的"Find"选项卡中选中"Clines"选项，如图 14-9-15 所示。

（2）单击 ADC1 网络，弹出"Parasitics Calculator"对话框，如图 14-9-16 所示。

图 14-9-15　"Find"
选项卡（一）

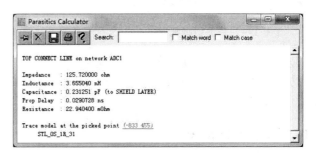

图 14-9-16　计算的分布参数

（3）关闭"Parasitics Calculator"对话框。单击鼠标右键，从弹出的菜单中选择"Done"完成。

4. 设定延迟参数

引脚延迟（Pin Delay）是表示引脚到 Die 焊盘的延迟属性的，如图 14-9-17 所示。在对 Diff Pair Phase Tolerance、Min/Max Propagation Delay 和 Relative Propagation Delay 进行 DRC 计算时，要纳入引脚延迟。

（1）执行菜单命令"Setup" → "Constraints" → "Modes…"，弹出"Analysis Modes"对话框，切换到"Electrical Options"标签页，如图 14-9-18 所示。

☺ DRC Unrouted。

    ✍ Minimun Propagation Delay：未布线的设定传输延迟的网络显示 DRC 标志。

    ✍ Relative Propagation Delay：未布线的设定相对传输延迟的网络显示 DRC 标志。

☺ Pin Delay 与 Z Axis Delay。

    ✍ Include in all Propagation Delays and in Differential Pair Phase checks：包含在所有的传输延迟和差分对相位检查中。

    ✍ Propagation Velocity Factor：传输速率系数，默认值为 $1.524\mathrm{e}+08\mathrm{m/s}$。

☺ Same Net Xtalk and Parallelism Checks：对同一个网络执行 Xtalk 和 Parallelism 检查。

☺ Differential Pair Constraints：差分对属性与约束属性的优先设置。

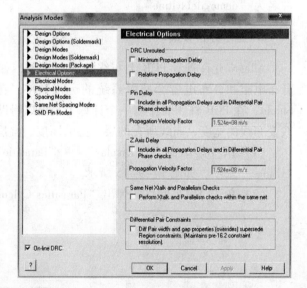

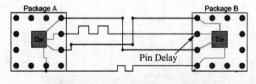

图 14-9-17　引脚延迟　　　　　　　　图 14-9-18　"Analysis Modes"对话框

（2）单击"OK"按钮，关闭"Analysis Modes"对话框。

（3）执行菜单命令"File" → "Save as"，保存 PCB 文件于 D：\project\allegro 目录，文件名为"demo_delay"。

14.9.2　差分布线

差分信号也称为差动信号，用两根完全一样但极性相反的信号传输一路数据，依靠两根信号电平差进行判决，如图 14-9-19 所示。为了保证两根信号完全一致，在布线时要保持并行，线宽和线间距保持不变。差分布线时，信号源和接收端必须都是差分信号才有意义。接收端差分线对间通常会加匹配电阻，其值等于差分阻抗的值，这样信号品质会好一些。

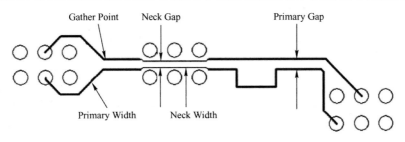

图 14-9-19　差分对

差分对的布线有两点需要注意：①两条线的长度要尽量一样长；②两线的间距（此间距由差分阻抗决定）要一直保持不变，也就是要保持平行。平行的方式有两种，即两条线布在同一布线层（Side－by－Side）和两条线布在上下相邻两层（Over－Under）。一般以前者（Side－by－Side）实现的方式较多。差分对的布线应该适当地靠近且平行。所谓适当地靠近，是因为这个间距会影响到差分阻抗（Differential Impedance）的值，此值是设计差分对的重要参数。需要平行也是因为要保持差分阻抗的一致性。若两线忽远忽近，差分阻抗就会不一致，从而影响信号完整性（Signal Integrity）及时间延迟（Timing Delay）。

☺ Primary Gap：差分线间的距离。

☺ Primary Width：差分线的宽度。

☺ Neck Gap：窄差分线的间距。

☺ Neck Width：窄差分线的宽度。

☺ Gather Point：允许忽略引脚到该点的布线。

1. 建立 Color View 文件

（1）启动 Allegro PCB Design GXL，打开 demo_ecset. brd 文件。

（2）执行菜单命令"Display"→"Color/Visibility…"，弹出"Color Dialog"对话框，单击"Global Visibility"区域的"Off"按钮，在弹出的提示框中单击"Yes"按钮，选择"Board Geometry"→"Outline"，选择"Package Geometry"→"Assembly_Top"和"Assembly_Bottom"。选择"Components"的"Ref Des"为"Assembly_Top"和"Assembly_Bottom"。选择"Stack－Up"→"Top"和"Bottom"的"Pin"、"Via"、"Etch"。

（3）单击"OK"按钮，关闭"Color Dialog"对话框。

（4）执行菜单命令"View"→"Color View Save"，弹出"Color Views"对话框，选中"Complete"选项，并在"Save view"栏中输入"route"，单击"Save"按钮，如图14-9-20所示。

☺ Complete：保存当前层的可视设置为. color 文件，当以后加载这个文件时，将替换设计的可视设置。

☺ Partial：允许建立. color 文件，部分替换设计的可视设置。

☺ Partial with toggle：加载这个类型的 View 时要改变的设置将锁住，其他与 Partial 功能相同。

（5）单击"Close"按钮，关闭"Color Views"对话框。

（6）执行菜单命令"View"→"Color View Restore Last"，加载保存的 Views 文件，还可以在控制面板的"Visibility"选项卡的"Views"栏选择文件加载，选择"File：placeview"，更改可视性，如图 14-9-21 所示。

图 14-9-20　生成 Color Views 文件　　　　　图 14-9-21　选择 View 文件

2. 使用 Constraint Manager 设定差分对并使用 CCT 布线

（1）启动 Allegro PCB Design GXL，打开 cds_ecset. brd 文件。

（2）执行菜单命令"Setup"→"Constraints"→"Electrical…"，打开约束管理器，在左侧的"Net"栏选择"Routing"→"Differential Pair"，如图 14-9-22 所示。

（3）执行菜单命令"Objects"→"Create"→"Differential Pair"命令，或者在右侧选择任意网络，单击鼠标右键，从弹出的菜单中选择"Create"→"Differential Pair"，弹出"Create Differential Pair"对话框，如图 14-9-23 所示。其操作步骤与在 OrCAD Capture 中的一样，因为在原理图中已建立好了差分对，所以在此就不做讲解。

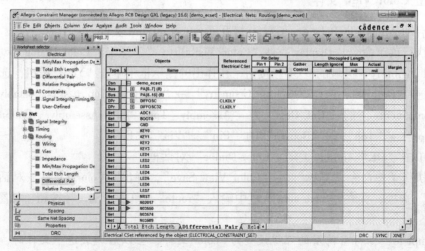

图 14-9-22　约束管理器（二）

（4）单击"Close"按钮，关闭"Create Differential Pair"对话框。

（5）执行菜单命令"Objects"→"Create"→"Electrical cset"，弹出"Create Electrical CSet"对话框，输入"Diff_Pair"，如图 14-9-24 所示。

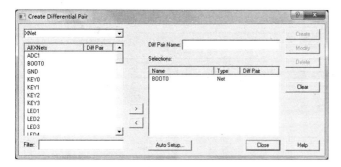

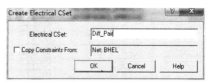

图 14-9-23　"Create Differential Pair" 对话框　　　　　图 14-9-24　"Create Electrical
CSet" 对话框

（6）单击 "OK" 按钮，关闭 "Create Electrical CSet" 对话框。

（7）在约束管理器的左侧选择 "Electrical Constraint Set" → "Routing" → "Differential Pair"，在右侧表格区域输入 "Uncoupled Length" 为 "10mil"，"Primary Gap" 为 "10mil"，如图 14-9-25 所示。

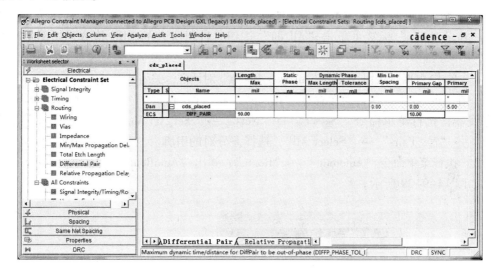

图 14-9-25　约束管理器（三）

（8）切换到 "Net" → "Routing" → "Differential Pair"，单击 "OCS_IN"，单击鼠标右键，从弹出的菜单中选择 "Contraints ECset References"，弹出 "Electrical CSet References" 对话框，在下拉菜单中选择 "DIFF_PAIR"，如图 14-9-26 所示。

（9）单击 "OK" 按钮，关闭 "Electrical CSet Apply Information" 对话框，同样在 "References Electrical CSet" 框中设定其他差分对的电气约束为 "DIFF_PAIR"，如图 14-9-27 所示。

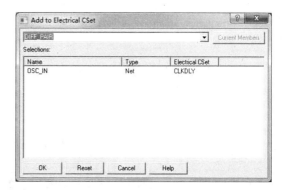

图 14-9-26　分配电气约束

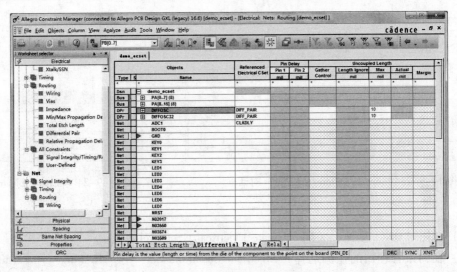

图 14-9-27　分配电气约束

（10）执行菜单命令"Analyze"→"Analysis Modes"，弹出"Analysis Modes"对话框，在"Electrical Modes"标签页单击"All on"按钮，启用所有的 DRC 检查，如图 14-9-28 所示。

（11）单击"OK"按钮，关闭"Analysis Modes"对话框，关闭"Allegro Constraint Manager"对话框。在 Allegro 中，执行菜单命令"Route"→"PCB Router"→"Route Editor"，启动 CCT 布线器；执行菜单命令"Select"→"Nets"→"Sel Net Mode"，或者执行菜单命令"Select"→"Net Pairs"→"Select All"，选择差分对的引脚。

（12）执行菜单命令"Autoroute"→"Route"，弹出"AutoRoute"对话框，选中"Basic"选项，如图 14-9-29 所示。

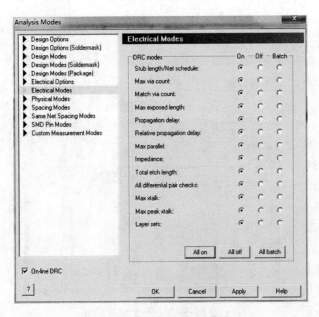

图 14-9-28　设定分析模式

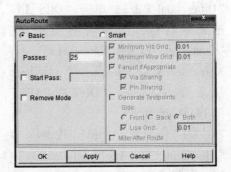

图 14-9-29　"AutoRoute"对话框

（13）单击"OK"按钮，开始为差分对网络布线。此时有可能看不到网络，因为高亮颜色为白色，可以单击鼠标右键，从弹出的菜单中选择"Select"→"Net Mode"，单击差分引脚，这就会看到布线。

（14）执行菜单命令"View"→"Guides"→"Off"，关闭飞线的显示，如图 14-9-30（a）所示。执行菜单命令"File"→"Quit"，关闭 CCT 布线器，在弹出的提示框中单击"Quit and Save"按钮。

（15）系统会自动返回到 Allegro 中，此时看到有 DRC 错误，如图 14-9-30（b）所示。

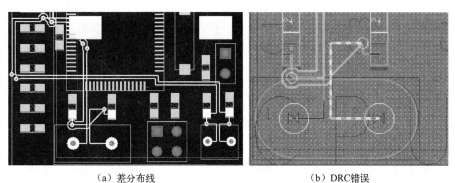

（a）差分布线　　　　　　　　　（b）DRC错误

图 14-9-30　差分布线及 DRC 错误

（16）执行菜单命令"Display"→"Element"，在控制面板的"Find"选项卡中仅选中"DRC Markers"选项，单击 DRC 标志（"蝴蝶结"形状），弹出"Show Element"对话框，如图 14-9-31 所示。

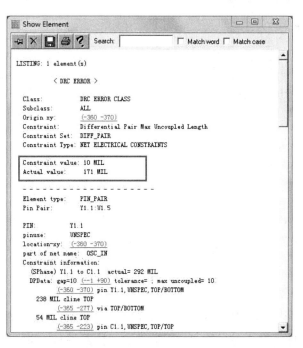

图 14-9-31　DRC 错误说明

由图可见，差分对最大不耦合长度为 10mil，而实际值 171mil 远大于约束值。

（17）打开约束管理器，选择"Net"→"Routing"→"Differential Pair"，会看到"Uncoupled Length"栏有红色值（红色表示违背约束），如图 14-9-32 所示。

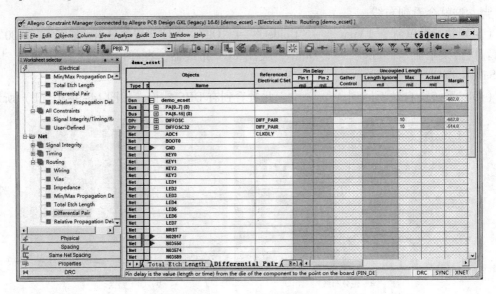

图 14-9-32　约束违背

（18）在约束管理器中选择"Electrical Constraint Set"→"Routing"→"Differential Pair"，设定"（+）Tolerance"为"500"，如图 14-9-33 所示。

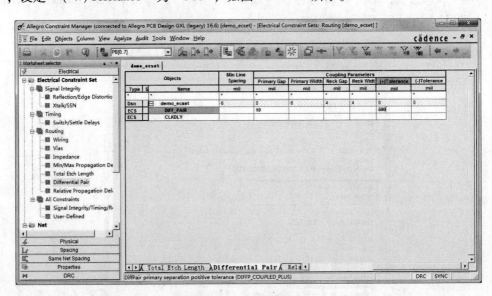

图 14-9-33　设定公差

（19）切换到"Net"→"Routing"→"Differential Pair"，可以看到约束管理器表格区内差分对不再显示红色（由于是自动布线，此处会有所差异），如图 14-9-34 所示。

（20）如果出现 DRC 错误，切换到约束管理器，将差分对的"Gather Control"设为"Ignore"，会发现 Actual 值减小，或者增加 Uncoupled Length 的值即可。执行菜单命令"File"→"Save as"，保存 PCB 文件于 D:\Project\allegro 目录，文件名为"cds_diff_con"。

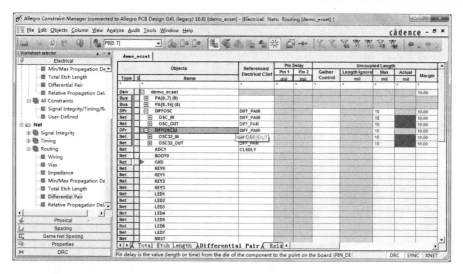

图 14-9-34　遵守约束

14.9.3　添加 T 点

在低速设计中没有布线约束，速度和驱动能力都能容忍这个布线，但是高速网络是关键网络，必须区别对待。高速信号经常要求以指定顺序安排连接，必要时可以手动重新调整连接顺序来消除反射并获得正确的时序，如图 14-9-35 所示。

图 14-9-35 所示的低速网络没有布线的约束，因为在这种低速状态下，驱动器容差能力能够接受。但是高速网络就必须根据不同需要进行调整，高速网络必须按照某一特定的顺序排列，使其满足驱动器容差能力。

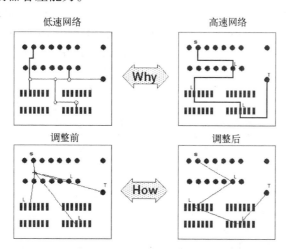

图 14-9-35　高速网络与低速网络的对比（S：源端；L：负载端）

3 种高速布线的网络拓扑结构如图 14-9-36 所示。

（1）启动 Allegro PCB Design XL，打开 demo_ecset.brd 文件。

（2）执行菜单命令"Logic"→"Net Shcedule"，选择要插入 T 点的第 1 个引脚，单击鼠标右键，从弹出的菜单中选择"Insert T"，如图 14-9-37 所示。

（3）在引脚的右侧单击一个位置，如图 14-9-38 所示。

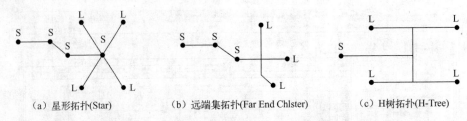

（a）星形拓扑(Star)　　　　　（b）远端集拓扑(Far End Chlster)　　　　　（c）H树拓扑(H-Tree)

图 14-9-36　3 种高速布线的网络拓扑结构（S：源端；L：负载端）

图 14-9-37　鼠标右键菜单

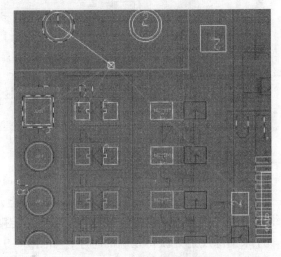

图 14-9-38　准备插入 T 点

（4）选择第 2 个引脚，单击 T 点；依次选择第 3、4 个引脚，再选择 T 点。单击鼠标右键，从弹出的菜单中选择"Done"，完成了 T 点的插入，如图 14-9-39 所示。

（5）执行菜单命令"Display"→"Element"，在控制面板的"Find"选项卡中仅选中"Rat Ts"选项，单击刚添加的 T 点，弹出"Show Element"窗口，如图 14-9-40所示。

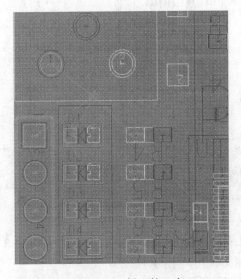

图 14-9-39　插入的 T 点

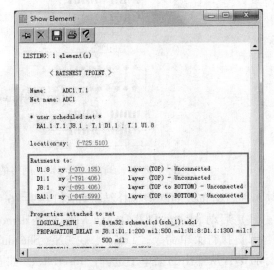

图 14-9-40　显示 T 点信息

（6）执行菜单命令"Route"→"Connect"，设置控制面板的"Options"选项卡，如图 14-9-41 所示。

（7）单击最下面的引脚向 T 点布线，并连接 T 点，如图 14-9-42 所示。

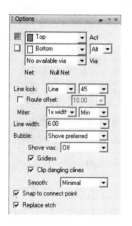

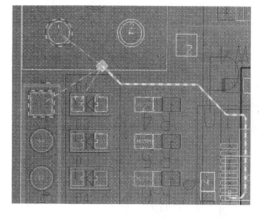

图 14-9-41　"Options"选项卡（四）　　　　　图 14-9-42　开始布线

（8）依次从其他两个引脚向 T 点布线，最后单击鼠标右键，从弹出的菜单中选择"Done"完成，如图 14-9-43 所示。

（9）执行菜单命令"Display"→"Element"，在控制面板的"Find"选项卡中仅选中"Rat Ts"选项，单击刚添加的 T 点，弹出"Show Element"窗口，如图 14-9-44 所示。

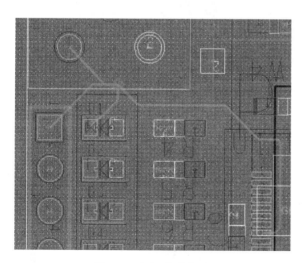

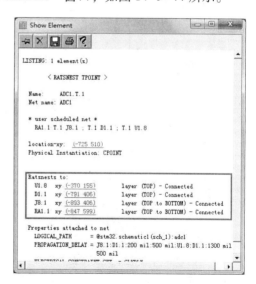

图 14-9-43　布完的线　　　　　　　　　图 14-9-44　显示 T 点信息

（10）执行菜单命令"Edit"→"Delete"，删除刚才布的线。

（11）执行菜单命令"Route"→"Connect"，从最下面的引脚开始布线，到达一个位置后，单击鼠标左键。单击鼠标右键，从弹出的菜单中选择"Target"→"Snap Rat T"，会发现 T 点的位置已经改变，如图 14-9-45 所示。

（12）继续连接剩下的线。单击鼠标右键，从弹出的菜单中选择"Done"完成，如图 14-9-46 所示。

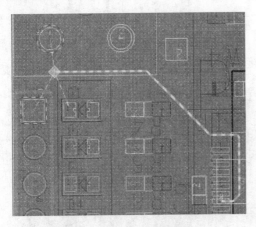
图 14-9-45　开始布线

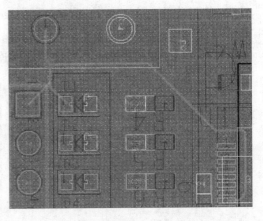
图 14-9-46　布完的线

（13）执行菜单命令"Edit"→"Properties"，在控制面板的"Find"选项卡中选中"Rat Ts"选项，单击添加的 T 点，弹出"Edit Property"对话框和"Show Properties"窗口，选择"Fixed_T_Tolerance"，并在"Value"栏中输入 0，如图 14-9-47 所示。

（14）单击"Apply"按钮，弹出"Show Properties"窗口，如图 14-9-48 所示。

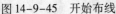

图 14-9-47　编辑属性

图 14-9-48　显示编辑的属性

（15）单击"OK"按钮，关闭"Edit Property"对话框和"Show Properties"窗口。单击鼠标右键，从弹出的菜单中选择"Done"完成，这样在移动线时 T 点的位置不变。

（16）执行菜单命令"File"→"Save as"，保存 PCB 文件于 D:\Project\allegro 目录，文件名为 Rat_T。

14.9.4　45°角布线调整（Miter By Pick）

（1）启动 Allegro PCB Design GXL，打开 demo_autoroute. brd 文件，如图 14-9-49 所示。

（2）执行菜单命令"Route"→"PCB Router"→"Miter By Pick"，单击鼠标右键，从弹出的菜单

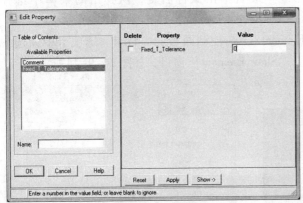

图 14-9-49　已布线的电路图

中选择"Setup"，弹出"SPECCTRA Automatic Router Parameters"对话框，如图 14-9-50 所示。

☺ Miter Pin and Via Exits：倾斜存在的引脚和过孔。

☺ Slant Wrong - way Segments：倾斜错误方向的线段。

☺ Miter T Junctions：倾斜 T 节点。

☺ Miter at Bends：在弯曲处倾斜。

（3）单击"OK"按钮，关闭"SPECCTRA Automatic Router Parameters"对话框。在控制面板的"Find"选项卡中选中"Nets"选项，如图 14-9-51 所示。

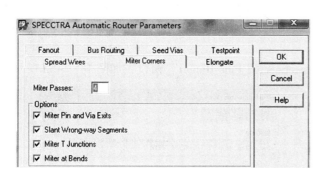

图 14-9-50　Miter 参数设置　　　　　图 14-9-51　"Find"选项卡（二）

（4）可以单击单个网络，也可以框选一个区域，还可以框选整个 PCB 来倾斜（Miter）。这里用鼠标左键框选整个 PCB，会出现执行进度提示框，如图 14-9-52 所示。

（5）执行完后，单击鼠标右键，从弹出的菜单中选择"Done"完成，如图 14-9-53 所示。

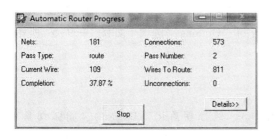

图 14-9-52　进度对话框　　　　　　　图 14-9-53　Miter 后的图

不仅可以把直角拐角的线 Miter，还可以把45°拐角的线变为直角（Unmeter），其操作方法是执行菜单命令"Route"→"PCB Router"→"Unmiter By Pick"，接下来的操作与 Miter 的相同。

（6）执行菜单命令"Filer"→"Save as"命令，保存 PCB 文件于 D:\Project\allegro 目录，文件名为 demo_miter。

14.9.5　改善布线的连接

1. 检查未连接的引脚

（1）启动 Allegro PCB Design GXL，打开 demo_autoroute.brd 文件。执行菜单命令"Display"→"Show Rats"→"All"，查看未连接的引脚。尽管这是一个快速、有效的方式，但是对于大的设计，飞线不容易看到，可能需要关掉一些布线层来查看。

（2）执行菜单命令"Tools"→"Reports"，选择报告未连接的引脚来查看，在打开的"Reports"对话框中双击"Unconnected Pins Report"，使其出现在"Selected Reports"栏中，如图14-9-54所示。

（3）单击"Report"按钮，弹出"Unconnected Pins Report"窗口，如图14-9-55所示。

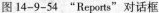
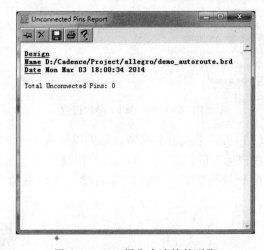

图 14-9-54　"Reports"对话框　　　　图 14-9-55　报告未连接的引脚

（4）报告信息显示未连接引脚数为0。关闭"Unconnected Pins Report"窗口。单击"Close"按钮，关闭"Reports"对话框。单击"Save"按钮，保存文件。不要关闭 Allegro。

2. 改善连接

（1）打开 demo_autoroute.brd 文件，使用"Zoom In"命令调整显示，如图14-9-56所示。执行菜单命令"Route"→"Slide"，控制面板的"Options"选项卡如图14-9-57所示。

☺ Active etch subclass：当前的布线层。

☺ Min Corner Size：最小线性拐角尺寸。

☺ Min Arc Radius：最小圆弧拐角半径。

☺ Vertex Action：顶点动作，包括移动（Move）、线性拐角化（Line..）、圆弧拐角化（Arc...）。

☺ Bubble：布线动作，包括推挤（Shove）优先、环抱（Hug）优先。

☺ Shove vias：过孔的推挤模式。

☺ Clip dangling clines：推挤绕线。

☺ Smooth：使用平滑来减小布线段数或减少推挤。

☺ Allow DRCs：调整过程中允许产生 DRC。

☺ Gridless：布线在格点上。

☺ Auto Join（hold Ctrl to toggle）：自动连接两段线（使用"Ctrl"控制）。

☺ Extend Selection（hold Shift to toggle）：自动延长布线到过孔或其他线段（使用"Shift"控制）。

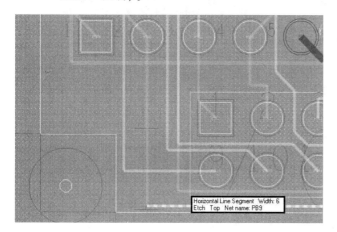

图 14-9-56　PCB 局部图

图 14-9-57　"Options"选项卡（五）

（2）单击最上面的布线，移动光标，到达合适位置后，单击鼠标左键确认位置。单击鼠标右键，从弹出的菜单中选择"Done"完成，如图 14-9-58 所示。

【说明】使用 Slide 命令不仅可以移动单个的布线，也可以移动一组布线（移动时框选住这组布线即可）。

3. 编辑拐角（Vertice）

（1）执行菜单命令"Edit"→"Vertex"，在线上单击一点，线跟随光标移动，如图 14-9-59 所示。

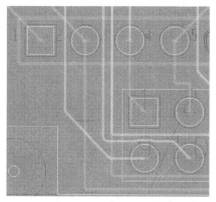

图 14-9-58　调整后的图

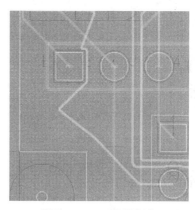

图 14-9-59　编辑拐角

（2）单击一个新的位置，在斜的线段上单击一点，拖动到一个新的位置，单击另一边的线段，拖动到一个新的位置，如图 14-9-60 所示。

（3）如果要删除这个拐角，需要执行菜单命令"Edit"→"Delete Vertex"，不能使用"Delete"命令。执行菜单命令"Edit"→"Delete Vertex"，单击拐角处。单击鼠标右键，从弹出的菜单中选择"Done"，如图 14-9-61 所示。

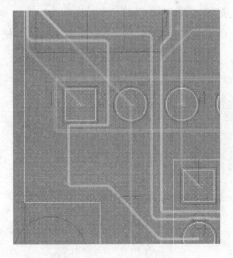
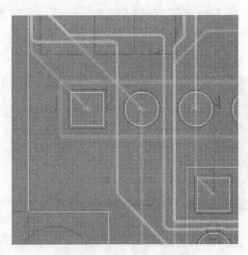

图 14-9-60   增加拐角后   图 14-9-61   删除拐角

4. 替换布线

（1）执行菜单命令"Route"→"Connect"，在控制面板的"Options"选项卡中选中"Replace Etch"选项，在一条已存在的布线上单击一点重新布线，如图 14-9-62 所示。

（2）单击鼠标左键确定布线替换的终点。单击鼠标右键，从弹出的菜单中选择"Done"，如图 14-9-63 所示。

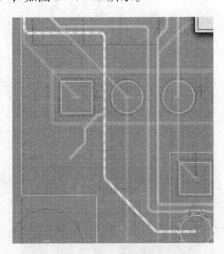
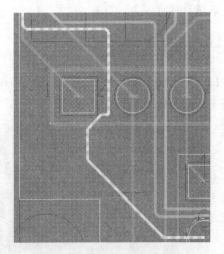

图 14-9-62   开始替换   图 14-9-63   替换后的图

5. 使用 Cut 选项修改线

（1）执行菜单命令"Edit"→"Delete"，在控制面板的"Find"选项卡中仅选中

"Cline Segs"选项，单击鼠标右键，从弹出的菜单中选择"Cut"，单击要删除的线段的一点，然后单击要删除线段的另一点。单击鼠标右键，从弹出的菜单中选择"Done"完成，如图 14-9-64 所示。

（2）执行菜单命令"Route"→"Slide"，在控制面板的"Find"选项卡中仅选中"Cline Segs"选项，单击鼠标右键，从弹出菜单中选择"Cut"，单击要移动（Slide）的线上的一点，这条线会高亮显示；单击这条线上的另一点，移动光标，这两点间的线就会随之移动。单击鼠标右键，从弹出的菜单中选择"Done"完成，如图 14-9-65 所示。

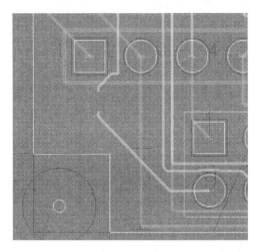

图 14-9-64 删除线段

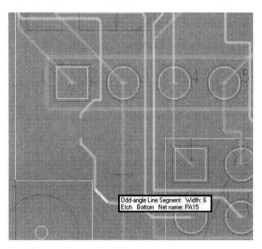

图 14-9-65 移动线段

（3）执行菜单命令"Edit"→"Change"，在控制面板"Find"选项卡中选中"Cline Segs"选项，"Options"选项卡如图 14-9-66 所示。

（4）单击鼠标右键，从弹出菜单中选择"Cut"，在一条线上单击两个点，这两点间的线宽就变为 20mil，如果切换到不同的层，系统会自动添加过孔，如图 14-9-67 所示。

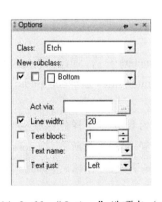

图 14-9-66 "Options"选项卡（六）

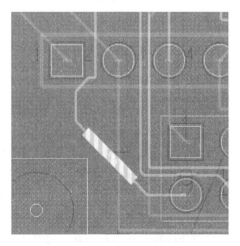

图 14-9-67 改变线宽和层面

（5）执行菜单命令"File"→"Save as"，保存 PCB 文件于 D:\Project\allegro 目录，文件名为 demo_misc。

14.10 优化布线（Gloss）

1. 固定关键网络

启动 Allegro PCB Design GXL 命令，打开 demo_autoroute. brd 文件，如图 14-10-1 所示。单击按钮 ，在控制面板的"Find"选项卡仅选中"Nets"选项，在"Find By Name"区域选择"Name"和"Property"，单击"More"按钮，弹出"Find by Name or Property"对话框，在左侧的"Availabled objects"栏选择"Electrical _ Constraint _ Set = Diff _ Pair"、"Physical _ Constraint_Set = PCS_PW"和"Spacing_Constraint_Set = 8_mil_space"属性，如图 14-10-2 所示。

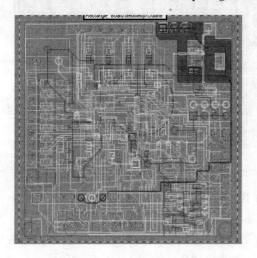

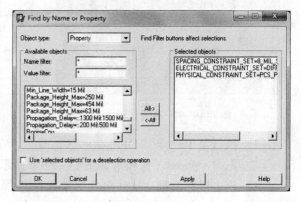

图 14-10-1 自动布线后的图   图 14-10-2 "Find by Name or Property"对话框

单击"Apply"按钮，命令窗口会提示加入 Fixed 属性的网络。单击"OK"按钮，关闭"Find by Name or Property"对话框。单击鼠标右键，从弹出的菜单中选择"Done"完成。

2. Gloss 参数设置

（1）执行菜单命令"Route"→"Gloss"→"Parameters…"，弹出"Glossing Controller"对话框，选中"Via eliminate"、"Line smoothing"、"Center lines between pads"和"Improve line entry into pads"选项，如图 14-10-3 所示。

☺ Line And via cleanup：减少设计中的过孔（Via）的数量，这样能够使得加工 PCB 的成本更低，也能更方便地加工。它有很多不同的设置参数。在所有"Glossing Controller"对话框所示的"Gloss"程序中，这个程序运行起来是最消耗时间的，因为它要将所有的网络连接布线都取消后，再重新进行布线。

☺ Via eliminate：不用重新对每个网络布线而减少不必要的过孔。

☺ Line smoothing：平滑交互式或自动布线器布出的不够平滑的布线。

☺ Center lines between pads：将元器件引脚之间的中心线置于水平或竖直的方向上。

☺ Improve line entry into pads：将连接引脚的布线置于指定的角度。

☺ Line fattening：增加 PCB 的布线的宽度。

☺ Convert corner to arc：将 45°或 90°布线转换为弧形布线。

☺ Fillet and Tapered Trace：添加泪滴或锥形。

☺ Dielectric generation：自动为交相连接生成介电层。

（2）保留默认设置。单击"Line smoothing"左侧的按钮，弹出"Line Smoothing"对话框，如图 14-10-4 所示。

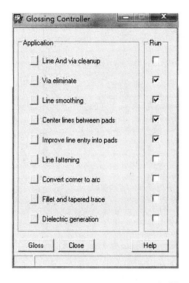

图 14-10-3 "Glossing Controller"对话框（一）　　　　图 14-10-4　设置调整布线参数

☺ Eliminate

ↁ Bubbles：通过削减 45°的线段来进行线的调整，如图 14-10-5 所示。

ↁ Jogs：指定线的调整是否减少重复的割截，如图 14-10-6 所示。

ↁ Dangling lines：调整没有两个共同使用的连接线。

ↁ No - net dangling lines：删除无网络的悬空线。

☺ Line Segments

ↁ Preserve odd angle line if possible：如果可能，保留任意角度的布线。

ↁ Convert 90's to 45's：表示把 90°转换成 45°。

ↁ Extend 45's：表示线的调整是否建成每个 45°线段。

ↁ Corner type：拐角类型的选择，包括 45°和 90°，默认值为 45°。

☺ Number of Executions：指定调整线段所执行的次数。

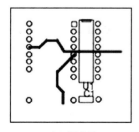 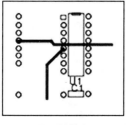 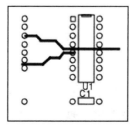 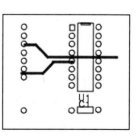

（a）调整前　　　　　　（b）调整后　　　　　　　（b）调整前　　　　　　（b）调整后

图 14-10-5　Bubbles 调整前、后的线段　　　　　图 14-10-6　Jogs 调整前、后的线段

（3）单击"OK"按钮，完成参数的设置，回到"Gloss Controller"对话框。

（4）单击"Gloss"按钮，开始执行优化。优化后，执行菜单命令"File"→"Viewlog"，弹出"View of file：gloss. log"窗口，如图 14-10-7 所示。

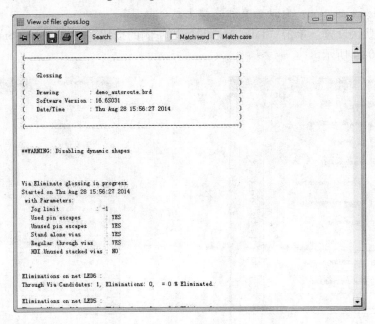

图 14-10-7　优化的内容

（5）关闭 log 文件。执行菜单命令"File"→"Save as"，保存 PCB 文件于 D：\Project\allegro 目录，文件名为"demo_rdy2gloss"。

3. 添加和删除泪滴

泪滴是在连接线输入焊盘处添加的附加布线。如果一个钻孔偏离了焊盘中心，就有可能会造成短路。在 PCB 钻孔过程中，泪滴考虑了大的加工误差。大多数情况下，添加泪滴是在 PCB 所有其他类型编辑完成后，如果添加泪滴后还想对 PCB 进行编辑就需要删除泪滴。

（1）启动 Allegro PCB Design GXL，打开 demo_rdy2gloss. brd 文件。

（2）执行菜单命令"Route"→"Gloss"→"Parameters…"，弹出"Glossing Controller"对话框，仅选中"Fillet and tapered trace"选项，如图 14-10-8 所示。

（3）单击"Fillet and Tapered Trace"左侧的按钮，弹出"Fillet and Tapered Trace"对话框，设置参数如图 14-10-9 所示。

☺ Global Options

    ↳ Dynamic：动态选项，选中后，无论是对布线编辑和删除泪滴都会自动重新添加。

    ↳ Curved：布线引出泪滴时，使用弧线而不是直线。

    ↳ Allow DRC：即使产生 DRC 也生成泪滴。

    ↳ Unused net：为未使用的布线添加泪滴。

☺ Circular pads：圆形泪滴，如图 14-10-10 所示。

☺ Square pads：方形泪滴，如图 14-10-11 所示。

☺ Rectangular pads：长方形泪滴，如图 14-10-12 所示。

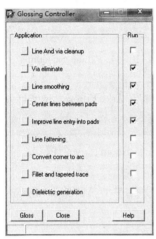

图 14-10-8　"Glossing Controller" 对话框（二）

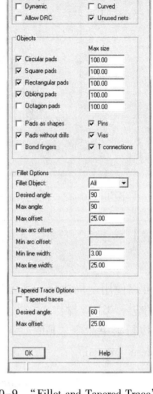

图 14-10-9　"Fillet and Tapered Trace" 对话框

泪滴边缘为切线　　角度增加

图 14-10-10　圆形泪滴

泪滴边缘为切线　　角度增加

图 14-10-11　方形泪滴

图 14-10-12　长方形泪滴

☺ Oblong pads：椭圆形泪滴。

☺ Octagon pads：八边形泪滴。

（4）单击 "OK" 按钮，完成参数的设置（取默认值），回到 "Gloss Controller" 对话框。

（5）单击 "Gloss" 按钮，执行导线的调整，如图 14-10-13 所示。

（6）执行菜单命令 "Route" → "Gloss" → "Parameters…"，弹出 "Glossing Controller" 对话框，仅选中 "Line Smoothing" 选项，单击其左侧的按钮，弹出 "Line Smoothing" 对话框，设置如图 14-10-14 所示。

（7）单击 "OK" 按钮，关闭 "Line Smoothing" 对话框。在 "Glossing Controller" 对话框中单击 "Gloss" 按钮，清除全部泪滴。

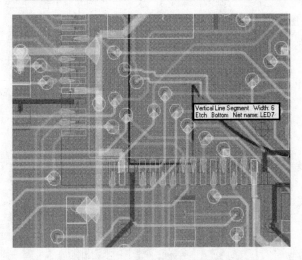

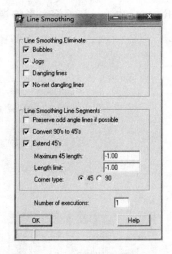

图 14-10-13　优化后的图　　　　　　　　图 14-10-14　"Line Smoothing" 对话框

【注意】对于添加和删除泪滴，在"Gloss"命令下面有"Add Fillet"和"Delete Fillet"两个命令。

不仅可以使用全局执行，还可以选择对一个设计、一个 Room、一个窗口、高亮的部分或列表文件进行 Gloss 操作。

（8）执行菜单命令"File"→"Save as"，保存 PCB 文件于 D：\Project\allegro 目录，文件名为"demo_routed"。

4. 自定义平滑（Custom Smooth）布线

（1）启动 Allegro PCB Design GXL，打开 demo_autoroute. brd 文件，如图 14-10-15 所示。执行菜单命令"Route"→"Custom Smooth"，在控制面板的"Find"选项卡中仅选中"Nets"选项，"Options"选项卡的设置如图 14-10-16 所示。

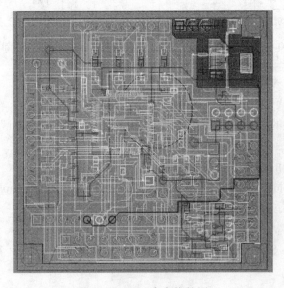

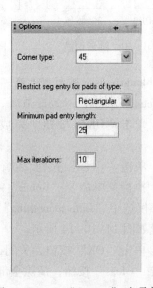

图 14-10-15　布完线的图　　　　　　　　图 14-10-16　"Options" 选项卡

☺ Corner type：自定义平滑的拐角，可选 90、45、Any Angle 和 Arc。

☺ Restrict seg entry for pads of type：限制线段输入的焊盘的类型，包括 Rectangular、All、None。

☺ Minimum pad entry length：最小的焊盘输入的线段长度，若布线在进入该焊盘的长度小于此值，表示不可平滑此线段。

☺ Max iterations：设置每次执行平滑的最大次数。

（2）单击要平滑的信号线（既可以单击单个信号线，也可以框选整个设计或部分线），Allegro 会平滑这些信号线。单击鼠标右键，从弹出的菜单中选择"Done"，如图 14-10-17 所示。

图 14-10-17 中有些地方平滑了，有些地方依然未变。

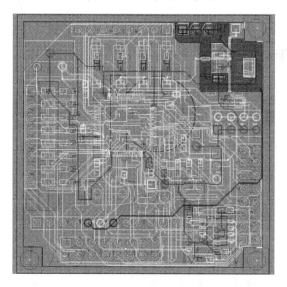

图 14-10-17　平滑后的信号线

（3）执行菜单命令"File"→"Save as"，保存 PCB 文件于 D:\Project\allegro 目录，文件名为"demo_cutsmooth"。

 习题

（1）在布线过程中高亮与反高亮的意义是什么？

（2）如何进行手工布线？手工布线时需注意什么？如何进行手工布线调整？

（3）如何设置特殊规则区域，并在特殊规则区域布线？

第15章 后 处 理

在设计过程中，可以重新命名元器件序号，并将其回注到原理图设计中。当 PCB 上的元器件序号按照一定规律排列（由左到右，由上到下）时，一些特殊元器件能够很容易被定位。在重新命名元器件序号前，确保手头上有最新的原理图，如果在 PCB 设计中重新命名了元器件序号，需要回注这些变化到原理图中。回注时，PCB 上的元器件必须与原理图中的相匹配，不要出现 PCB 中有元器件而原理图中没有的现象；反之亦然。

15.1 重新命名元器件序号

1. 自动重新命名元器件序号

（1）启动 Allegro PCB Design XL，打开 demo_routed 文件，如图 15-1-1 所示。

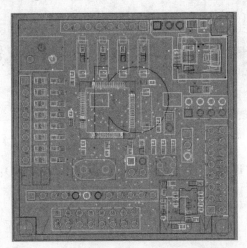

图 15-1-1 已布线电路图（关闭了布线的显示）

（2）执行菜单命令"Display"→"Color/Visibility..."，弹出"Color Dialog"对话框，单击"Globel Visible"区域的"Off"按钮，弹出提示对话框，单击"Yes"按钮确认提示信息，选择"Comoponents"，选择"Ref Des"→"Assembly_Top"和"Assembly_Bottom"；选择"Board Geometry"→"Outline"，选择"Package Geometry"，选择"Assembly_Top"和"Assembly_Bottom"；选择"Stack - Up"，选择"Top"→"Pin"和"Via"，选择"Bottom"→"Pin"。单击"OK"按钮确认更改，并关闭"Color Dialog"对话框。

（3）执行菜单命令"Logic"→"Auto Rename Refdes"→"Rename..."，弹出如图 15-1-2 所示对话框，选中"Use default grid"选项和"Rename all components"选项，表示重新命名所有的元器件。单击"More..."按钮，弹出"Rename Ref Des Set Up"对话框，按图 15-1-3所示进行设置。

图 15-1-2　"Rename RefDes"对话框　　　　图 15-1-3　"Rename Ref Des Set UP"对话框

【"Layer Options"区域】

☺ Layer：选择要重新命名的层。

☺ Starting Layer：选择开始的层。

【注意】只有在"Layer"栏中选择"Both"时，此栏才被激活。

☺ Component Origin：在重新命名时设置元器件的参考点。

　　↳ Pin1：以元器件的第 1 引脚作为参考点。

　　↳ Body Center：以元器件的中心点作为参考点。

　　↳ Symbol Origin：以元器件作为参考点。

【"Direction for Top Layer"区域】设置重新命名的方向。

☺ First Direction：设置重新命名的第 1 个方向。

　　↳ Horizontal：水平方向。

　　↳ Vertical：垂直方向。

☺ Ordering：表示重新命名的顺序。

　　↳ Right to Left：从右到左。

　　↳ Left to Right：从左到右。

　　↳ Downwards：从上至下。

　　↳ Upwards：从下至上。

【注意】只有在"Layer"栏中选择"Both"或"Top"时，此栏才被激活。

【"Direction for Bottom Layer"区域】设置方法与"Direction for Bottom Layer"区域的设置方法相同。

【注意】只有在"Layer"栏中选择"Both"或"Bottom"时，此栏才被激活。

【"Reference Designator Format"区域】

☺ RefDes Prefix：输入"＊"，表示重新命名后新的 RefDes 的前缀与重新命名前的 RefDes 的前缀一致。

☺ Top Layer Identifier：针对顶层的元器件 RefDes 的前缀不加注文字。

☺ Bottom Layer Identifier：针对底层的元器件 RefDes 的前缀不加注文字。

☺ Skip Character（s）：在重新命名时指定要略过的字符。

☺ Renaming Method：选择重新命名的方法。

   ↳ Grid Based：表示基于格点的方法。

   ↳ Sequential：表示连续性的重新命名方法。

☺ Preserve current prefixes：保留元器件的前缀。

【"Sequential Renaming"区域】

☺ RefDes Digits：指定编号的位数（如选择 3，则元器件的重命名为 001、002 等）。

【"Grid Based Renaming"区域】

☺ 1st Direction Designation：第 1 个方向标志。

☺ 2nd Direction Designation：第 2 个方向标志。

☺ Suffix：后缀。

（4）单击"Close"按钮，关闭"Rename Ref Des Set Up"对话框。单击"Rename"按钮，进行重新命名。重新命名后的电路图如图 15-1-4 所示。

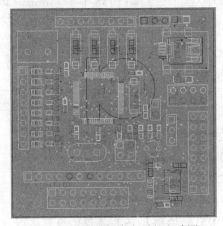

图 15-1-4　重新命名后的电路图

2. 手动重新命名元器件序号

执行菜单命令"Edit"→"Text"，单击自动重新命名后的 UT1，UT1 会高亮显示，在命令窗口中修改"UT1"为"U30"，按"Enter"键。单击鼠标右键，从弹出的菜单中选择"Done"，完成手动重新命名操作，如图 15-1-5 所示。

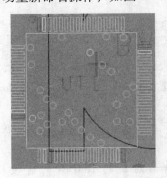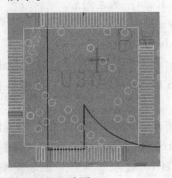

图 15-1-5　重新命名前、后的电路图

再利用同样方法，将"U30"改回"UT1"。

15.2 回注（Back Annotation）

（1）执行菜单命令"File"→"Export"→"Logic…"，弹出"Export Logic"对话框，在"Logic type"区域中选中"Design entry CIS"选项，表示要传回的软件为 Capture→在"Export to directory"栏中选择要导出的路径 D：\Project\OrCAD，如图 15-2-1 所示。

（2）选择"Other"选项卡，在"Comparison design"栏显示要导出的 PCB 文件 D：\Project\allegro\demo_routed. brd，如图 15-2-2 所示。这表示支持第三方软件的回注。

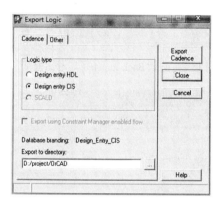

图 15-2-1 "Export Logic"对话框
（"Cadence"选项卡）

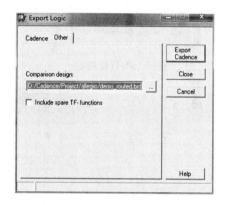

图 15-2-2 "Export Logic"对话框
（"Other"选项卡）

（3）切换到"Cadence"选项卡，单击"Export Cadence"按钮，弹出执行进度窗口，执行完后命令窗口显示如下信息：

> Starting genfeedformat
> genfeedformat completed successfully – use Viewlog to review the log file.

（4）单击"Close"按钮，关闭"Export Logic"对话框。

（5）打开 Design Entry CIS，打开 D：\Project\OrCAD\STM32. dsn，如图 15-2-3 所示。

（6）执行菜单命令"Tools"→"Back annotate"，弹出如图 15-2-4 所示的对话框。

☺ 在"PCB Editor Board File"栏中选择保存好的 AllegroPCB 的路径。

☺ 在"Netlist"栏中选择"Capture"直接转 Allegro 的 netlist 路径，设置为 D：\PROJECT\ORCAD。

☺ 在"Output"栏中选择输出的 Rename 的文件路径，设置为 D：\Project\allegro\demo. swp。

☺ "Back Annotation"区域。

    ↳ Update Schematic：更新原理图。

    ↳ View Output：浏览输出文件。

（7）单击"确定"按钮，执行回注，弹出如图 15-2-5 所示对话框。

（8）执行后自动打开输出的交换文件，如图 15-2-6 所示。

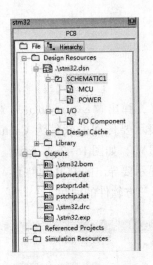

图 15-2-3　项目管理器

图 15-2-4　"Back annotate" 对话框

图 15-2-5　"Progress" 窗口

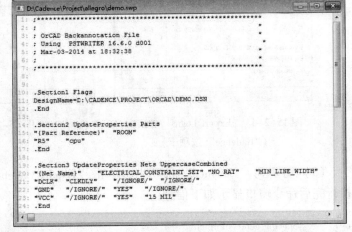

图 15-2-6　产生的交换文件的内容

15.3　文字面调整

对文字面进行调整时依据如下原则。

☺ 文字不可太靠近引脚及过孔，至少保持 10mil 的距离。

☺ 文字不可放置于零件实体的下面。

☺ 文字的方向应保持一致，至多可以有两种方向。

1. 修改文字面字体大小

（1）执行菜单命令 "Display" → "Color/Visibility..."，弹出 "Color Dialog" 对话框，选择 "Comoponents"，"Ref Des" 选择 "Assembly_Top"，不选择 "Assembly_Bottom"。

（2）执行菜单命令 "Edit" → "Change"，在控制面板的 "Find" 选项卡中仅选中

"Text"选项，如图 15-3-1 所示。

（3）选择控制面板的"Options"选项卡，在"Class"栏中选择"Ref Des"，在"New subclass"栏中选择"Assembly_Top"，选中"Text block"，在"Text block"栏选择 4（表示要更改的字号为 4 号），如图 15-3-2 所示。

（4）选择整个 PCB，所有的文字都会高亮显示。单击鼠标右键，从弹出的菜单中选择"Done"，整个 PCB 的文字被更改为 4 号字体。

（5）执行菜单命令"Display"→"Color/Visibility…"，弹出"Color Dialog"对话框，选择"Comoponents"，"Ref Des"选择"Assembly_Bottom"，不选择"Assembly_Top"。

（6）执行菜单命令"Edit"→"Change"，控制面板的"Find"选项卡中仅选中"Text"选项，选择"Options"选项卡，在"Class"栏中选择"Ref Des"，在"New subclass"栏中选择"Assembly_Bottom"，选中"Text block"，在"Text block"栏选择 4，表示要更改的字号为 4 号。

（7）选择整个 PCB，所有的文字都会高亮显示。单击鼠标右键，从弹出的菜单中选择"Done"，整个 PCB 的文字被更改为 4 号字体，打开"Assembly_Top"显示，如图 15-3-3 所示。

  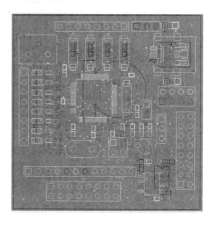

图 15-3-1 "Find"选项卡　图 15-3-2 "Options"选项卡（一）　图 15-3-3 更改字号后的电路图

2. 改变文字的位置和角度

（1）执行菜单命令"Edit"→"Move"，在控制面板的"Find"选项卡中仅选择"Text"，在"Options"选项卡"Rotation"栏中设置参数，如图 15-3-4 所示。

（2）在编辑窗口中单击要移动的文字，进行文字的移动。

> 【注意】在摆放文字时，文字不能靠元器件或贯穿孔太近。

（3）执行菜单命令"Edit"→"Spin"，对文字进行旋转操作。在控制面板的"Find"选项卡中仅选择"Text"，"Options"选项卡的设置如图 15-3-5 所示。

（4）调整后的电路图如图 15-3-6 所示。

（5）执行菜单命令"File"→"Save as"，保存 PCB 文件于 D:\Project\allegro 目录，文件名为 demo_final。

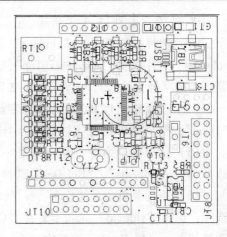

图 15-3-4 "Options" 选项卡（二）　　　　图 15-3-5 "Options" 选项卡（三）　　　　图 15-3-6 调整后的电路图

15.4 建立丝印层

1. 设置层面颜色和可视性

启动 Allegro PCB Design GXL，打开 demo_final. brd 文件。执行菜单命令"Display"→"Color/Visibility…"，弹出"Color Dialog"对话框，选择"Manufacturing"，选择"Autosilk_Top"，并改变颜色；选择"Stack－Up"，关闭 Bottom 层引脚（Pin）的显示；关闭"Package Geometry"下面的"Assembly_Top"和"Assembly_Bottom"；选择"Components"，关闭所有"Ref Des"的显示。单击"OK"按钮，关闭"Color Dialog"对话框。

2. 自动添加丝印层

（1）执行菜单命令"Manufacture"→"Silkscreen…"，弹出"Auto Silkscreen"对话框，具体设置如图 15-4-1 所示。

☺ Layer：选择所要添加丝印的层。

☺ Elements

⤷ Lines：从指定的 Autosilk 子级擦除线并重新产生线。

⤷ Text：从指定的 Autosilk 子级擦除文本并重新产生文本。

⤷ Both：从指定的 Autosilk 子级擦除线和文本并重新产生线和文本。

☺ Classes and subclasses 定义自动添加丝印层时查找的丝印图，每个列表中都有 3 个选项。

⤷ Silk：仅从 Silkscreen 复制图形。

⤷ None：不提取。

⤷ Any：优先使用 Silkscreen，如果什么也没找到使用 Assembly。

☺ Text

⤷ Allow under components：允许将丝印的位置放在元器件下面。

↳ Lock autosilk text for incremental updates：第 1 次自动丝印运行后，如果符号被复制、移动或删除，文本的位置固定不变。

↳ Maximum displacement：指定丝印文本字符串移动时偏离它们的最初位置的最大距离。

↳ Minimum line length：指定在 Autosilk 子级允许的线段的最小长度。

↳ Element to pad clearance：丝印元素和焊盘的边沿间的间距。

↳ Clear solder mask pad：当线被剪切或文本被移动时，Soldermask 焊盘将被用于确定焊盘的尺寸，而不是规则的顶层或底层焊盘。

（2）单击"Silkscreen"按钮，产生丝印（如果摆放丝印的序号失败，失败的数目会显示在命令窗口中），如图 15-4-2 所示。

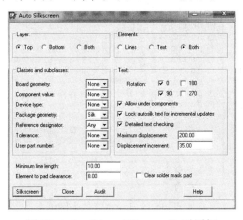

图 15-4-1 "Auto Silkscreen"对话框

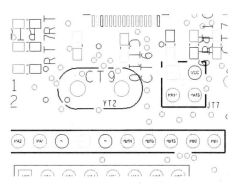

图 15-4-2 产生丝印图

（3）执行菜单命令"File"→"Viewlog"，查看自动丝印的结果，如图 15-4-3 所示。

（4）关闭 autosilk.log 文件。执行菜单命令"Edit"→"Move"，在控制面板的"Find"选项卡中仅选择"Text"选项。单击元器件序号，该文本 RT11 会处于移动状态；单击一个新的位置摆放文本，单击文本"RT11"。单击鼠标右键，从弹出的菜单中选择"Rotate"，单击一个新的位置摆放。单击鼠标右键，从弹出的菜单中选择"Done"完成，如图 15-4-4 所示。

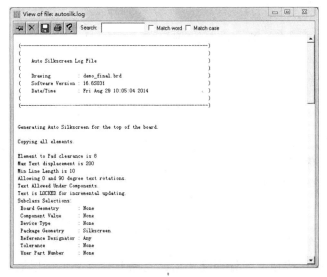
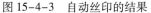

图 15-4-3 自动丝印的结果

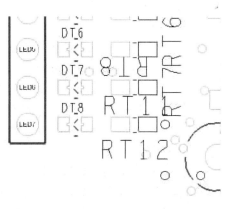

图 15-4-4 调整文字

15.5 建立孔位图

1. 颜色与可视性设置

（1）启动 Allegro PCB Design GXL，打开 demo_ final. brd 文件。

（2）执行菜单命令"Display"→"Color/ Visibility…"，弹出"Color Dialog"对话框，在"Global Visibility"区域单击"Off"按钮，出现提示对话框，单击"Yes"按钮，使所有元素不显示，在"Board Geometry"下选择"Outline 和 Dimension"；设定"Stack - Up"，在"Pin"和"Via"下面选择"Top"和"Bottom"；设定"Drawing Format"，打开其下的所有选项，并设定打开的项目的颜色。

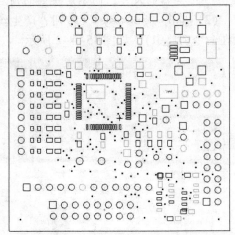

图 15-5-1　浏览整个图纸

（3）单击"OK"按钮，关闭"Color Dialog"对话框。

（4）执行菜单命令"View"→"Zoom Fit"，工作区域如图 15-5-1 所示。

2. 建立钻孔符号和图例

（1）执行菜单命令"Manufacture"→"NC"→"Drill Legend"，弹出"Drill Legend"对话框，如图 15-5-2 所示。

☺ Template file：输入统计表格的模板文件，默认为"default - mil. dlt"，使用单位为 mil，设定单位应与 PCB 设定单位一致。

☺ Drill Legend title：孔位图标题。

☺ Backdrill legend title：钻孔图的名称，默认为"DRILL CHART：$ lay_name $"。

☺ Hole sorting method：孔的排序方法。

　　↪ By hole size：按孔的尺寸排序。

　　　◇ Ascending：按升序排序。

　　　◇ Descending：按降序排序。

　　↪ By plating status：按上锡状况。

　　　◇ Plated first：孔壁上锡的孔优选。

　　　◇ Non - plated first：孔壁未上锡的孔优选。

☺ Legends：图例。

　　↪ Layer pair：依据层对。

　　↪ By layer：依据层。

（2）保留所有默认设置，单击"OK"按钮，当处理完成后，光标上会有一个矩形框，单击一个新的位置摆放图例信息，如图 15-5-3 所示。

图 15-5-2 "Drill Legend" 对话框

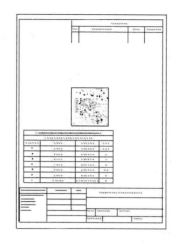

图 15-5-3 摆放钻孔的图例

（3）在控制面板的 "Visibility" 选项卡中关闭 "Pin" 和 "Via" 的显示，如图 15-5-4 所示。

（4）调整画面，查看钻孔图统计表格，如图 15-5-5 所示。

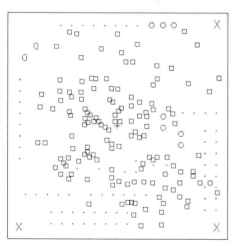

图 15-5-4 钻孔图

DRILL CHART: TOP to BOTTOM			
ALL UNITS ARE IN MILS			
FIGURE	SIZE	PLATED	QTY
○	18.0	PLATED	155
	28.0	PLATED	3
	32.0	PLATED	2
·	36.0	PLATED	8
	40.0	PLATED	72
☆	42.0	PLATED	3
x	125.0	NON-PLATED	3

图 15-5-5 钻孔图统计表格

15.6 建立钻孔文件

（1）执行菜单命令 "Manufacture" → "NC" → "NC Parameters"，弹出 "NC Parameters" 对话框，如图 15-6-1 所示。

☺ Parameter file：指定创建输出 NC 加工数据的名称和路径，默认名为 "nc_param. txt"。

☺ Output file：输出文件。

☞ Header：在输出文件中指定一个或多个 ASCII 文件，默认值为 "none"。

☞ Leader：指定在纸带的引导长度。

☞ Code：指定纸带的输出格式，默认是 ASCII 格式。

☺ Excellon format。

    ↪ Format：输出 NCDRILL 文件中坐标数据的格式。

    ↪ Offset X，Y：指定坐标数据与图纸原点的偏移值。

    ↪ Coordinates：指定输出坐标是相对坐标还是绝对坐标。

    ↪ Output units：指定输出单位是英制还是公制。

    ↪ Leading zero suppression：指定输出坐标开头是否填 "0"。

    ↪ Trailing zero suppression：指定输出坐标末尾是否填 "0"。

    ↪ Equal coordinate suppression：指定相等坐标是否被禁止。

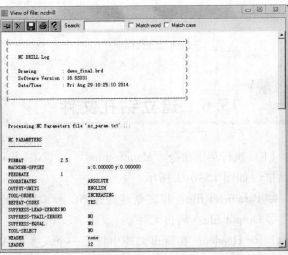

    ↪ Enhanced Excellon format：选择在 NC Drill 和 NC Route 输出文件产生头文件。

图 15-6-1　设置 NC 参数

（2）设定 "Excellon format" 区域的 "Format" 栏为 "2.5"，单击 "Close" 按钮，关闭 "NC Parameters" 对话框。参数被写入 nc_param. txt 文件中。

（3）执行菜单命令 "Manufacture" → "NC" → "NC Drill…"，弹出 "NC Drill" 对话框，如图 15-6-2 所示。

（4）单击 "Drill" 按钮，建立 "NC" 钻孔，命令窗口出现如下提示信息：

    Starting NC Drill…
    NC Drill completed successfully – use Viewlog to review the log file.

（5）单击 "View Log" 按钮，弹出如图 15-6-3 所示的窗口。

（6）关闭 ncdrill 文件。

（7）单击 "Close" 按钮，关闭 "NC Drill" 对话框。

（8）执行菜单命令 "File" → "Save as"，保存 PCB 文件于 D：\Project\allegro 目录，文件名为 "demo_drill"。

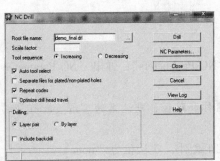

图 15-6-2　"NC Drill" 对话框

图 15-6-3　ncdrill 记录文件

15.7 建立 Artwork 文件

4 层板典型的光绘文件输出如下所述。

☺ TOP 层

  ↪ BOARD GEOMETRY\OUTLINE

  ↪ ETCH\TOP

  ↪ PIN\TOP

  ↪ VIA CLASS\TOP

☺ VCC 层

  ↪ BOARD GEOMETRY\OUTLINE

  ↪ ETCH\VCC

  ↪ PIN\VCC

  ↪ VIA CLASS\VCC

  ↪ ANTI ETCH\ALL

  ↪ ANTI ETCH\VCC

☺ GND 层

  ↪ BOARD GEOMETRY\OUTLINE

  ↪ ETCH\GND

  ↪ PIN\GND

  ↪ VIA CLASS\GND

  ↪ ANTI ETCH\ALL

  ↪ ANTI ETCH\GND

☺ BOTTOM 层

  ↪ BOARD GEOMETRY\OUTLINE

  ↪ ETCH\BOTTOM

  ↪ PIN\BOTTOM

  ↪ VIA CLASS\BOTTOM

☺ SOLDERMASK TOP 层

  ↪ BOARD GEOMETRY\OUTLINE

  ↪ BOARD GEOMETRY\SOLDERMASK_TOP

  ↪ PACKAGE\GEOMETRY\SOLDERMASK_TOP

  ↪ PIN\SOLDERMASK_TOP

  ↪ VIA CLASS\SOLDERMASK_TOP

☺ SOLDERMASK BOT 层

  ↪ BOARD GEOMETRY\OUTLINE

  ↪ BOARD GEOMETRY\SOLDERMASK_BOTTOM

  ↪ PACKAGE\GEOMETRY\SOLDERMASK_BOTTOM

  ↪ PIN\SOLDERMASK_BOTTOM

↪ VIA CLASS\SOLDERMASK_BOTTOM

☺ PASTEMASK TOP 层

    ↪ BOARD GEOMETRY\OUTLINE

    ↪ PIN\PASTEMASK_TOP

☺ PASTEMASK BOT 层

    ↪ BOARD GEOMETRY\OUTLINE

    ↪ PIN\PASTEMASK_BOTTOM

☺ SILKSCREEN TOP 层

    ↪ BOARD GEOMETRY\OUTLINE

    ↪ BOARD GEOMETRY\SILKSCREEN_TOP

    ↪ PACKAGE GEOMETRY\SILKSCREEN_TOP

    ↪ REF DES\SILKSCREEN_TOP

☺ SILKSCREEN BOT 层

    ↪ BOARD GEOMETRY\OUTLINE

    ↪ BOARD GEOMETRY\SILKSCREEN_BOTTOM

    ↪ PACKAGE GEOMETRY\SILKSCREEN_BOTTOM

    ↪ REF DES\SILKSCREEN_BOTTOM

☺ DRILL 层

    ↪ BOARD GEOMETRY\OUTLINE

    ↪ MANUFACTURING\NCDRILL_LEGEND

    ↪ MANUFACTURING\NCDRILL_FIGURE

    两层板没有 VCC 层和 GND 层，SILKSCREEN 层还可以是 ASSEMBLY 层或 AUTOSILK，三者中有其中之一即可。

1. 设置加工文件参数

（1）启动 Allegro PCB Design GXL，打开 demo_final. brd 文件。

（2）执行菜单命令"Manufacture"→"Artwork"，弹出"Artwork Control Form"对话框，如图 15-7-1 所示。

☺ Film name：显示目前的底片名称。

☺ Rotation：底片旋转的角度。

☺ PDF Sequence：生成 PDF 文件的顺序。

☺ Offset X、Y：底片的偏移量。

☺ Undefined line width：未定义的线宽，设计中的 0 线宽全部依照该设定值输出。

☺ Shape bounding box：默认值为 100，表示当 Plot mode 为"Negative"时，由形状的边缘往外需绘制 100mil 的黑色区域。

☺ Plot mode："Positive"表示采用正片的绘图格式；"Negative"表示采用负片的绘图格式。

☺ Film mirrored：底片是否左右反转。

☺ Full contact thermal - reliefs：不绘制出热风焊盘，使其全导通。只有当 Plot mode 为"Negative"时，此选项才被激活。

☺ Suppress unconnected pads：是否绘制出未连线的焊盘。只有当层面为内信号层时，此选项才被激活。

☺ Draw missing pad apertures：若选中此选项，表示当一个 Padstack 没有相应的 Flash D – Code时，系统可以采用较小宽度的 Line D – Code涂满此 Padstack。

☺ Use aperture rotation：Gerber 数据能够使用镜头列表中的镜头来旋转定义的信息。

☺ Suppress shape fill：选中此选项表示形状的外形不绘制出，使用者必须自行加入分割线作为形状的外形，只用 Plot mode 为 "Negative" 时，此选项才被激活。

☺ Vector based pad behavior：指定光栅底片使用基于向量的决策来确定哪一种焊盘为 Flash。

☺ Draw holes only：是否绘制钻孔。

（3）选择 "General Parameters" 选项卡，如图 15-7-2 所示。

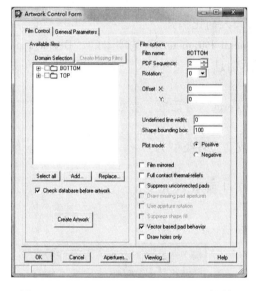

图 15-7-1　"Artwork Control Form" 对话框
（"Film Control" 选项卡）

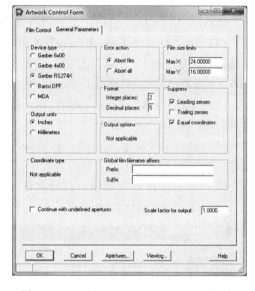

图 15-7-2　"Artwork Control Form" 对话框
（"General Parameters" 选项卡）

☺ Device type：光绘机的模型。

☺ Error action：在处理的过程中发生错误的处理方法。

☺ Film size limits：光绘机使用的底片尺寸，默认值为24、16，表示底片的最大尺寸为 24×16。

☺ Format：输出坐标的整数部分和小数部分，默认值为5、3，表示使用5位整数和3位小数。例如，设计单位是 "mil"，并且精确度设为 "1"，则 Gerber 格式精确到4位小数。

☺ Suppress：控制 PCB 编辑器是否在 Gerber 数据文件中简化数值前面的0或数值后面的0，还是简化相同的坐标。

　☞ Leading zeros：简化数值前面的0。

　☞ Trailing zeros：简化数值后面的0。

　☞ Equal coordinates：简化相同的坐标。

☺ Output units：指定输出单位，in 或 mm。

☺ Output options：输出选项，对于 Gerber 274X、MDA 或 Barco DPF 不可用。

　　↪ Optimize data：表示资料最优化输出。

　　↪ Use 'G 'codes：指定 Gerber 数据的 G 码，Gerber 使用 G 码来描述预定处理，Gerber 4x00 需要 G 码，Gerber 6x00 不需要 G 码。

☺ Coordinate type："Absolute" 为绝对坐标；"Incremental" 为相对坐标。对于 Barco DPF 不可用。

☺ Global film filename affixes：文档首码和尾码。

　　↪ Prefix：增加文档的首码。

　　↪ Suffix：增加文档的尾码，如底片名称为 "TOP"，首码为 "Front –"，尾码为 "– Back"，则文档名称则是 Front – TOP – Back. art。

☺ Max apertures per wheel：光绘机使用的最大镜头数，能够输入 1 ~ 999 之间的值，仅对 Gerber4x00 和 Gerber6x00 有用。

☺ Scale factor for output：在 Gerber 文件中所有输入的比例尺。

　　（4）在 "Artwork Control Form" 对话框的 "General Parameters" 选项卡的 "Device type" 区域选中 "Gerber RS274X" 选项，可能会出现提示信息，单击 "OK" 按钮。设定 "Integer places" 栏为 "3"，"Decimal places" 栏为 "5"。

　　（5）单击 "OK" 按钮，关闭 "Artwork Control Form" 对话框，参数设置将被写入工作目录的 art_param. txt 文件中。

　　（6）执行菜单命令 "File" → "File Viewer"，改变文件类型为 " ∗ . txt"，选择 art_param 文件，如图 15-7-3 所示。

　　（7）单击 "打开" 按钮，打开文件，如图 15-7-4 所示。

　　（8）关闭 art_param. txt 文件。

图 15-7-3　选择文件　　　　　　　　　　图15-7-4　art_param. txt 文件的内容

2. 设置底片控制文件

　　（1）执行菜单命令 "Manufacture" → "Artwork"，弹出 "Artwork Control Form" 对话框，选择 "Film Control" 选项卡，默认情况下有 2 个底片文件，即 "BOTTOM" 和 "TOP"。单击 "Available films" 区域 "Bottom" 前的 " +"，默认情况下为 "Etch"、"Pin" 和 "Via"，如图 15-7-5 所示。

（2）用鼠标右键单击"ETCH /BOTTOM"，从弹出菜单选择"Add"，弹出"Subclass Selection"对话框，选择"BOARD GEOMETRY"前面的"＋"号，选择"OUTLINE"，如图 15-7-6 所示。

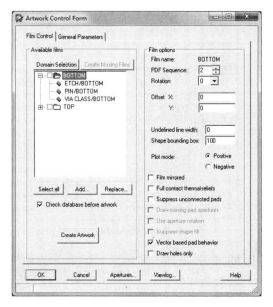　　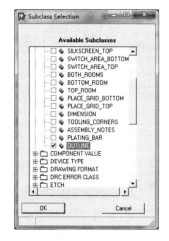

图 15-7-5　"Artwork Control Form"对话框（一）　　图 15-7-6　"Subclass Selection"对话框

（3）单击"OK"按钮添加"OUTLINE"，按照同样的方法在 TOP 层添"OUTLINE"。

（4）在"Available films"区域选择"Bott－om"，然后将"Undefined line width"栏设置为"6"；选择"Available films"区域中的"Top"，设定"Undefined line Width"栏为"6"，如图 15-7-7 所示。

【注意】不要关闭"Artwork Control Form"对话框。

3. 建立 Assembly 底片文件

（1）执行菜单命令"Display"→"Color/Visibility..."，弹出"Color Dialog"对话框，在"Global Visibility"区域单击"Off"按钮，出现提示对话框，单击"Yes"按钮，使所有元素不显示，设定"Board Geometry"下选择"Outline"、"Top_Room"、"Both_Rooms"，在"Package Geometry"下选择"Assembly_Top"；设定"Components"，在"RefDes"下选择"Assembly_Top"，单击"Apply"按钮，编辑窗口如图 15-7-8 所示。

【注意】输出底片时 Assembly_Top 与 Silkscreen_Top 输出一层即可。

（2）在"Artwork Control Form"对话框中，在"Available films"区域用鼠标右键单击"TOP"，从弹出菜单中选择"Add"，弹出"Allegro PCB Design GXL"对话框，输入"ASSEMBLY_TOP"，如图 15-7-9 所示。

（3）单击"OK"按钮，在"Available films"区域中会增加底片文件"ASSEMBLY_TOP"。

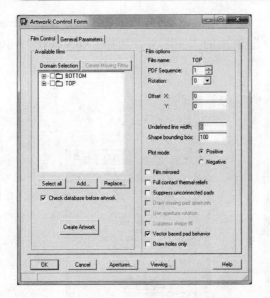

图 15-7-7　"Artwork Control Form" 对话框（二）

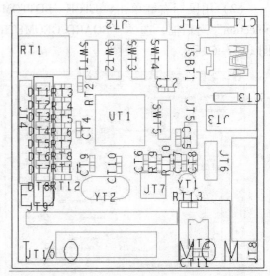

图 15-7-8　Assembly_Top 层底片

（4）在 "Available films" 区域选择新加的底片文件 "ASSEMBLY_TOP"，将 "Undefined line width" 栏设置为 "6"。

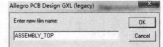

图 15-7-9　输入新的底片名字

（5）在 "Global Visibility" 区域单击 "Off" 按钮，出现提示对话框，单击 "Yes" 按钮，使所有元素不显示，设定 "Geometry"，在 "Board Geometry" 下选择 "Outline"、"Bottom_Room"、"Both_Rooms"，在 "Package Geometry" 下选择 "Assembly_Bottom"；设定 "Components"，在 "RefDes" 下选择 "Assembly_Bottom"，单击 "Apply" 按钮，编辑窗口如图 15-7-10 所示。

（6）在 "Artwork Control Form" 对话框中，在 "Available films" 区域用鼠标右键单击 "Assembly_Top"，从弹出菜单中选择 "Add"，弹出 "Allegro PCB Design GXL" 对话框，输入 "ASSEMBLY_BOT"，如图 15-7-11 所示。

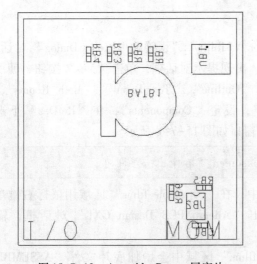

图 15-7-10　Assembly_Bottom 层底片

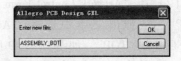

图 15-7-11　输入新的底片名字

（7）单击 "OK" 按钮，在 "Available films" 区域中会增加底片文件 "ASSEMBLY_BOT"。

（8）在"Available films"区域选择新加的底片文件"ASSEMBLY_BOT"，将"Undefined line width"栏设置为"6"。

4. 建立 Soldermask 底片文件

（1）执行菜单命令"Display"→"Color/Visibility…"，弹出"Color Dialog"对话框，在"Global Visibility"区域单击"Off"按钮，出现提示对话框，单击"Yes"按钮，使所有元素不显示，设定"Stack – Up"，选择"Pin"和"Via"下的"Soldermask_Top"；选择"Board Geometry"下的"Outline"和"Soldermask_Top"，选择"Package Geometry"下的"Soldermask_Top"，单击"Apply"按钮，编辑窗口如图 15-7-12 所示。

（2）在"Artwork Film Control"对话框的"Available films"区域中用鼠标右键单击"ASSEMBLY_BOT"，从弹出菜单中选择"Add"，弹出"Allegro PCB Design GXL"对话框，输入"SOLDER – MASK_TOP"，如图 15-7-13 所示。

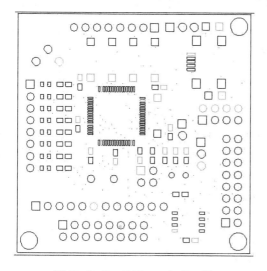

图 15-7-12　Soldermask_Top 层

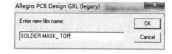

图 15-7-13　输入新的底片名字

（3）单击"OK"按钮，在"Available films"区域中会增加底片文件"SOLDERMASK_TOP"。

（4）在"Available films"区域选择"SOLDERMASK_TOP"，设定"Undefined line width"栏为"6"。

（5）在"Color Dialog"对话框中"Global Visibility"区域单击"Off"按钮，弹出提示对话框，单击"Yes"按钮，使所有元素不显示，设定"Stack – Up"，选择"Pin"和"Via"下的"Soldermask_Bottom"；选择"Board Geometry"下的"Outline"和"Soldermask_Bottom"，选择"Package Geometry"下的"Soldermask_Bottom"，单击"Apply"按钮，编辑窗口如图 15-7-14所示。

（6）在"Artwork Film Control"对话框的"Available films"区域中用鼠标右键单击"SOLDERMASK_TOP"，从弹出菜单中选择"Add"，弹出"Allegro PCB Design GXL"对话框，输入"SOLDERMASK_ BOT"，如图 15-7-15 所示。

（7）单击"OK"按钮，在"Available films"区域中会增加底片文件"SOLDERMASK_BOT"。

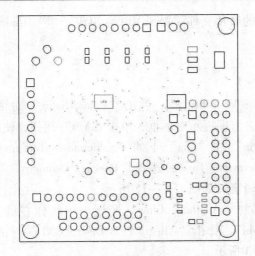

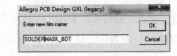

图 15-7-14　Soldermask_Bottom 层　　　　　图 15-7-15　输入新的底片名字

（8）在"Available films"区域选择"SOLDERMASK_BOT"，设定"Undefined line width"栏为"6"。

5. 建立 Pastemask 底片文件

（1）在"Color Dialog"对话框中"Global Visibility"区域单击"Off"按钮，出现提示对话框，单击"Yes"按钮，使所有元素不显示，设定"Stack-Up"，选择"Pin"下的"Pastemask_Top"；选择"Board Geometry"下的"Outline"，单击"Apply"按钮，编辑窗口如图 15-7-16 所示。

（2）在"Artwork Film Control"对话框的"Available films"区域中用鼠标右键单击"SOLDERMASK_BOT"，从弹出菜单中选择"Add"，弹出"Allegro PCB Design GXL"对话框，输入"PASTEMASK_TOP"，如图 15-7-17 所示。单击"OK"按钮，在"Available films"区域中会增加底片文件"PASTEMASK_TOP"。在"Available films"区域选择"PASTEMASK_TOP"，设定"Undefined line width"栏为"6"。

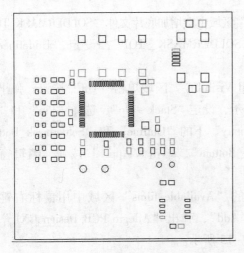

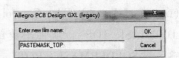

图 15-7-16　Pastemask_Top 层　　　　　　图 15-7-17　输入新的底片名字

（3）在"Color Dialog"对话框中"Global Visibility"区域单击"Off"按钮，出现提示对话框，单击"Yes"按钮，使所有元素不显示，设定"Stack-Up"，选择"Pin"下的"Pastemask_Bottom"；设定"Board Geometry"下的"Outline"，单击"Apply"按钮，编辑窗口如图15-7-18所示。

（4）在"Artwork Film Control"对话框的"Available films"区域中用鼠标右键单击"PASTEMASK_TOP"，从弹出菜单中选择"Add"，弹出"Allegro PCB Design GXL"对话框，输入"PASTEMASK_BOT"，如图15-7-19所示。

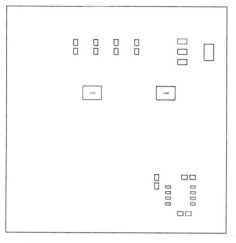

图 15-7-18　Pastemask_ Bottom 层

图 15-7-19　输入新的底片名字

（5）单击"OK"按钮，在"Available films"区域中会增加底片文件"PASTEMASK_BOT"。

（6）在"Available films"区域选择"PASTEMASK_BOT"，设定"Undefined line width"栏为"6"。单击"OK"按钮，关闭"Artwork Film Control"对话框。单击"OK"按钮，关闭"Color and Visibility"对话框。

6. 建立钻孔图例的底片文件

（1）启动 Allegro PCB Design GXL，打开 demo_drill. brd 文件。

（2）执行菜单命令"Setup"→"Areas"→"Photoplot Outline"，控制面板的"Options"选项卡的设置如图15-7-20所示。添加矩形框，如图15-7-21所示。

图 15-7-20　"Options"选项卡

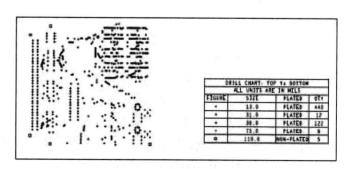

图 15-7-21　添加矩形框

（3）执行菜单命令"Display"→"Color/Visibility..."，在"Color Dialog"对话框中"Global Visibility"选项卡单击"Off"按钮，出现提示对话框，单击"Yes"按钮，使所有元素不显示，设定"Manufacturing"下选择"Nclegend－1－2"、"Photoplot_Outline"、"Ncdrill_Legend"和"Ncdrill_Figure"，单击"Apply"按钮，编辑窗口显示钻孔图例。

（4）执行菜单命令"Manufacture"→"Artwork"，弹出"Artwork Control Form"对话框，在"Film Control"选项卡的"Available films"列表框所有底片文件如图15-7-22所示。

（5）在"Artwork Film Control"对话框的"Available films"区域中用鼠标右键单击"TOP"，从弹出菜单中选择"Add"，弹出"Allegro PCB Design GXL"对话框，输入"DRILL"，如图15-7-23所示。

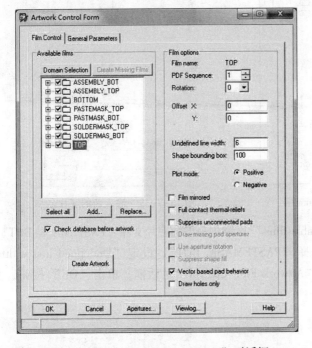

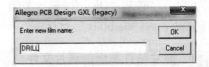

图15-7-22　"Artwork Control Form"对话框　　　　图15-7-23　输入新的底片名字

（6）单击"OK"按钮，在"Available films"区域中会增加底片文件"DRILL"。

（7）在"Available films"区域选择"DRILL"，设定"Undefined line width"栏为"6"。

7. 运行 DRC 检查

（1）执行菜单命令"Display"→"Status..."，弹出"Status"对话框，单击"Update DRC"按钮，执行 DRC 检查，如图15-7-24所示。

（2）如果有 DRC 错误，在建立底片文件前需要清除，更新后看到没有 DRC 错误，单击"OK"按钮，关闭"Status"对话框。

（3）执行菜单命令"Tools"→"Quick Reports"→"Design Rules Check Report"，生成报告，如图15-7-25所示。关闭"Reports"对话框。执行菜单命令"File"→"Save as"，保存 PCB 文件于 D:\Project\allegro 目录，文件名为"demo_rdy2artwork"。

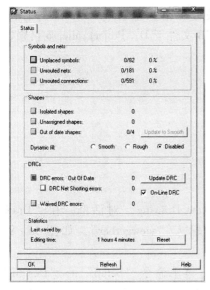

图 15-7-24 更新 DRC

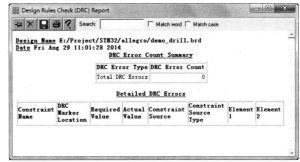

图 15-7-25 DRC 报告

15.8 输出底片文件

（1）在"Artwork Control Form"对话框的"Available films"区域中的"Select All"按钮，选择所有底片文件，如图 15-8-1 所示。

（2）单击"Create Artwork"按钮，底片文件被写入当前目录，扩展名为 .art。

（3）单击"Viewlog"按钮，查看 photoplot.log 文件，确保所有的底片文件被成功建立，如图 15-8-2 所示。

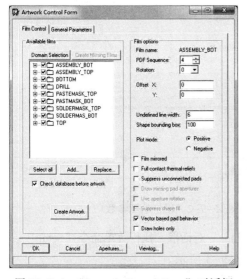

图 15-8-1 "Artwork Control Form"对话框

图 15-8-2 photoplot.log 文件内容

（4）关闭 photoplot. log 文件，单击"OK"按钮，关闭"Artwork Control Form"对话框。

（5）执行菜单命令"File"→"Save as"，保存 PCB 文件于 D：\Project\allegro 目录，文件名为"demo_ncdrill"。

15.9　浏览 Gerber 文件

1. 为底片建立一个新的 Subclass

（1）执行菜单命令"File"→"New"，弹出"New Drawing"对话框，在"Drawing Type"栏中选择"Board"，在"Drawing Name"栏中输入"viewgerber"，如图 15-9-1 所示。

（2）单击"OK"按钮，生成新的 PCB 文件。执行菜单命令"Setup"→"Design Parameters…"，弹出"Design Parameter Editor"对话框，"Design"选项卡的设定如图 15-9-2 所示。

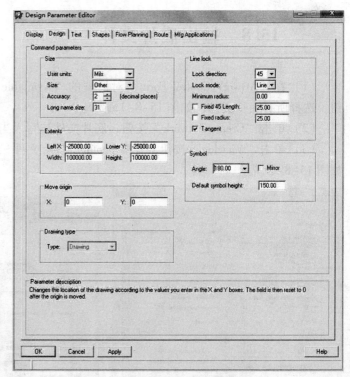

图 15-9-1　"New Drawing"对话框　　　　　　图 15-9-2　设定绘图参数

（3）单击"OK"按钮，关闭"Design Parameter Editor"对话框。执行菜单命令"Setup"→"Subclass"，弹出"Define Subclass"对话框，如图 15-9-3 所示。

（4）单击"Manufacturing"前面的按钮，弹出"Define Subclass"对话框，在"New Subclass"栏中输入"ARTWORK"，按"Enter"键，如图 15-9-4 所示。

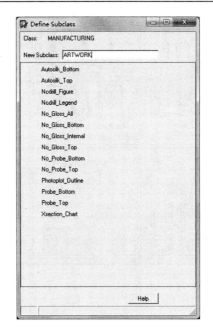

图 15-9-3 定义 Subclass   图 15-9-4 "Define Subclass" 对话框

（5）关闭 "Define Subclass" 对话框。单击 "OK" 按钮，关闭 "Define Subclass" 对话框。

2. 加载 Artwork 文件到 PCB 编辑器

（1）执行菜单命令 "File" → "Import" → "Artw - ork"，弹出 "Load Cadence Artwork" 对话框，在 "Class" 栏中选择 "Manufacturing"，"Subclass 栏中选择 "Artwork"，"Format" 栏中选择 "Gerber RS274X"，"Filename" 栏中指定文件 "Top. art"，如图 15-9-5 所示。

（2）单击 "Load file" 按钮，一个矩形跟随光标移动，这代表将要摆放的 Plot 外框。移动光标到屏幕的左上角空白区域，单击鼠标左键摆放，会显示底片，如图 15-9-6 所示。

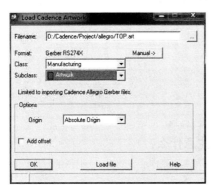

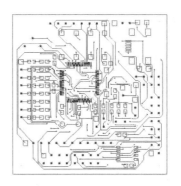

图 15-9-5 加载光绘文件   图 15-9-6 输入顶层光绘文件

（3）参照步骤（1）和步骤（2）重复操作，分别输入其他底片文件，如图 15-9-7 所示。

（4）单击 "OK" 按钮，关闭 "Load Photoplot" 窗口，可以放大浏览底片（注意正片和负片的差异）。执行菜单命令 "File" → "Save"，保存文件。

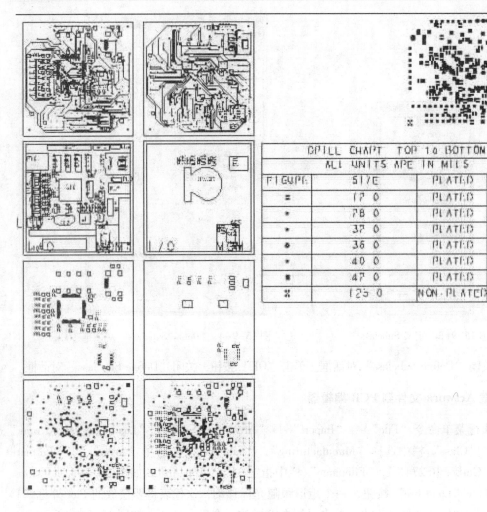

图 15-9-7　输入光绘文件

 习题

（1）为何要进行后处理？

（2）如何进行元器件序号的重新排序？需注意什么？

（3）如何自动建立丝印层？

（4）如何建立 Artwork 文件？

（5）如何输出 Artwork 文件？

第 16 章   Allegro 其他高级功能

16.1   设置过孔的焊盘

（1）启动 Allegro PCB Design GXL，打开 demo_placed. brd 文件。

（2）执行菜单命令"Setup"→"Constraints"→"Physical…"，打开约束管理器，如图 16-1-1 所示。

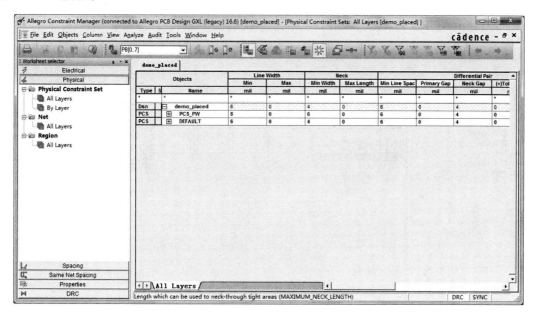

图 16-1-1   约束管理器

（3）在"Allegro Constraints Manager"对话框右侧单击"PCS_PW"的"Vias"属性框，弹出"Edit Via List"对话框，如图 16-1-2 所示。

（4）可以看到"Via list"栏中显示"Via"，在"Select a via from the library"栏中选择"Via26"，"Via26"出现在"Via list"栏中，如图 16-1-3 所示。

（5）单击"OK"按钮，关闭"Edit Via List"对话框。

（6）在约束管理器中可以看到"PCS_PW"的"Vias"属性框内值变为 VIA：VIA26，如图 16-1-4 所示。这样设置的约束"PCS_PW"中所包含的网络"VCC"和"5V"在布线时即可选择使用两种过孔焊盘。

（7）关闭约束管理器。

（8）在 Allegro 界面执行菜单命令"Display"→"Show Rats"→"Net"，在控制面板的"Find"选项卡"Find By Name"区域分别选择"Net"和"Name"，在输入栏中输入"VCC"，如图 16-1-5 所示。

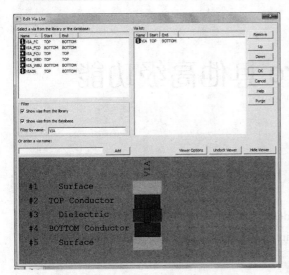

图 16-1-2 "Edit Via List" 对话框

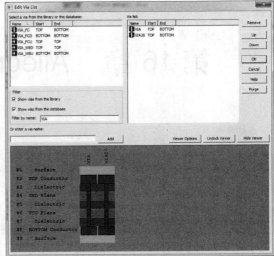

图 16-1-3 过孔焊盘列表

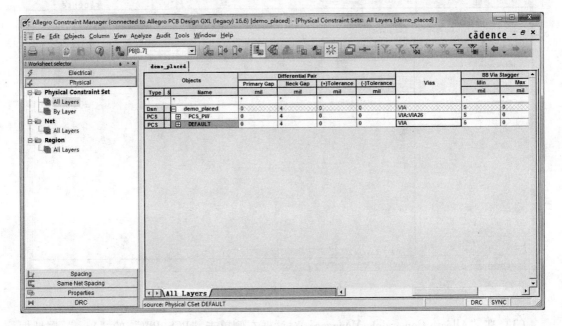

图 16-1-4 约束管理器

（9）按 "Enter" 键，单击鼠标右键，从弹出的菜单中选择 "Done"，显示网络 "VCC"。

（10）执行菜单命令 "Route" → "Connect"，单击网络 "VCC" 上的元件 "C2" 的一个端点，在控制面板 "Options" 选项卡中设置 "Via" 值为 "VIA26"，如图 16-1-6 所示。

（11）沿飞线向 "VCC" 上的另一个端点布线，在靠近端点时单击鼠标左键，然后单击鼠标右键，从弹出的菜单中选择 "Add Via"，继续完成布线。此时添加的过孔的焊盘是 "VIA26"。

（12）单击鼠标右键，从弹出的菜单中选择 "Done"。

图 16-1-5　"Find"选项卡　　　　图 16-1-6　"Options"选项卡

（13）执行菜单命令"File"→"Save as"，保存 PCB 文件于 D:\Project\allegro，文件名为 demo_set_via。

16.2　更新元器件封装符号

（1）启动 Allegro PCB Design GXL，打开 demo_placed. brd 文件。

（2）执行菜单命令"Place"→"Update Symbols…"，弹出"Update Symbols"对话框，选择更新的封装符号，如图 16-2-1 所示。

☺ or enter a file containing a list of symbols：输入包含符号列表的文件。

☺ Update symbol padstacks：更新符号的焊盘。

☺ Reset customizable drill data：复位自定义钻孔数据。

☺ Reset symbol text locations and sizes：复位符号文本的位置。

☺ Reset pin escapes（fanouts）：复位引脚的扇出。

☺ Ripup Etch：层与符号引脚的关联在更新时被移除。

☺ Ignore FIXED property：忽略固定属性。

（3）具体设置如图 16-2-2 所示。

图 16-2-1　"Update Symbols"对话框　　　　图 16-2-2　设置要更新的符号

（4）单击"Refresh"按钮更新，弹出"Refresh Symbol"进度窗口，如图 16-2-3 所示。

（5）当进度窗口消失后，单击"Viewlog…"按钮，查看更新信息，如图 16-2-4 所示。

（6）关闭"View of file：refresh"窗口。

（7）单击"Close"按钮，关闭"Update Symbols"对话框。

（8）执行菜单命令"File"→"Save as"，保存 PCB 文件于 D：\Project\allegro 中，文件名为"demo_update_symbols"。

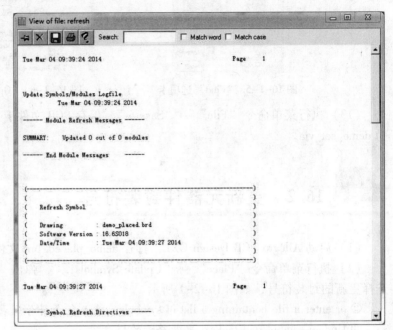

图 16-2-3　进度窗口

图 16-2-4　更新的内容

16.3　Net 和 Xnet

网络（Net）是一个引脚到另一个引脚的电气连接，扩展网络（Xnet）则是穿过无源分立元件（电阻、电容和电感）的路径。在 PCB 上，每个网络段代表一个独立网络。约束管理器将这些网络段看做连续的扩展网络。在多板配置时，Xnet 也能跨接连接器和电缆。Xnet 网络如图 16-3-1 所示。

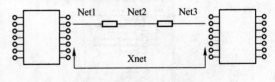

图 16-3-1　Xnet 网络

使用 Allegro 设计 Xnet 的步骤如下所述。

（1）设置叠层。

（2）设置电源及接地信号的电压值。

（3）设置元器件的类别及其引脚形式。

（4）指定元器件的信号模型（Signal Model）。

16.4　技术文件的处理

技术文件（Technology File）是能够被读取到 PCB Editor 电路板设计文件中的 ASCII 文件。技术文件也能够从 PCB Editor 电路板设计中提取出来。这个过程使设计规则、图纸参数和叠层设置更加容易。技术文件能被存储在库中，并在下放制造前对照 PCB 以确保设计规则被遵守。

1. 输出技术文件

（1）启动 Allegro PCB Design GXL，打开 demo_constraints.brd 文件。这个文件包含了前面章节所设置的约束。执行菜单命令"File"→"Export"→"Techfile"，弹出"Tech File Out"对话框，如图 16-4-1 所示。

（2）在"Output tech file"栏中输入"cons"，单击按钮 □ 来选择输出的路径，默认为当前路径，单击"Export"按钮，弹出"Export techfile"进度窗口，如图 16-4-2 所示。

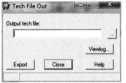

图 16-4-1　"Tech File Out"对话框　　　图 16-4-2　"Export techfile"进度窗口

（3）单击"Viewlog…"按钮，弹出"View of file：techfile"窗口，如图 16-4-3 所示。

（4）关闭"View of file：techfile"窗口。单击"Close"按钮，关闭"Tech File Out"对话框。执行菜单命令"File"→"File Viewer"，弹出"Select File to View"对话框，如图 16-4-4所示。

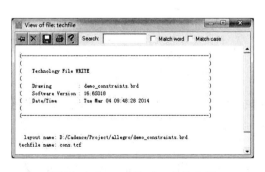

图 16-4-3　techfile.log 文件内容　　　　　图 16-4-4　选择文件

（5）在"文件类型"栏选择"All（*.*）"，选择文件 cons.tcf，单击"打开"按钮，打开技术文件并查看其内容，弹出"View of file：CONS. tcf"窗口，如图 16-4-5 所示。

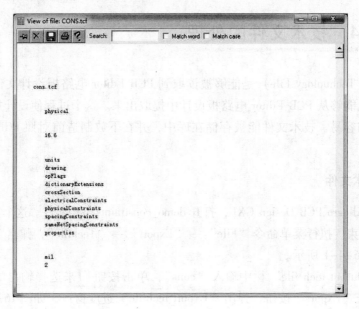

图 16-4-5　技术文件的内容

（6）关闭"Views of file：CONS. tcf"窗口。

2. 输入技术文件到新设计中

（1）启动 Allegro PCB Design GXL，执行菜单命令"File"→"New"，弹出"New Drawing"窗口，在"Drawing Name"栏中输入"newbrd"，"Drawing Type"栏中选择"Board"，如图 16-4-6所示。

（2）单击"OK"按钮，生成一个空 PCB。

（3）执行菜单命令"File"→"Import"→"Techfile…"，弹出"Tech file In"窗口，如图 16-4-7 所示。

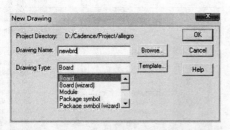

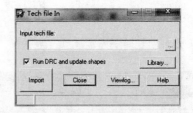

图 16-4-6　"New Drawing"对话框　　　　图 16-4-7　输入技术文件

（4）单击按钮 或"Library…"按钮，选择技术文件 cons. tcf；单击"Import"按钮，弹出"Importing techfile"进度对话框，如图 16-4-8 所示。

（5）单击"Close"命令，关闭"Tech file In"窗口。

（6）执行菜单命令"Setup"→"Cross - section…"，弹出"Layout Cross Section"对话框，如图 16-4-9 所示。叠层设置与 demo_ constraints. brd 文件一样。

（7）单击"OK"按钮，关闭"Layout Cross Section"对话框。

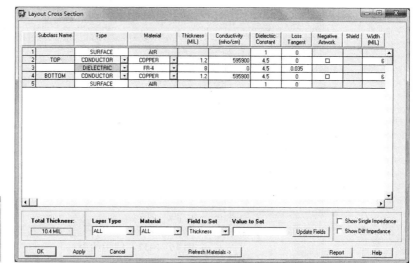

图 16-4-8　进度对话框　　　　　图 16-4-9　"Layout Cross Section"对话框

（8）执行菜单命令"Setup"→"Constraints"→"Physical…"，弹出"Allegro Constraints Manager"对话框，如图 16-4-10 所示。SYNC 约束与 demo_constraints. brd 文件一样。

（9）在左侧的"Worksheet Selector"中选择"Spacing"，选择"Spacing Constraint"下的"All Layers"，如图 16-4-11 所示。8_MIL_SPACE 约束与 demo_constraints. brd 文件一样。

（10）关闭"Allegro Constraints Manager"对话框。

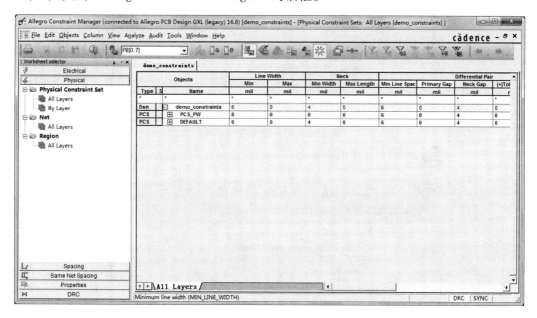

图 16-4-10　物理约束

3. 比较技术文件

（1）用记事本在 D:\Project\allegro 目录打开 cons. tcf 文件，如图 16-4-12 所示。

（2）执行菜单命令"编辑"→"查找"，查找内容输入"PCS_PW"，如图 16-4-13 所示。

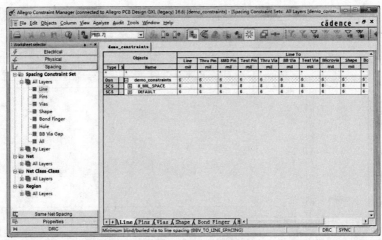

图 16-4-11　间距约束

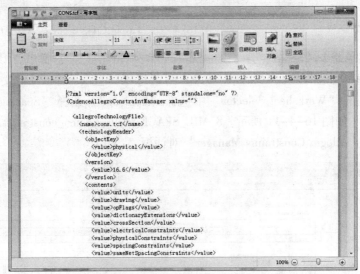

图 16-4-12　技术文件内容

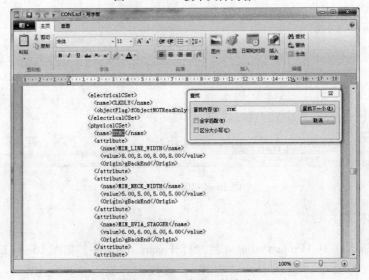

图 16-4-13　技术文件内容

（3）修改"＜name＞MIN_LINE_WIDTH＜/name＞

　　　　＜value＞8.00,8.00,8.00,8.00＜/value＞"为

　　"＜name＞MIN_LINE_WIDTH＜/name＞

　　　　＜value＞10.00,8.00,8.00,8.00＜/value＞"。

（4）保存并关闭 cons. tcf 文件。

（5）执行菜单命令"File"→"Open"，在当前目录下打开 demo_constraints. brd 文件，提示是否保存 newbrd. brd 文件，选择不保存。

（6）在命令窗口中输入"shell"，按"Enter"键，弹出 MS - DOS 命令提示窗口，如图 16-4-14所示。在命令窗口中输入"techfile - c cons demo_constraints"命令，并按"Enter"键，如图 16-4-15 所示。提示技术文件正在比较。

图 16-4-14　MS - DOS 命令提示窗口　　　　图 16-4-15　MS - DOS 命令提示窗口

（7）执行菜单命令"File"→"Viewlog"，弹出 techfile 窗口，如图 16-4-16 所示。

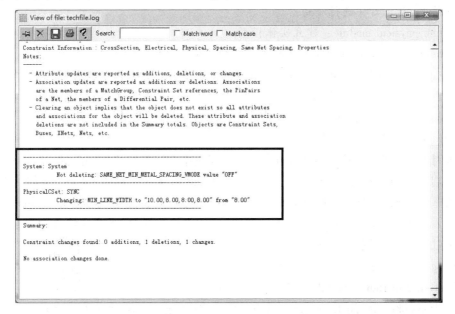

图 16-4-16　比较的结果

（8）在命令窗口输入"exit"，按"Enter"键，退出 MS - DOS。关闭"techfile"窗口。执行菜单命令"File"→"Exit"，退出 Allegro PCB Design GXL，不保存更改。

16.5 设计重用

在 Capture 和 Allegro 环境中，设计重用可以自定义设计模型，在规模很大的设计中，可以放置这些重用模型，就像放置元器件一样。可以在 Capture 原理图设计和 Allegro 物理层设计中创建重用模型，创建重用过程如图 16-5-1 所示。

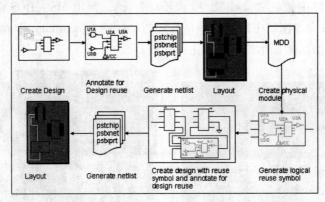

图 16-5-1　重用模型创建过程

☺ Create Design：创建新设计。

☺ Annotate for Design reuse：为设计重用进行元器件编号。

☺ Generate netlist：生成网络表。

☺ Layout：对元器件进行布局。

☺ Create physical module：建立实体模型。

☺ Generate logical reuse symbol：生成逻辑重用符号。

☺ Create design with reuse symbol and annotate for design reuse：创建有重用符号的新设计，并为设计重用重排元器件符号。

☺ Generate netlist：生成网络表。

☺ Layout：布局。

如何创建元器件重用呢？在 Capture 中可以把重用设计模块添加到新的 Capture 设计中。

（1）启动 Design Entry CIS，在 D:\Project\OrCad 目录打开 Halfadd. dsn 项目，在项目管理器中选择"Halfadd. dsn"，执行菜单命令"Tools"→"Annotate"，弹出"Annotate"对话框，选择"PCB Editor Reuse"选项卡，在"Function"区域选中"Generate Reuse module"选项，如图 16-5-2 所示。

　　☺ Function

　　　➷ Generate Reuse module：产生重用模块。

　　　➷ Renumber design for using reuse module：使用重用模块对设计重新编号。

　　☺ Action

　　　➷ Incremental：递增的。

　　　➷ Unconditional：无条件的。

☺ Physical Packaging

　　↳ Property Combine：包含的属性。

☺ Do not change the page number：不改变页编号。

（2）单击"确定"按钮，弹出提示信息（是否 Annotate 设计并保存），如图 16-5-3 所示。

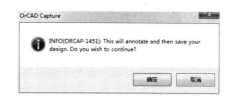

图 16-5-2　"Annotate"对话框　　　　　　　　图 16-5-3　提示信息

（3）单击"确定"按钮，选中所有元器件，单击鼠标右键，从弹出的菜单中选择"Edit Properties"，弹出"Property Editor"窗口，如图 16-5-4 所示。每个元器件都分配了唯一的 REUSE_ID 属性，这个值不能被编辑。

（4）关闭"Property Editor"窗口。选择项目"Halfadd. dsn"，执行菜单命令"Tools"→"Create Netlist"，弹出"Create Netlist"对话框，具体设置如图 16-5-5 所示。

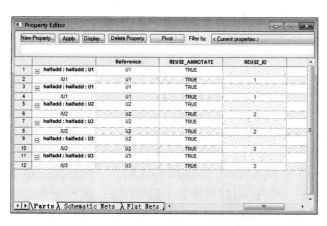

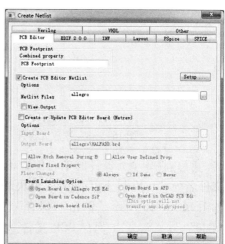

图 16-5-4　"Property Editor"对话框　　　　　图 16-5-5　"Create Netlist"对话框

（5）单击"确定"按钮，生成网络表文件。启动 Allegro PCB Design GXL，新建 PCB 文件 halfadd. brd。执行菜单命令"File"→"Import"→"Logic"，弹出"Import Logic"对话框，如图 16-5-6 所示。单击"Import Cadence"按钮，导入网络表，导入成功后自动关闭"Import Logic"对话框。执行菜单命令"Place"→"Manually"，弹出"Placement"对话框，如图 16-5-7 所示。

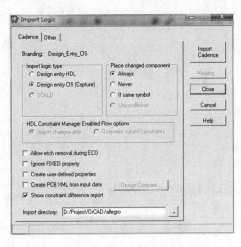

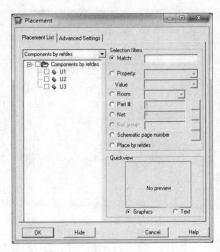

图 16-5-6　输入网络表　　　　　　　图 16-5-7　"Placement"对话框

（6）选中这 3 个元器件，逐个摆放元器件。单击鼠标右键，从弹出的菜单中选择"Done"，如图 16-5-8 所示。执行菜单命令"Tools"→"Create Module"命令，框选这 3 个元器件，这 3 个元器件会高亮显示，如图 16-5-9 所示。

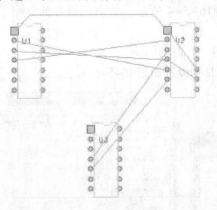

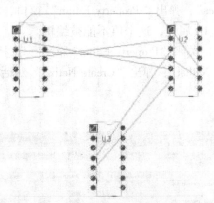

图 16-5-8　摆放元器件　　　　　　　图 16-5-9　建立模块

（7）在 3 个元器件的中心位置单击一点作为模块的原点，弹出"另存为"窗口，输入文件名为"halfadd_halfadd"（模块的名字必须是 Capture 项目名和根层原理图名的级联），如图 16-5-10 所示。单击"保存"按钮，生成 halfadd_halfadd. mdd 模块。执行菜单命令"File"→"Save"，保存 PCB 文件。在 CIS 中新建原理图项目 fulladd. dsn，执行菜单命令"Place"→"Hierarchical Block"，弹出"Place Hierarchical Block"对话框，如图 16-5-11 所示。

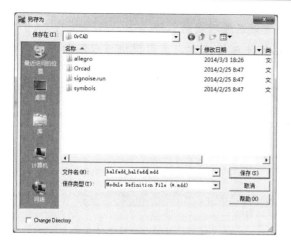

图 16-5-10　保存模块　　　　　　　图 16-5-11　"Place Hierarchical Block" 对话框

（8）单击"OK"按钮。绘制一个矩形，摆放层次块 1，如图 16-5-12 所示。添加另一个层次块 2，添加端口和元器件并连接电路，全加器的层次图如图 16-5-13 所示。

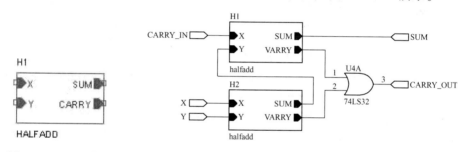

图 16-5-12　层次块　　　　　　图 16-5-13　全加器的层次图

（9）在项目管理器下执行菜单命令"Tools"→"Generate Part"，弹出"Generate Part"对话框，如图 16-5-14 所示。

☺ Netlist/source file：输入要指定设计重用模块的电路的路径。

☺ Netlist/source file type：选择要设计重用的电路的类型，如图 16-5-15 所示。

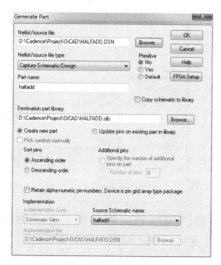

图 16-5-14　"Generate Part" 对话框　　　　　　图 16-5-15　电路类型

☺ Part name：输入元器件的名称，默认值为根层原理图的名称。

☺ Destination part library：输入新的重用元器件库的名称，重用模块可以添加到任何原理图设计中。

☺ Source Schematic name：选择需重用的电路图源电路图。

（10）单击"OK"按钮，生成新的元器件，如图 16-5-16 和图 16-5-17 所示。

图 16-5-16 项目管理器

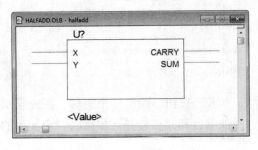

图 16-5-17 产生的新元器件

（11）选中项目 fulladd. dsn，执行菜单命令"Tools"→"Annotate"，弹出"Annotate"对话框，具体设置如图 16-5-18 所示。单击"确定"按钮，弹出提示信息再次单击"确定"按钮，没有错误生成。执行菜单命令"Tools"→"Create Netlist"，弹出"Create Netlist"对话框，具体设置如图 16-5-19 所示。

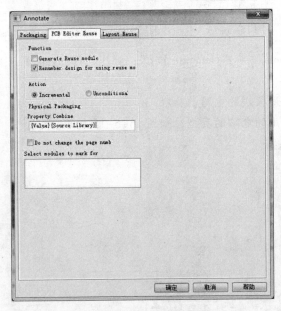

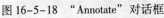

图 16-5-18 "Annotate"对话框

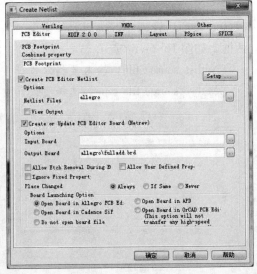

图 16-5-19 "Create Netlist"对话框

（12）单击"确定"按钮，弹出提示信息（询问建立网络表前是否保存设计），如图 16-5-20 所示。单击"确定"按钮，弹出进度对话框，如图 16-5-21 所示。

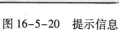

图 16-5-20　提示信息

图 16-5-21　生成网络表

（13）当进度完成后，会自动打开 Cadence 产品选择列表框，如图 16-5-22 所示。选择 "Allegro PCB Design GXL"，单击 "OK" 按钮，弹出 Allegro 编辑环境，文件为 fulladd. brd。执行菜单命令 "Place" → "Manually"，弹出 "Placement" 对话框，在 "Placement List" 选项卡中选择 "Module instances"，如图 16-5-23 所示。

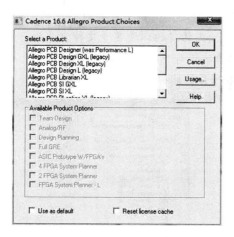

图 16-5-22　选择产品

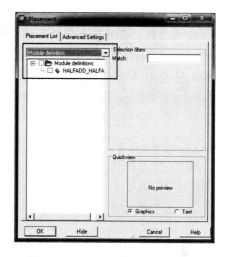

图 16-5-23　"Placement" 对话框

（14）可以将这个模块像摆放元器件一样来摆放，摆放后的效果如图 16-5-24 所示。执行菜单命令 "File" → "Save" 命令，保存 fulladd. brd 文件。

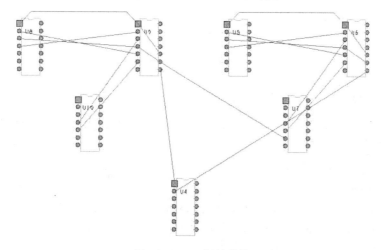

图 16-5-24　摆放模块

16.6　DFA 检查

可装配性设计（Design for Assembly，DFA）是考虑元器件装配方面要求的设计。有时在完成 PCB 设计后，需要按照一定的装配规则来检查其设计是否满足要求。DFA 检查是对元器件安装方向、元器件之间的间距、焊接面、引线长度、孤立过孔等方面进行检查。

（1）启动 Allegro PCB Design GXL，打开 D:\Project\allegro\demo_final 文件。

（2）执行菜单命令"Manufacture"→"DFx check（legacy）"命令，弹出"Design For Assembly"对话框，如图 16-6-1 所示。

☺ Constraint File Name：设置用于设计的规则文件，默认为 dfa_constraints. par。进行 DFA 检查时，系统首先调用默认的规则文件，也可以选择自己设计的规则文件。

☺ Mapping File（s）：设置 DFA 检查中定义了预先约定的环境变量文件。

☺ Max Message Count：设置进行 DFA 检查时每次报告中的信息的最大条数。

☺ Constraint Setup...：进行规则的设置和检查项目的选择，如图 16-6-2 所示。

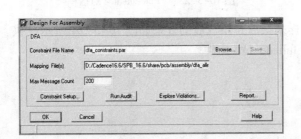

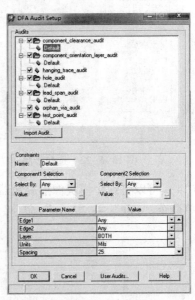

图 16-6-1　"Design For Assembly"对话框　　　　图 16-6-2　"DFA Audit Setup"对话框

☞ 选中"component_clearance_audit"→"Default"，单击鼠标右键，弹出的菜单如图 16-6-3 所示。

◇ Copy：复制默认的规则。

◇ Delete：删除所选的规则。

◇ Restore Default：将所选规则设置为默认规则。

☞ component_clearance_audit：默认规则，如图 16-6-4 所示。

◇ Name：规则的名字。

◇ Select By：元器件选择标准。

⊕ Any：任意设置元器件间的间距规则。

✧ Symbol：按照符号类型来设置元器件间的间距规则。

　　　　　✧ Dev Type：按照器件类型来设置元器件间的间距规则。

　　　　　✧ RefDes：按照元件序号类型来设置元器件间的间距规则。

　　　　　✧ Property：按照元件定义的属性来设置元器件间的间距规则。

　　　◇ Value：根据"Select By"栏的选项对应有相应的选项。

　☺ Run Audit：根据设置的规则对选定的项目进行检查。

　☺ Explore Violations...：显示所有违反规则的地方。

　☺ Report...：详细说明违反规则的情况。

图 16-6-3　右键菜单

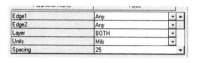

图 16-6-4　约束设置

16.7　修改 env 文件

　　在 Cadence\SPB_16.6\share\pcb\text 目录下有一个 env 文件，这是一个全局环境文件。利用这个全局环境文件可以设置系统变量、配置变量、显示变量、库搜索路径变量、快捷键、默认命令等。

　　（1）浏览目录到 Cadence\SPB_16.6\share\pcb\text，用写字板打开 env 文件，如图 16-7-1所示。

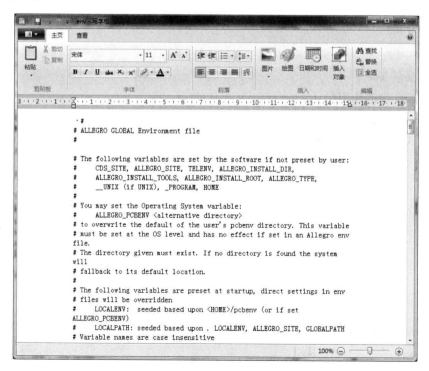

图 16-7-1　env 文件内容

（2）在操作软件时，使用快捷键可以提高绘图效率。滚动窗口到如图 16-7-2 所示的位置进行修改，修改后保存文件即可。

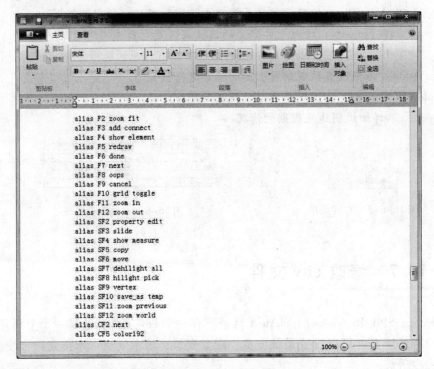

图 16-7-2　设置快捷键

 习题

（1）什么是 Xnet？

（2）技术文件的作用是什么？

（3）如何进行设计重用？

（4）DFA 检查的意义是什么？

附录 A 使用 LP Wizard 自动生成元器件封装

LP Wizard 是由 Mentor 公司出品的融合 PCB 封装库、封装自动生成等功能的一款非常方便的软件。LP Wizard 拥有全面的 LP 浏览器、计算器和库功能，可以计算和建立元器件，其输出选项可以创建适用于 Allegro、Board Station、CADSTAR、Expedition、Pantheon、PADS、PADS ASII、PCAD 和更多的元器件。每一个 LP 自动生成器的许可证可以接入相关的 SM 库而不需要另外付费。

A.1 制作 QFN 封装

首先打开 LP Wizard，如图 A-1-1 所示。在"LP Wizard"窗口中"Library"菜单中，有完整的浏览器和计算功能，允许保存、备份和参考元器件数据来消除冗余的工作，可以与其他使用免费的 LP 浏览器或其他 IPC-7351 LP 的的人分享已保存的数据；"Calculate"菜单用于元器件尺寸的计算和元器件封装的生成，并可以从元器件模板数据直接读出来并可以计算相关几何图形，也可以很容易地在图形查看器中检查元器件和图形的尺寸。本节以

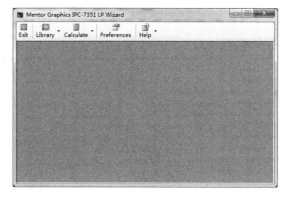

图 A-1-1 "LP Wizard"窗口

STM32F103C6 为例来讲解 LP Wizard 的使用，首先打开 STM32F103C 的数据封装手册，找到芯片 VFQFPN48 封装的数据图表，如图 A-1-2 与图 A-1-3 所示。其中，48 所指的即为引脚数，标注单位为 mm，左侧为芯片的底视图，右侧为 PCB 上引脚示意图。在绘制封装时，要注意大部分芯片的引脚排列在俯视图时是逆时针排列的。

在 LP Wizard 中单击"Calculate"菜单，弹出如图 A-1-4 所示的下拉菜单。图中"SMD Calculator"用于贴片型元器件封装的计算生成；"PTH Calculator"用于直插元器件封装的计算生成；"Connector Calculator"用于连接器封装的计算生成；"Hole Size Calculator"用于钻孔尺寸的计算；"Hole Pad Stack Calculator"用于直插焊盘的计算；"Via Calculator"用于过孔的计算；"Conver Units"用于单位转换。在此，选择"SMD Calcu-lator"，弹出如图 A-1-5 所示的封装选择窗口，在此可以通过图示来确定自己所需要的封装。

双击"Quad Flat No-lead（QFN）"，弹出如图 A-1-6 所示的窗口。其中，元器件的各个尺寸在图中都有标注，非常容易理解，只需按照"STM32F103C6"封装手册中所标注的

在左侧对应的数值栏中输入即可。在左侧"Units"栏为数值单位选项；"Pull – back Leads"栏为引脚回缩量设置，用于生成引脚缩回式封装；"Thermal Tab"栏为散热焊盘的设置选项（后两项在选中后都会出现相应的数值标注和数值栏，如图 A–1–7 所示）；"Alternate Input Format"栏为数据输入格式的选择；"Lead Style"栏为焊盘形状的选择，使用时尽量选择方形焊盘，如果选择 D 形焊盘，则需要用户自己创建焊盘。数值全部输入完成后，单击"OK"按钮，如图 A–1–8 所示。"Demo"为恢复默认值选项。

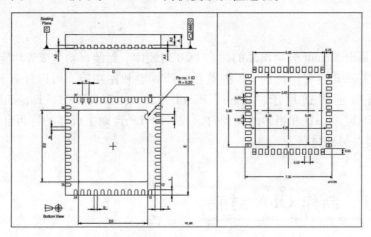

图 A–1–2　封装尺寸图

Symbol	millimeters			inches[1]		
	Min	Typ	Max	Min	Typ	Max
A	0.800	0.900	1.000	0.0315	0.0354	0.0394
A1		0.020	0.050		0.0008	0.0020
A2		0.650	1.000		0.0256	0.0394
A3		0.250			0.0098	
b	0.180	0.230	0.300	0.0071	0.0091	0.0118
D	6.850	7.000	7.150	0.2697	0.2756	0.2815
D2	2.250	4.700	5.250	0.0886	0.1850	0.2067
E	6.850	7.000	7.150	0.2697	0.2756	0.2815
E2	2.250	4.700	5.250	0.0886	0.1850	0.2067
e	0.450	0.500	0.550	0.0177	0.0197	0.0217
L	0.300	0.400	0.500	0.0118	0.0157	0.0197
ddd		0.080			0.0031	

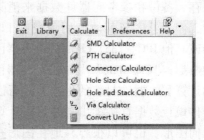

图 A–1–3　封装尺寸标注表　　　　　　　图 A–1–4　下拉菜单

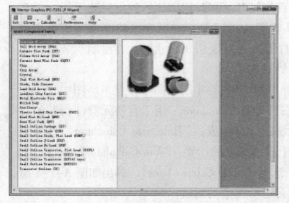

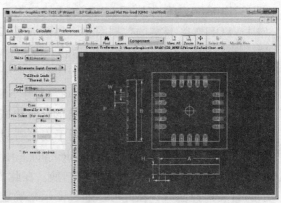

图 A–1–5　封装型号选择　　　　　　　图 A–1–6　"QFN"封装生成页面

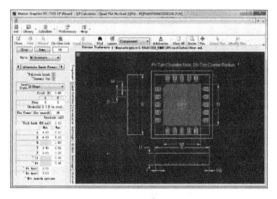

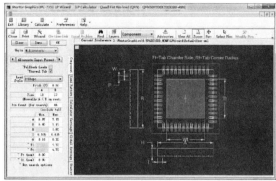

图 A-1-7　散热焊盘　　　　　　　　　　　　图 A-1-8　输入数值

在窗口上方的工具栏和鼠标右键菜单（如图 A-1-9 所示）中，"View All"、"Zoom"、"Pan" 工具用于对试图的放大缩小和移动；"Select Pins" 用于选择需要编辑的引脚；"Modify Pins" 用于在选择引脚后进行删除或隐藏等操作；"Pin Order" 用于选择引脚的排列方式（顺时针或逆时针）。在 "Component" 下拉菜单中可选择不同的视图。单击 "Layer" 按钮，弹出 "Layer Setup" 对话框，在此可选择所需添加的印制层，如丝印层、装配层、阻焊层等。其中，"Silkscreen Top" 和 "Assembly Top" 提供两种选择模式。添加完丝印层和装配层的元器件封装如图 A-1-10 所示。

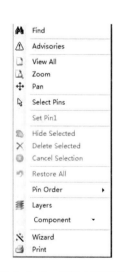

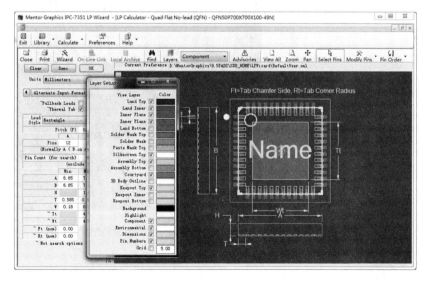

图 A-1-9　鼠标右键菜单　　　　　　　　　　图 A-1-10　"Layer" 选项卡

在封装参数选择完成后，单击 "Wizaed" 按钮，弹出如图 A-1-11 所示对话框。在 "Land Pattern Name" 栏中输入封装名称 "STM32f103c6"，在 "PLB File Options" 栏中选择是否保存到 "LP Wizard" 的本地或网络元件库中。在 "CAD Tool" 栏中选择所使用的 PCB 工具（在此选择 "Allegro"）。设置完成后如图 A-1-12 所示。

单击 "Create" 按钮，程序会自动开启 "Allegro" 进行绘制操作，只需在 "Allegro" 启动时选择所用产品即可。生成的封装如图 A-1-13 所示。

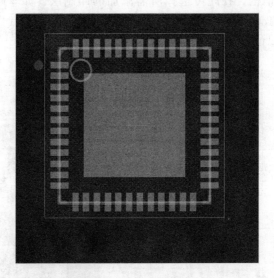

图 A-1-11　"Land Pattern Wizard" 对话框　　　　　　图 A-1-12　设置完成

图 A-1-13　生成的封装

 ## A.2　制作 BGA 封装

本节仍以 STM32F103C 的 64 引脚 BGA 封装为例。首先在数据手册中找到 64 引脚的 BGA 封装尺寸图，如图 A-2-1 所示。

打开 LP Wizard，执行菜单命令 "Calculate" → "SMD calculate"，在弹出的 "Select Component Family" 窗口中选择 "Ball Grid Array（BGA）"，窗口切换到如图 A-2-2 所示。其中，Rows 即为焊盘行数，在此输入 8；Cols 为焊盘列数，在此也输入 8；Pitch 为 BGA 焊盘的间距，这个数据在封装的图示和尺寸标注上方都有说明，在此行、列都输入 0.5；其他长宽高等尺寸按照封装尺寸图中标注输入即可，最后取消"Fiducials"选项的选中状态。数据输入完成后按"Enter"键，如图 A-2-3 所示。

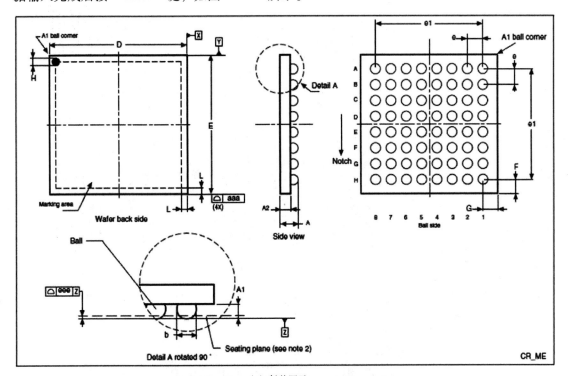

（a）封装图示

Symbol	millimeters			inches[1]		
	Min	Typ	Max	Min	Typ	Max
A	0.535	0.585	0.635	0.0211	0.0230	0.0250
A1	0.205	0.230	0.255	0.0081	0.0091	0.0100
A2	0.330	0.355	0.380	0.0130	0.0140	0.0150
b[2]	0.290	0.320	0.350	0.0114	0.0126	0.0138
e		0.500			0.0197	
e1		3.500			0.1378	
F		0.447			0.0176	
G		0.483			0.0190	
D	4.446	4.466	4.486	0.1750	0.1758	0.1766
E	4.375	4.395	4.415	0.1722	0.1730	0.1738
H		0.250			0.0098	
L		0.200			0.0079	
eee		0.05			0.0020	
aaa		0.10			0.0039	
Number of balls	64					

（b）尺寸标注

图 A-2-1　STM32F103C 封装尺寸图

单击图 A-2-3 中方框所圈的"Land Pattern"按钮，窗口切换到如图 A-2-4 所示的界面。可以看到图中数据数据与封装尺寸标注中的数据相同。单击"Layers"按钮，在弹出窗口中按图 A-2-5 所示进行设置。之后的步骤就与建立 QFN 封装一样，在此就不做赘述。建立完成的封装如图 A-2-6 所示。

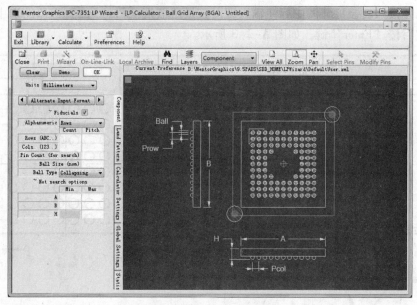

图 A-2-2　BGA 计算器

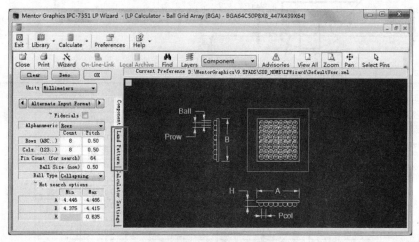

图 A-2-3　数据输入完成

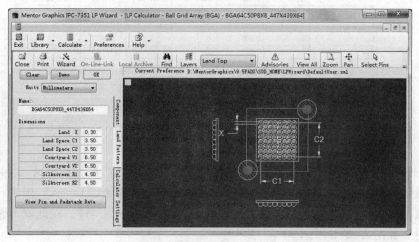

图 A-2-4　Land Pattern

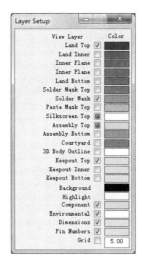

图 A-2-5 "Layer Setup" 对话框

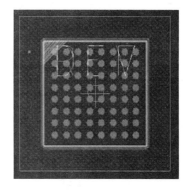

图 A-2-6 建立完成的封装

《Cadence 高速电路板设计与实践（第2版）》 读者调查表

尊敬的读者：

　　欢迎您参加读者调查活动，对我们的图书提出真诚的意见，您的建议将是我们创造精品的动力源泉。为方便大家，我们提供了两种填写调查表的方式：

1. 您可以登录 http：//yydz. phei. com. cn，进入"读者调查表"栏目，下载并填好本调查表后反馈给我们。
2. 您可以填写下表后寄给我们（北京海淀区万寿路173信箱电子信息出版分社　邮编：100036）。

姓名：_____　　　性别：□　男　□　女　　年龄：_____　　职业：_____

电话：_____　　移动电话：_____

传真：_____　　E-mail：_____

邮编：_____　　通信地址：_____

1. 影响您购买本书的因素（可多选）：

□封面、封底　　　□价格　　　　□内容简介　　□前言和目录　　　□正文内容
□出版物名声　　　□作者名声　　□书评广告　　□其他_____

2. 您对本书的满意度：

从技术角度	□很满意	□比较满意	□一般	□较不满意	□不满意
从文字角度	□很满意	□比较满意	□一般	□较不满意	□不满意
从版式角度	□很满意	□比较满意	□一般	□较不满意	□不满意
从封面角度	□很满意	□比较满意	□一般	□较不满意	□不满意

3. 您最喜欢书中的哪篇（或章、节）？请说明理由。

_____
_____

4. 您最不喜欢书中的哪篇（或章、节）？请说明理由。

_____
_____

5. 您希望本书在哪些方面进行改进？

_____
_____

6. 您感兴趣或希望增加的图书选题有：

_____
_____

邮寄地址：北京市万寿路173信箱电子信息出版分社　张剑　收　　邮编：100036
电　话：（010）88254450　　　E-mail：zhang@ phei. com. cn

反侵权盗版声明

　　电子工业出版社依法对本作品享有专有出版权。任何未经权利人书面许可，复制、销售或通过信息网络传播本作品的行为；歪曲、篡改、剽窃本作品的行为，均违反《中华人民共和国著作权法》，其行为人应承担相应的民事责任和行政责任，构成犯罪的，将被依法追究刑事责任。

　　为了维护市场秩序，保护权利人的合法权益，我社将依法查处和打击侵权盗版的单位和个人。欢迎社会各界人士积极举报侵权盗版行为，本社将奖励举报有功人员，并保证举报人的信息不被泄露。

举报电话：(010) 88254396；(010) 88258888
传　　真：(010) 88254397
E-mail：dbqq@phei.com.cn
通信地址：北京市万寿路 173 信箱
电子工业出版社总编办公室
邮　　编：100036